KB212158

비주얼
서바이벌 가이드

비주얼 서바이벌 가이드

가자마 린페이 지음 신찬 옮김

시그마북스
Sigma Books

비주얼 서바이벌 가이드

발행일 2025년 4월 7일 초판 1쇄 발행
지은이 가자마 린페이
옮긴이 신찬
발행인 강학경
발행처 시그마북스
마케팅 정제용
에디터 양수진, 최연정, 최윤정
디자인 정민애, 강경희, 김문배

등록번호 제10-965호
주소 서울특별시 영등포구 양평로 22길 21 선유도코오롱디지털타워 A402호
전자우편 sigmabooks@spress.co.kr
홈페이지 http://www.sigmabooks.co.kr
전화 (02) 2062-5288~9
팩시밀리 (02) 323-4197
ISBN 979-11-6862-344-6 (13590)

STAFF
일러스트 혼다아키토
디자인 나가이 히데유키
DTP 미즈타니 미사오 (플러스알파)
편집협력 오오츠카 마코토, 구와사와 가오리 (DECO)
엮은이 어린이 과학 편집부

파본은 구매하신 서점에서 교환해드립니다.

* 시그마북스는 (주) 시그마프레스의 단행본 브랜드입니다.

들어가며

학교나 학원에서 가르쳐 주지 않는 '생존 기술'을 익히자!

'생존 기술'이 뭐지? 일상생활에 '기술'이 필요한가? 이렇게 생각하는 분도 있을지 모르겠다. 사전에는 나오지 않지만 '생존'과 '기술' 각각의 의미를 바탕으로 내 생각을 말하자면, '생존 기술'이란 '사람이 생명을 유지하고 생활하는 데 도움이 되는 다양한 지식과 법칙을 실제로 행하고 응용하는 방법이나 수단'이라고 할 수 있다. 다소 어렵게 들릴지도 모르겠다.

매일 평소처럼 학교에 가고, 친구와 놀고, 게임을 즐기고, 전기가 나오는 따뜻한 집에서 식사할 수 있는 생활을 하다 보면 '생명을 유지한다'라는 말 따위에는 전혀 관심이 생기지 않을 것이다.

하지만 여러분이 갑자기 무인도에 고립된다면, 또는 대지진 등 큰 재해를 당해 혼자가 된다면 어떨까? 어제까지의 평화롭던 일상생활이 마치 원시나 서바이벌 생활처럼 돌변할 것이다. 이런 상황에서 과연 여러분은 '괜찮아! 어떤 상황에서도 살아갈 수 있어!' 하고 자신할 수 있는가?

옛날에는 학교에서 '밥 짓는 법'은 물론이고, '아지트 만들기'를 하면서 '로프 묶는 법'을, '낙엽으로 고구마 굽기'를 하면서 '모닥불이나 불의 사용법'을, '공작 수업'에서 '칼 사용법'을 배웠다. 이렇게 재해 시 도움이 되는 '생존하고 생활하는 데에 필요한 다양한 기술'을 매일 놀면서 자연스럽게 익힐 수 있었다.

그런데 지금의 여러분은 어떤가? 학교를 마치면 학원으로 가기에 바쁘다. '불이나 칼은 위험하니까 안 돼!'라며 금지하고 물이나 음식도 근처 편의점에서 사 먹는다. 무슨 일이 생겼을 때 도움이 되는 '생존을 위한 구체적인 기술'을 몸에 익힐 기회가 안타깝게도 없다. 학교나 학원에서도, 주위 어른들도 가르쳐 주지 않는다. 그렇다면 여러분은 어떻게 해야 할까?

걱정할 필요 없다. 여러분이 자신 있게 '괜찮아!'라고 말할 수 있는 생존을 위한 구체적인 기술을 알기 쉽게, 놀면서 자연스럽게 몸에 익힐 수 있도록 이 책을 구성했다. 너덜너덜해질 때까지 몇 번이고 읽고, 생각하고, 실제로 손을 써 가면서 다양한 기술과 지혜를 몸에 익혀 보자!

2023년 4월 가자마 린페이

차 례

⑦ 도구를 직접 만들자

⑧ 날씨와 방위를 읽자

제 3 장 매일 연습하는 기본 기술

⑨ 로프 다루는 법을 익히자

⑩ 칼에 익숙해지자

● 평소의 준비

이 책의 사용법

만약 무인도나 정글·산에서 조난되거나 지진·홍수 등의 자연재해가 일어난다면 먼저 목숨을 잃지 않도록 몸을 지켜야 한다. 이에 대한 방법은 제1장 '생존 기술'에서 소개했다. 중요한 것은 셸터, 식수, 불, 식량, 응급처치다.

생존할 수 있는 상황을 마련했다면 구조대가 올 때까지 안전하게 버텨야 한다. 그 방법은 제2장 '생존 후 기술'에서 소개했다.

1장, 2장의 기술은 로프 다루는 법이나 칼 사용법이 중요하다. 그래서 제3장 '매일 연습하는 기본 기술'에서 각각의 방법을 해설했다. 먼저 3장을 마스터한 후에 1장, 2장에 도전해도 좋다.

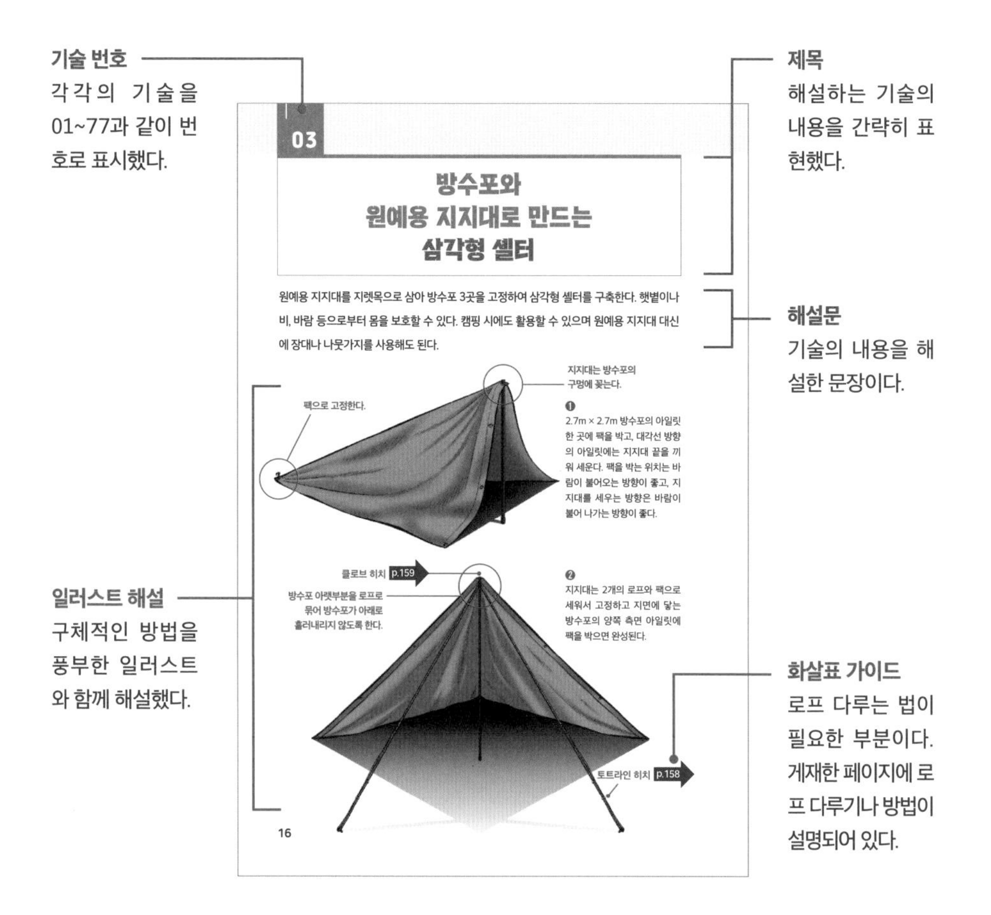

제 1 장

생존 기술

먼저 추위와 비 등으로부터 몸을 지키기 위한
셸터(피난처) 구축법을 익혀야 한다.
다음으로 생명 유지를 위한 식수, 불, 식량 확보 요령과
사고 발생 시를 대비한 응급처치법을 소개하겠다.

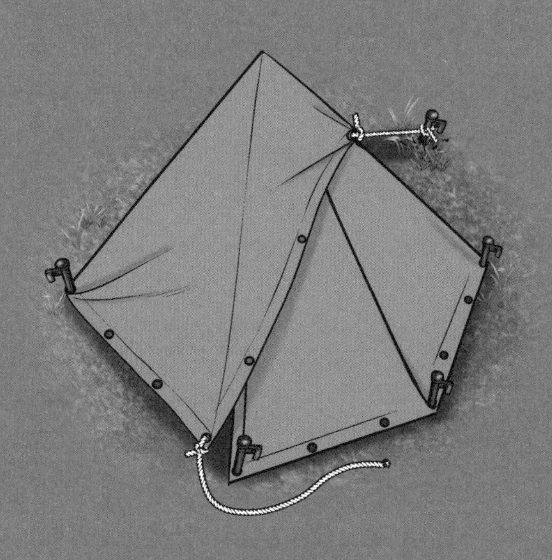

생명을 지키는 셸터를 만들자

만약 무인도나 정글, 산에서 조난을 당하거나 폭설 등 위기 환경에서 생존해야 한다면 '생존 기술' 중에서 서바이벌 테크닉이 필요하다.

중요 서바이벌 테크닉은 셸터 구축, 식수, 불, 식량 확보, 응급처치 등 5가지다. 그 중에서도 셸터 구축을 가장 우선시해야 한다. 왜일까?

'저체온증'을 알고 있는가? 저체온증은 추운 곳에서 일정 시간 노출되어 체온이 떨어졌을 때 일어나는 다양한 증상을 말한다. 심하면 사망에 이를 수도 있어 결코 만만하게 생각해서는 안 된다.

저체온증이라고 하면 보통 동계 산행을 떠올리지만, 비에 젖은 채 행동할 때, 얇은 옷을 입고 찬 바람에 장시간 노출되었을 때, 바다나 강에서 물놀이를 할 때, 자연재해 등으로 피난처에서 잠을 자야 할 때 등과 같은 상황에서도 저체온증에 걸릴 수 있다. 산에서 길을 잃고 당황하여 헤매다 다량의 땀으로 옷이 젖으면서 저체온증에 걸려 사망한 사례도 있으므로 주의해야 한다. 저체온증의 구체적인 증상과 대처법은 다음 페이지에 소개했다.

그럼 저체온증에 걸리지 않기 위해서는 어떻게 해야 할까? 철저한 준비와 예방이 답이다. 예를 들어 내의는 속건성이 좋고, 그 위에 입는 옷은 땀을 잘 배출하고 보온성이 있는 의류가 좋다. 겉옷은 비나 강한 바람을 막아 주는 소재를 고르고 여분의 내의도 준비한다. 지면이나 마룻바닥에서 잘 때는 체온을 빼앗기지 않기 위한 조치도 필요하다. 만약 야외에서 오랜 시간을 보내야 한다면 저체온증에 걸리지 않도록 셸터를 구축하여 몸을 보호하자. 그럼 셸터 구축법을 살펴보자.

정방형인 방수포의 4군데 모서리 중 한 곳에 기둥을 세우고 다른 세 곳을 지면에 고정하면 손쉽게 셸터를 구축할 수 있다 (p.16 참고).

저체온증의 증상과 대처법

경증인 경우(체온 32℃ 이상)

증상

- 치아가 서로 부딪치고 몸의 떨림이 멈추지 않는다.
- 손끝 감각이 무뎌지고 넘어지기 쉽다.

대처법

- 한기를 차단하여 더 이상 체온이 떨어지지 않도록 한다.
- 마사지 등을 하지 말고 체온이 자연히 상승하기를 기다린다.
- 옷이 젖었다면 갈아입히고 담요 등으로 몸을 덮는다.
- 재워야 한다면 지면이나 마룻바닥에 몸이 직접 닿지 않도록 매트나 담요를 깐다.

중증인 경우(체온 32℃ 이하)

증상

- 추위에 대한 감각이 무뎌져 추위로부터 몸을 보호하는 것에 무관심해진다.
- 이상한 행동을 한다.
- 서 있을 수 없고 말이 어눌해진다.
- 요실금을 보이거나 의식이 점차 흐려진다.

응급상황인 경우(체온 28℃ 이하)

증상

- 몸의 떨림이 멈추지 않는다.
- 반응이 없으며 혼수상태에 빠진다.
- 맥박과 호흡이 줄고 호흡을 거의 하지 않는 것처럼 보인다.

중증 및 응급상황인 경우의 대처법

- 걷게 하거나 몸을 움직이게 해서는 안 된다. 중증 부정맥을 일으켜 심장마비로 사망할 위험이 크므로 가능한 한 신중하게 다룬다.
- 야외에서는 정상 체온으로 회복하기 어려우므로 곧장 의료기관으로 이송한다.
- 의료기관 이외에서 몸을 따뜻하게 데우면 안 된다.
- 의료기관에서 확인받기 전까지는 사망했다고 볼 수 없으므로 무조건 의료기관으로 옮긴다.

참고: 『저체온증 서바이벌 핸드북(低体温症サバイバル・ハンドブック)』

01

골판지를 이용하여 셸터 만들기

지면이나 마룻바닥에 직접 누우면 체온을 많이 빼앗기게 된다. 이를 방지하기 위해 골판지나 담요, 마른 낙엽 등을 깔면 좋다. 또 골판지 박스를 이어 붙이면 '박스형 침낭 셸터'가 된다. '셸터'는 비바람을 막아 안전을 확보할 수 있을 뿐만 아니라 심적인 안정에도 도움이 된다.

골판지 박스를 펼쳐서 매트로 사용한다.

골판지 박스의 위와 아래를 개봉해 몸의 길이에 맞게 이어 붙이면 셸터가 된다.

방수포와 빨래 건조대로 간이 셸터 만들기

빨래 건조대를 세우고 방수포를 덮어 로프와 팩으로 고정하면 간이 셸터가 된다. 좌우 측면까지 방수포로 두르면 안에서 취침도 가능하다.

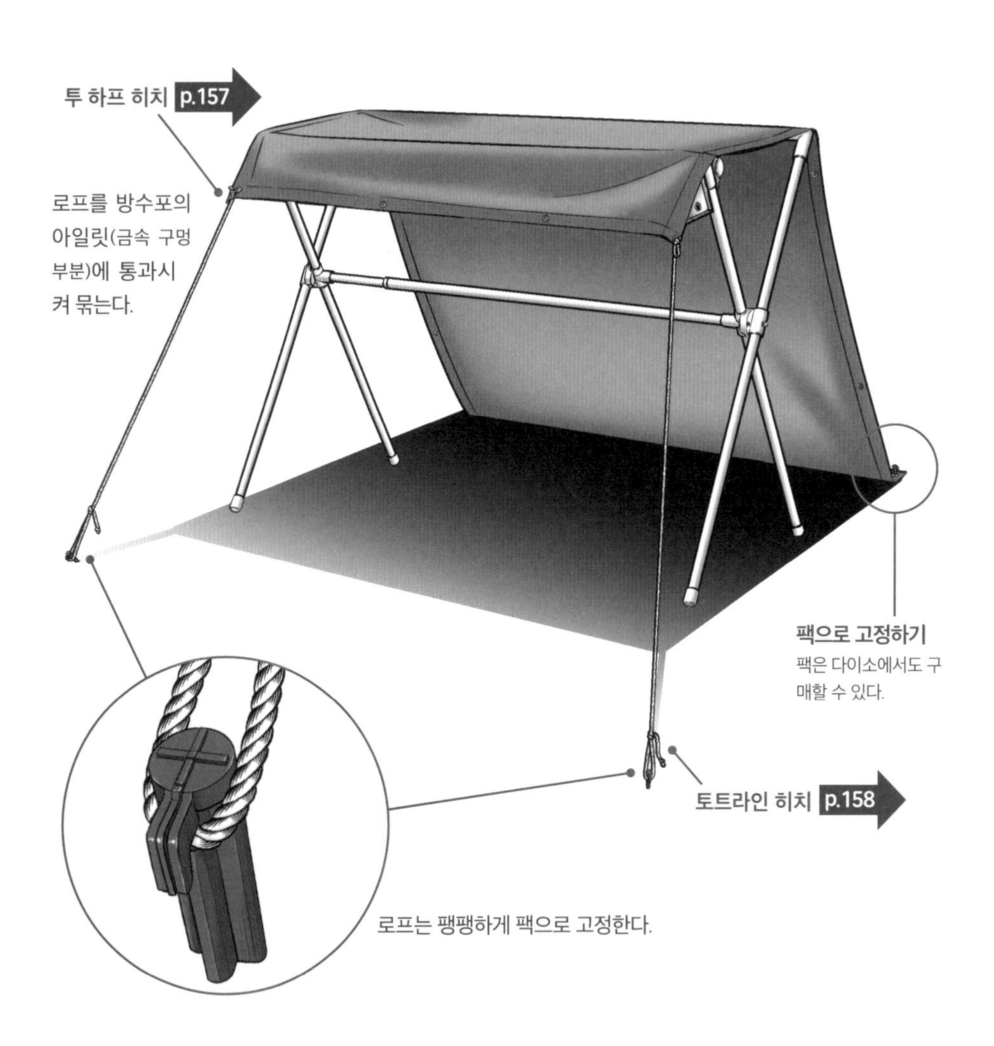

03

방수포와 원예용 지지대로 만드는 삼각형 셸터

원예용 지지대를 지렛목으로 삼아 방수포 3곳을 고정하여 삼각형 셸터를 구축한다. 햇볕이나 비, 바람 등으로부터 몸을 보호할 수 있다. 캠핑 시에도 활용할 수 있으며 원예용 지지대 대신에 장대나 나뭇가지를 사용해도 된다.

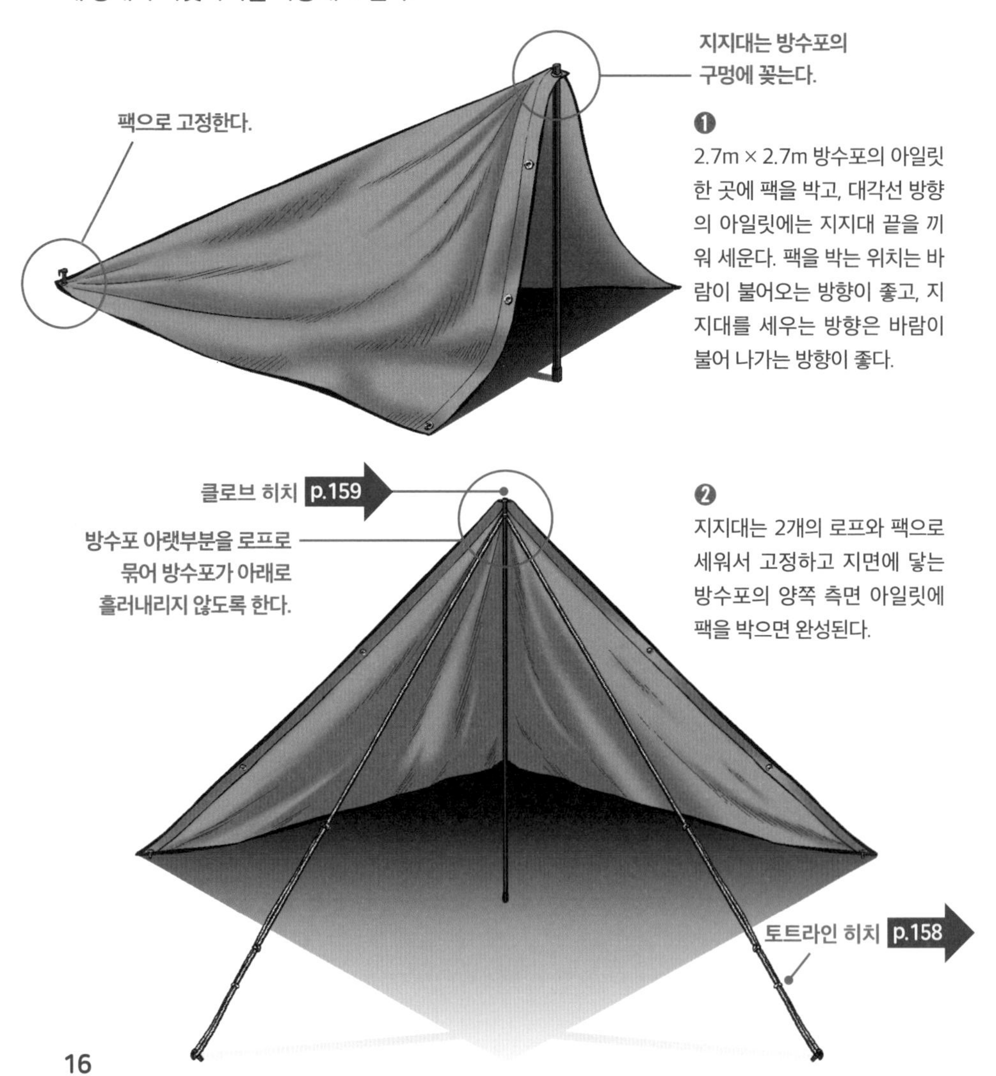

A형 프레임 2개로 구축하는 야외용 셸터

A형 프레임이란 3개의 장대를 '나란히 얽기'와 '네모 얽기'로 알파벳 'A'와 같은 형태로 만든 것이다. 간단하지만 튼튼해서 의자나 테이블, 침대 등 다양한 도구는 물론 임시 오두막까지도 만들 수 있어 배워 두면 편리하다.

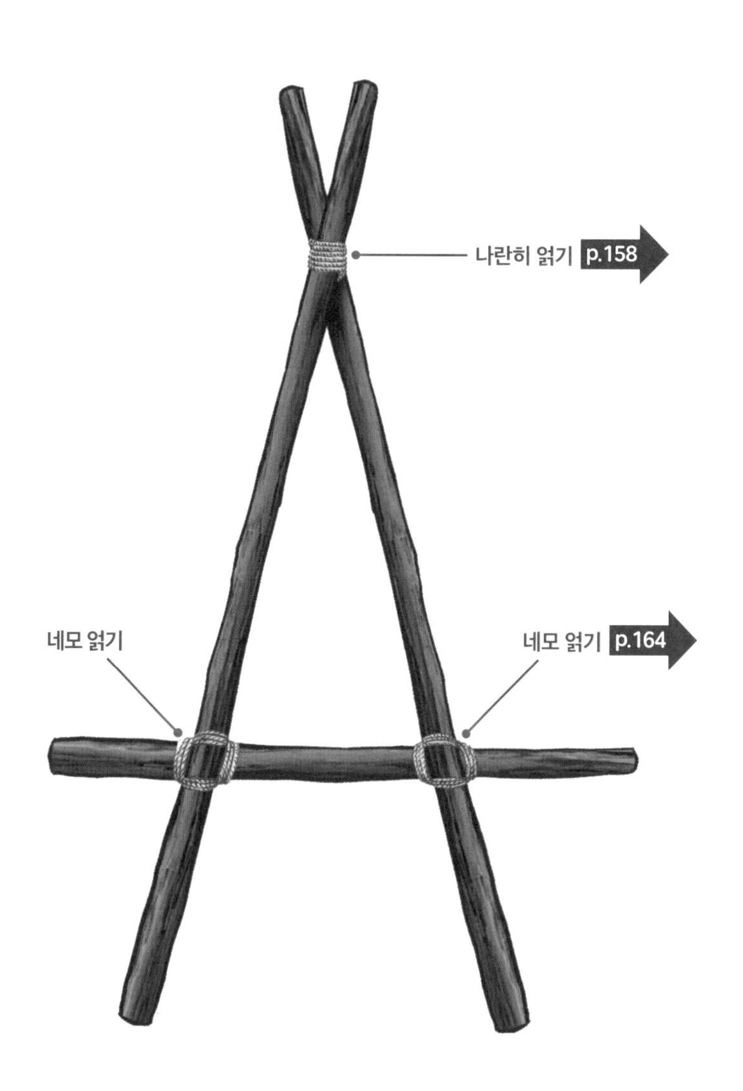

A형 프레임 2개를 마주 보게 세운 다음 프레임 위의 V자 부분과 바깥쪽 부분에 장대를 가로질러 각각 '네모 얽기'로 고정한다. 크게 만들면 재해 시에도 도움이 되는 긴급 피난용 셸터가 된다.

그 외 A형 프레임으로 만들 수 있는 것

의자 달린 테이블 …… p.168
A형 프레임 화덕 …… p.169
삼각 화덕 …… p.169
삼각 벤치 해먹 …… p.170
침상 …… p.177
트리하우스 …… p.181

다이소 제품으로 만드는 서바이벌 텐트

재료는 모두 다이소에서 구입할 수 있다. 조립과 분해도 쉽고 설치 장소도 구애받지 않는 훌륭한 텐트다. 재해 시 피난용 텐트는 물론이고 비밀 아지트로도 활용할 수 있다.

1. 삼각형 프레임 만들기

재료

- 원예용 지지대(지름 16mm × 길이 1.8m) : 12개
- 방수포(1.8m × 1.8m) : 5장
- 수도 호스(구경 15mm × 길이 1.2m) : 1개
- 케이블타이(양면 롤 타입 / 폭 1cm × 길이 15cm) : 8개
- 팩 : 8개
- 로프 혹은 끈
- 테이프(천 혹은 방수 타입)
- 양면테이프
- 가위
- 사인펜

❶
수도 호스를 10cm × 12개로 자른다.

❷
원예용 지지대 끝에 수도 호스를 약 4cm 꽂아서 연결한다.

❸
원예용 지지대 3개로 삼각형 프레임을 만든다.

❹
삼각형 프레임을 4개 만든다.

2. 텐트 본체 만들기

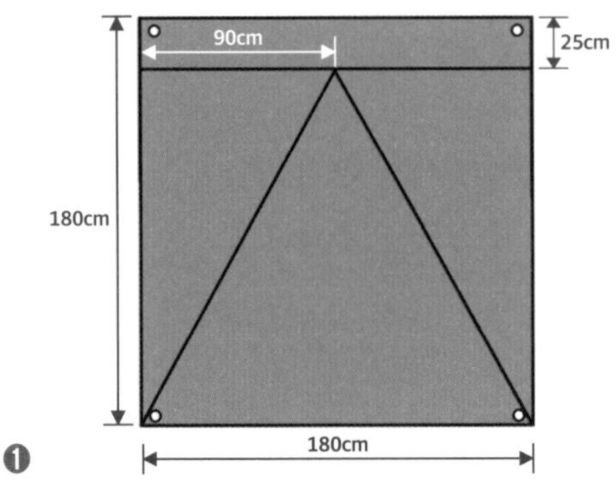

❶
방수포를 펼쳐서 사인펜으로 그림과 같이 선을 긋는다.

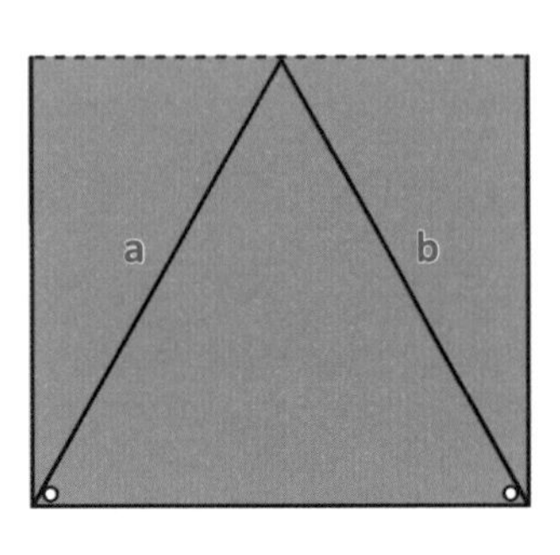

❷
상단의 25cm는 뒤로 접은 다음 양면테이프로 고정한다.

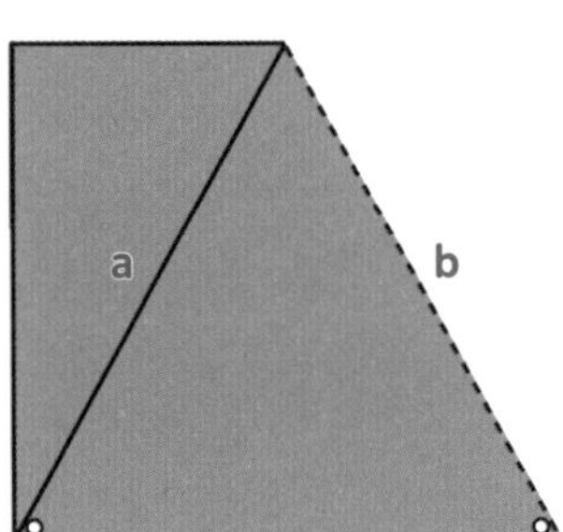

❸
오른쪽 b변을 뒤로 접어 테이프로 고정한다. 4장의 방수포를 동일하게 만든다.

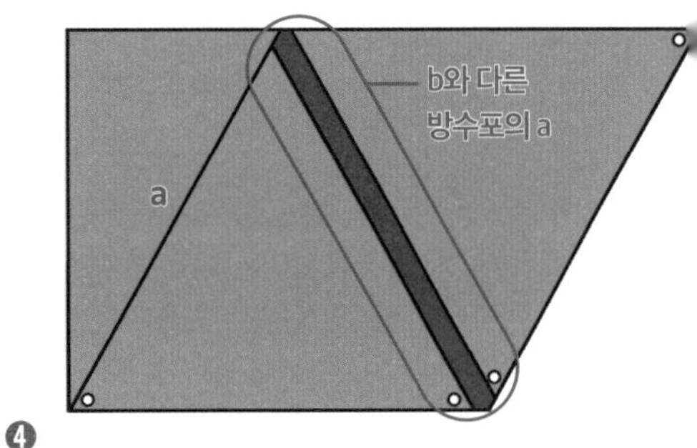

❹
그림과 같이 ❸에서 접은 b변을 다른 방수포 a변에 맞춰 테이프를 붙여 고정한다.

❺
방수포 4장을 그림과 같이 이어서 뒷부분에 테이프를 붙여 고정한다.

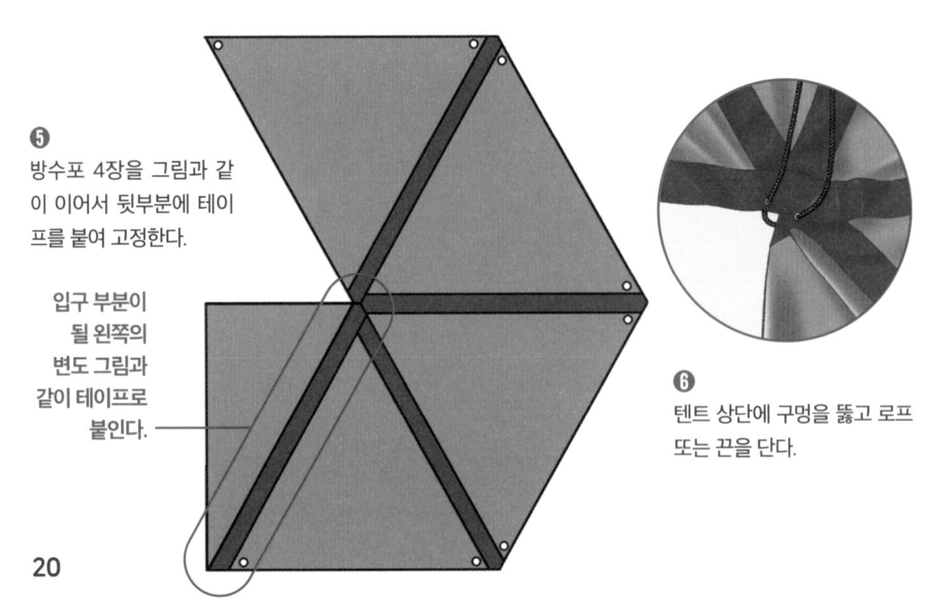

❻
텐트 상단에 구멍을 뚫고 로프 또는 끈을 단다.

3. 텐트 세우기

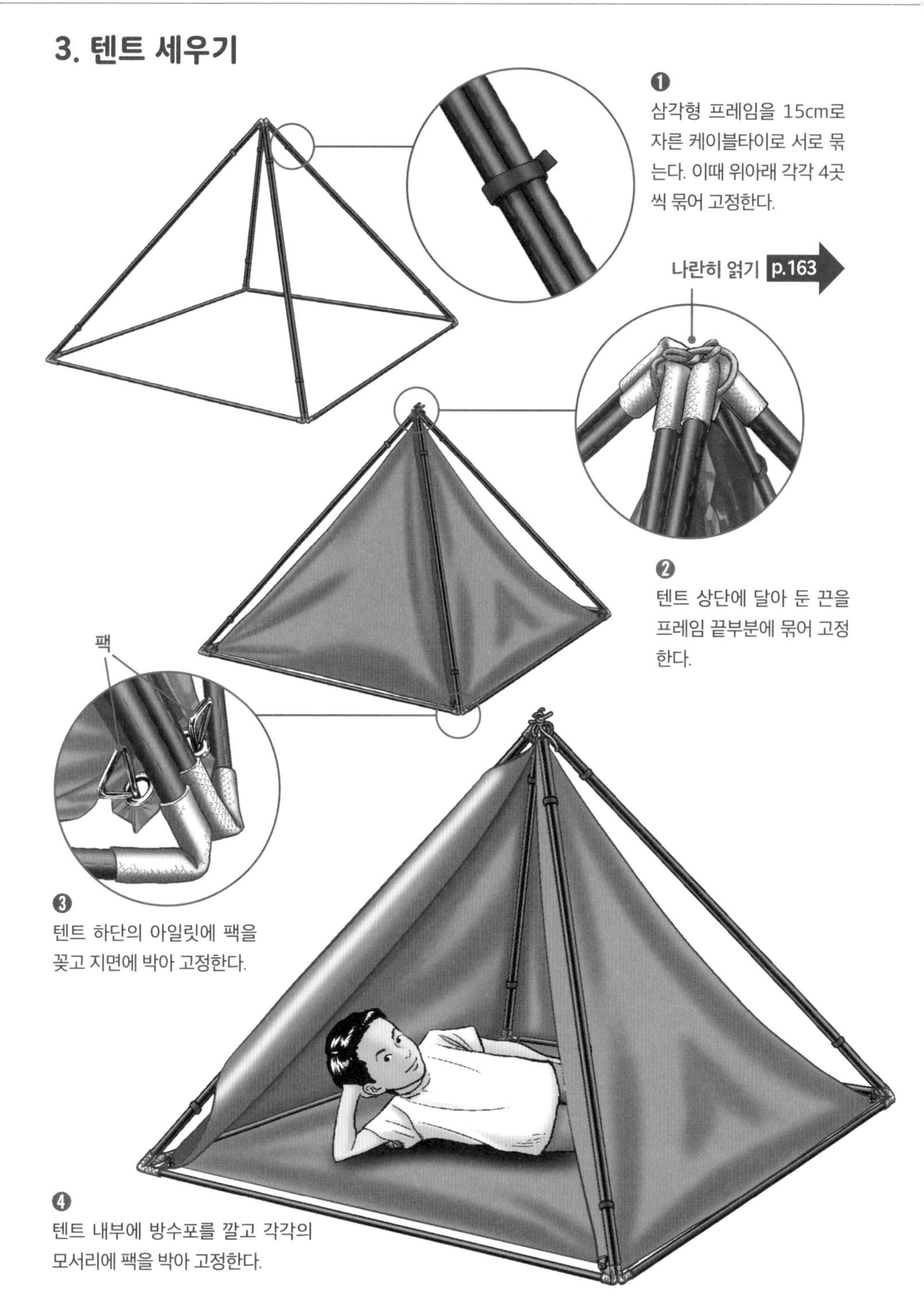

❶
삼각형 프레임을 15cm로 자른 케이블타이로 서로 묶는다. 이때 위아래 각각 4곳씩 묶어 고정한다.

나란히 얽기 p.163

❷
텐트 상단에 달아 둔 끈을 프레임 끝부분에 묶어 고정한다.

❸
텐트 하단의 아일릿에 팩을 꽂고 지면에 박아 고정한다.

❹
텐트 내부에 방수포를 깔고 각각의 모서리에 팩을 박아 고정한다.

06

방수포 1장으로 어드벤처 타프 만들기

방수포에 아일릿을 7개 추가하면 서바이벌 텐트나 티피형 텐트, 비밀 아지트를 만들 수 있다. 방수포는 다소 두꺼운 제품을 구매하자.

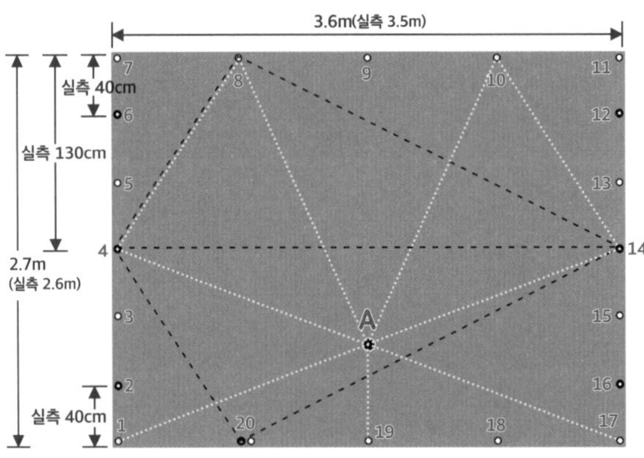

방수포의 아일릿은 오차가 있으므로 '7'에서 '8'의 길이와 '1'에서 '20'의 길이가 동일하도록 '20'의 위치를 정해서 아일릿을 추가한다. 오차가 없다면 추가하지 않아도 된다.

재료 및 도구

- 방수포(2.7m × 3.6m) : 1장(중량 약 3kg, 두께 #3000)
- 양면 아일릿(12mm) : 6 ~ 7개
- 양면 아일릿 공구 세트
- 타공 펀치(지름 13mm) 혹은 커터 칼
- 금속 줄자(3.5m 이상)
- 사인펜
- 망치
- 방수포 보수용 테이프 혹은 면 테이프

- - - - 서바이벌 텐트의 접는 선
⋯⋯ 티피형 텐트의 접는 선
○ 방수포 아일릿
O 새로 추가한 아일릿

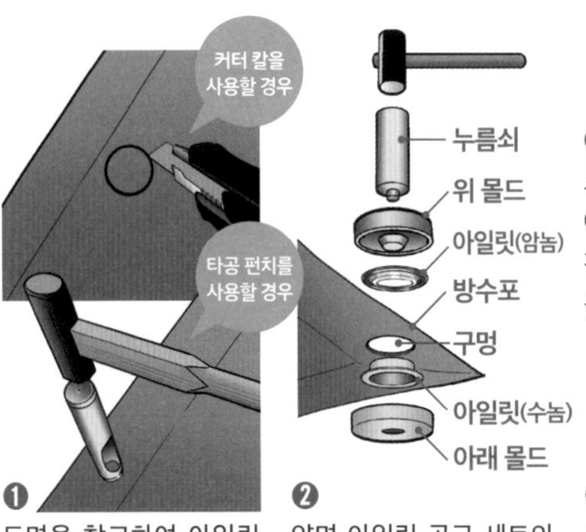

❶ 도면을 참고하여 아일릿을 심을 위치(◎)에 지름 13mm의 구멍을 낸다.

❷ 양면 아일릿 공구 세트의 사용 방법에 따라 ❶에서 뚫은 구멍에 양면 아일릿을 심는다.

❸ 도면을 참고하여 줄자와 사인펜으로 점선을 긋는다.

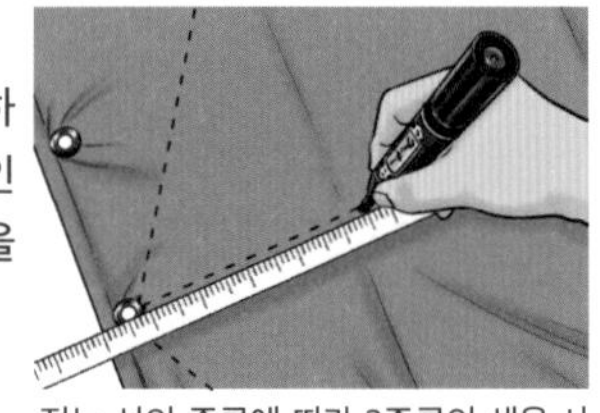

접는 선의 종류에 따라 2종류의 색을 사용하면 구별하기 편리하다.

❹ 도면의 A 뒷면에 보수용 테이프를 붙여서 완성한다.

장대나 폴대로 인해 구멍이 뚫리는 것을 방지하기 위함이다.

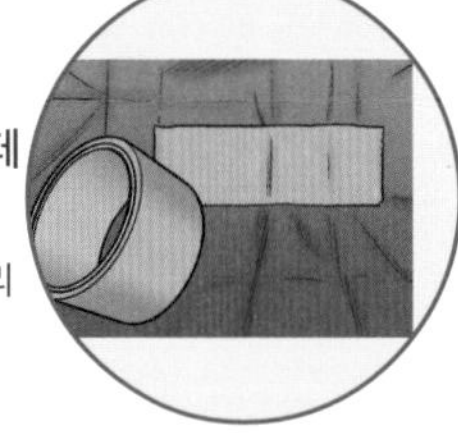

서바이벌 텐트 만들기

손쉽게 만들 수 있고 취침이 가능한 텐트!

재료 및 도구

- 어드벤처 타프 : 1장
- 장대(1.5m) 혹은 폴대 : 1개
- 팩 : 5개
- 로프(약 3m) 혹은 끈 : 2개
- 그라운드시트(1.8m × 1.8m) 혹은 방수포 : 1장

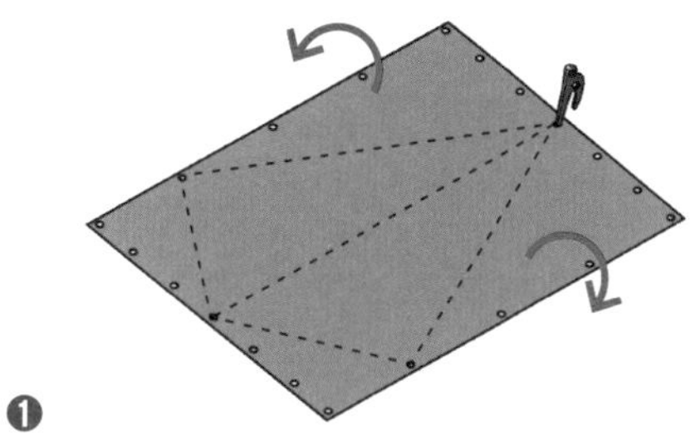

❶
어드벤처 타프를 펼쳐 도면 '14'의 아일릿에 팩을 박고 바닥 부분을 안쪽으로 접어 넣는다.

아일릿 구멍에 들어가도록 끝부분을 깎는다.

❷
2곳(★)에 팩을 박아 각각 로프를 묶어 둔다.

❸
장대를 '4'의 아일릿에 꽂아 튀어나온 부분을 ❷의 로프로 묶어서 장대를 세운다.

❹
'8'과 '20'의 아일릿에 팩을 박고 텐트 모양을 로프로 조정한다.

❺
안으로 들어가 접어 둔 바닥 부분을 정리하고 입구 안쪽에 그라운드시트를 깔면 완성이다.

티피형 텐트 만들기

1개의 폴대(지지대)로 만들 수 있는 옛날 북미 원주민의 주거형 텐트다.

재료 및 도구

- 어드벤처 타프 : 1장
- 장대(1.5m) 혹은 폴대, 압축봉 등 : 1개
- 팩 : 8개
- 로프(약 3m와 1m) 혹은 끈 : 1개씩
- 천(핸드타월 크기) : 1장

❶
어드벤처 타프를 펼쳐서 '19'와 '1'의 아일릿에 각각 3m, 1m의 로프를 연결한다.

❷
'8'과 '10'의 아일릿에 팩을 박아 고정한다.

❸
바닥 부분을 안쪽으로 접어 넣는다.

바닥 바닥

❹
'8'과 '10'의 아일릿을 팽팽하게 당기며 '4'와 '14'의 아일릿을 50cm 정도 안쪽으로 이동시켜 팩을 박는다(임시 설치로 OK).

❺
'1'과 '17'의 아일릿을 맞춰서 한가운데로 덮고 '17'에 팩을 박는다(임시 설치로 OK).

여기가 입구

나무 봉과 A의 접촉 부분에 천을 대서 구멍이 생기지 않도록 한다.

❻
텐트 안으로 들어가 보강한 A의 위치에 맞춰 나무 봉을 세운다.

❼
❶에서 '19'에 연결한 로프를 당겨서 입구와 반대 위치(❷의 '8'과 '10'의 변 끝)에 팩을 박아 고정한다.

❽
형태가 전체적으로 정돈되면 ❺의 팩 위치를 정해 단단히 박으면 완성이다. 높이 약 160cm의 넓은 텐트를 만들 수 있다.

다양한 비밀 아지트 만들기

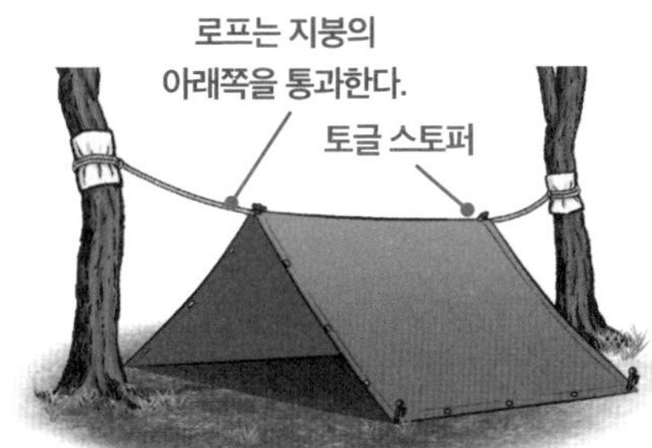

A형 타프

타프 아래 중앙으로 로프를 통과시켜 중앙 양쪽의 아일릿에 로프를 '토글 스토퍼※' 한다. 타프 좌우로 나온 로프를 나무 등에 고정하여 아래 모서리의 아일릿에 팩을 박아서 완성한다.

※ 돌멩이 고리
타프 중앙 안쪽에 작은 돌멩이 등을 넣고 감싸듯이 바깥쪽을 로프로 묶는다.

우산형 타프

타프 중앙을 나뭇가지에 매달아 우산 같은 형태로 펼친다. 돌멩이 고리※를 만들어 매달면 편리하다.

큰지붕형 타프

모서리의 아일릿에 로프를 묶어 나무에 고정한다. 중앙에 폴대를 세우면 비가 고이지 않고 흘러내리는 지붕이 된다(나무가 없다면 모서리 아일릿에 나무 봉 등을 꽂아 로프로 고정하면 OK).

※ 토글 스토퍼
지름 약 1cm의 나무토막을 그림과 같이 아일릿 구멍을 통과시킨 로프에 고정한다. 로프가 뒤틀리거나 움직이는 것을 방지할 수 있다. 로프를 묶지 않으므로 설치 및 철수 시 시간이 단축되어 재해 시 도움이 된다.

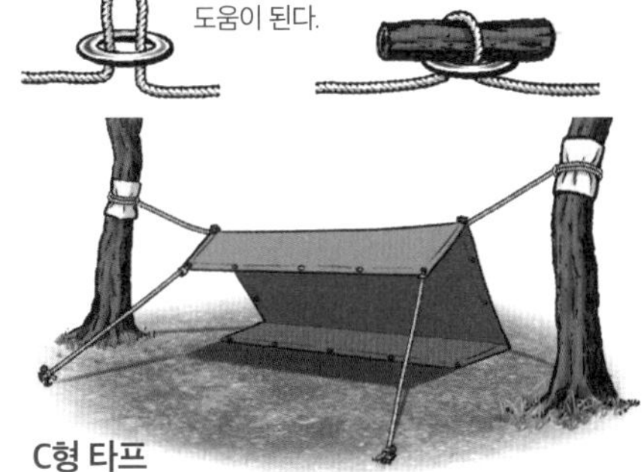

C형 타프

모닥불이나 캠핑 시 최적의 타프다. 그라운드시트와 바람을 막아 주는 벽, 작은 차광막이 생긴다.

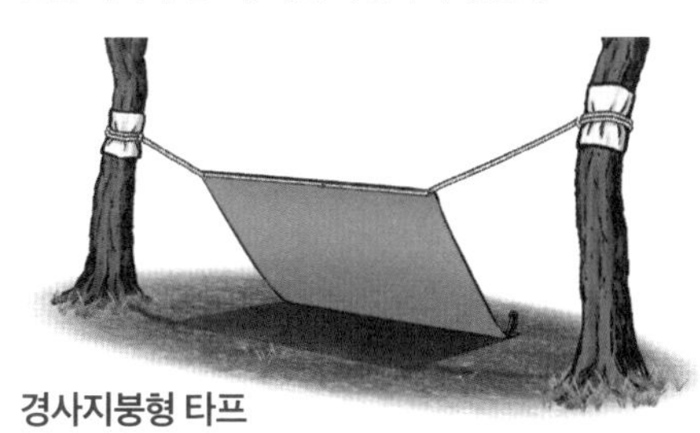

경사지붕형 타프

타프의 기본적 설치법이다. 한쪽 변의 양쪽 끝과 중앙의 아일릿에 로프를 '토글 스토퍼'로 설치하고 로프의 양쪽 끝을 나무 등에 고정한다. 반대쪽 변의 아일릿을 팩으로 고정하면 완성된다.

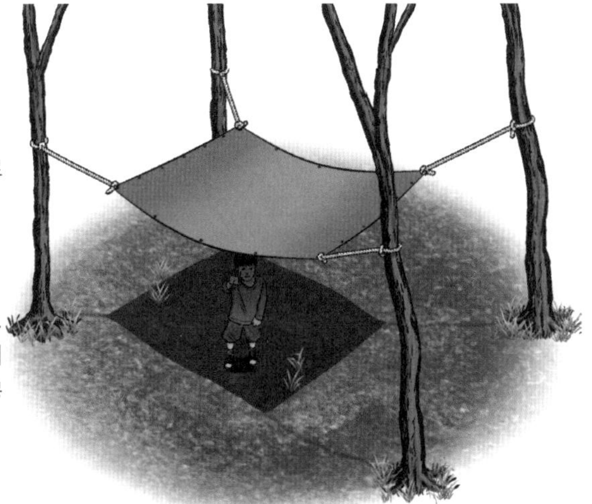

생명을 연장해 주는 식수를 만들자

인간은 생명을 유지하기 위해 하루에 최소 2L의 물이 필요하며, 식사를 통해 섭취하는 수분도 포함해 3일 이상 물을 마시지 않으면 생명이 위험하다.

게다가 이는 움직이지 않을 때의 기준이며, 물을 마시지 않고 격하게 움직이면 '탈수 증상(어지러움이나 구토, 의식장해)'을 일으켜 더욱 위험해질 수 있다. 재해가 일어난 후 대피소에서 용변을 참으려고 물을 마시지 않다가 탈수 증상이 생기는 사례도 있다. 조난이나 재해에서 겨우 목숨을 부지하더라도 '식수'를 확보하지 못하면 살아남을 수 없다.

여기서는 이처럼 중요한 '식수'를 자택이나 야외에서 어떻게 확보하는지 그 기술을 살펴보자.

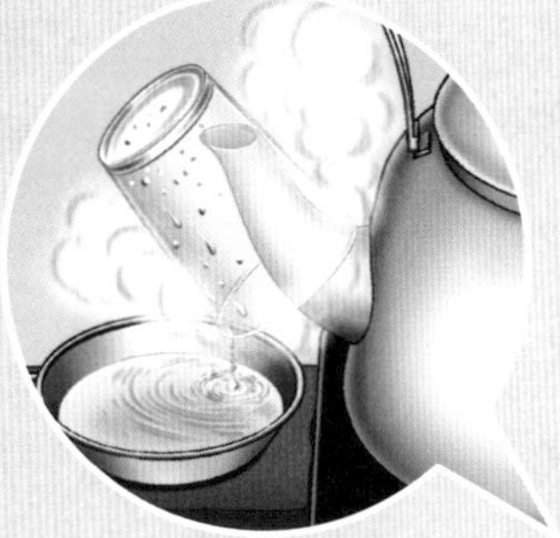

증류로 '식수' 만들기

휴대용 가스버너는 전기와 가스가 끊기는 재해 시에 가장 도움이 되는 도구이다. 주전자를 올리고 물을 끓이면 증기가 피어오른다. 그것을 컵으로 받아 증기를 식히면 불순물이 적은 비교적 안전한 식수를 얻을 수 있다. 이 방법이 바로 '증류'다. 다만 물에 섞인 유해화학물질이나 중금속류는 아쉽게도 '증류'나 '끓이기'로는 완전히 제거하지 못한다는 점도 기억하자.

필요한 식수의 양을 알자!

지금까지 각지에서 일어난 재해를 보면 일반적으로 말해서 3일분이 아니라 최소 일주일분을 비축할 필요가 있다. 예를 들어 3인 가족이라면, 1인당 1일 3L로 계산해서 3L × 3인 × 7일 = 63L다. 즉 2L짜리 페트병으로 32병이 필요하다. 4인 가족이라면 42병을 비축해야 한다.

수분을 섭취하지 않았을 경우 언제부터 생명에 지장을 줄까?

하루에 몸에서 배출되는 수분량은 '대소변으로 약 1,300mL', '땀으로 약 600mL', '호흡으로 약 400mL'이며 합계 약 2,300mL = 2.3L이다. 하루 최소 2L의 물이 필요한 이유다.

아이의 체내 수분량은
체중의 약 70%(어른은 약 60%)이므로
체중 40kg이라면 '40kg × 0.7 = 약 28kg'

체내 수분량의 20%를 잃으면
생명 위험 및 사망에 이를 수 있으므로
그 양은 '28kg × 0.2 = 5.6kg'

하루에 몸에서 배출되는 수분량은 약 2.3L이므로
수분을 섭취하지 않았을 시
버틸 수 있는 기간은 (물 1L=1kg)

5.6÷2.3=2.4347 ···› 약 2.5일!

이 숫자 및 기간은 반드시 기억하자.

이번 장에서 소개하는 방법은 비상시 생명 연장에 도움이 되는 수단이지만 100% 안전하다고 할 수는 없으니 주의하자.

07

식수 만들기에 중요한 여과와 끓이기

주변에서 쉽게 구할 수 있는 물로 욕조에 담긴 물이나 빗물 등이 있다. 하지만 그대로 마실 수는 없다. 눈에 보이지 않더라도 오염물이나 머리카락 등이 섞였을 수 있기 때문이다. 이를 제거하려면 '여과'와 여과한 물의 잡균을 제거하기 위한 '끓이기'를 반드시 거쳐야 한다. 2L 페트병과 다이소에서 구할 수 있는 물건으로 '여과기'를 만들어 여과하고 끓여서 살균해 보자.

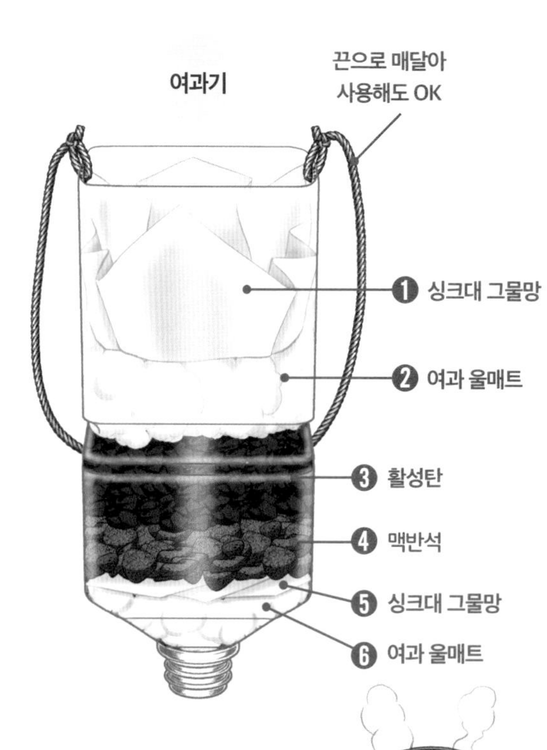

재료

- 여과 울매트(수족관용)
- 활성탄(수족관용)
- 맥반석(수족관용)
- 싱크대 그물망(배수구용)

만드는 법

페트병 바닥을 잘라 뒤집어 그림의 ❻~❶ 순서로 재료를 채워 넣는다('여과 울매트'와 '싱크대 그물망'은 물로 가볍게 씻고, '활성탄'과 '맥반석'은 물이 탁해지지 않을 때까지 깨끗이 씻어서 사용한다).

간이 여과 장치

활성탄과 맥반석을 생략하고 싱크대 그물망과 여과 울매트를 사용하거나, 깨끗한 타올이나 손수건을 채운다. 이 장치로도 물을 여과할 수 있다. 끈으로 나무나 나뭇가지에 매달면 사용하기 편리하다. 여과한 물을 받는 용기도 준비하자.

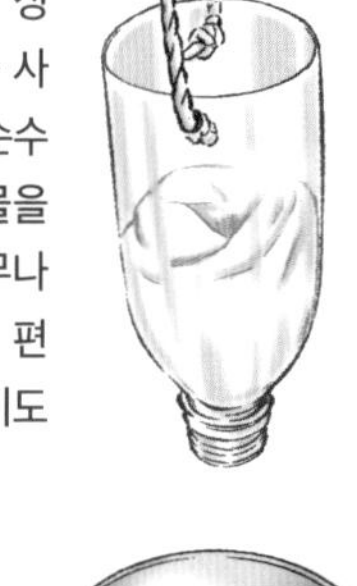

끓여서 살균하는 법

여과한 물을 냄비나 주전자에 담아 10분 이상 끓여 잡균을 제거한다.

욕조 물과 빗물로 식수 만들기

욕조에는 100~200L 정도로 다량의 물을 보존할 수 있다. 만약 100L 모두를 식수로 만들 수 있다면 3인 가족(1인 1일 3L) 기준 약 11일분이다. 또 빗물도 사용하면 더 많은 물을 확보할 수 있다. 이 물을 '식수'로 만들려면 '여과'와 '끓이기'가 필요하다.

욕조 물

욕조를 씻어서 수돗물을 채우고 얼마 지나지 않았다면 그대로 '식수'로 사용할 수 있다.

마개 개봉 방지

비닐봉지에 물을 넣고 입구를 묶어 마개 위에 올려 두면 지진 등의 흔들림으로 욕조 마개가 열리는 것을 방지할 수 있다.

단 입욕제를 넣은 욕조 물은 '식수'로 부적합하다. 변기 물 등을 사용하자.

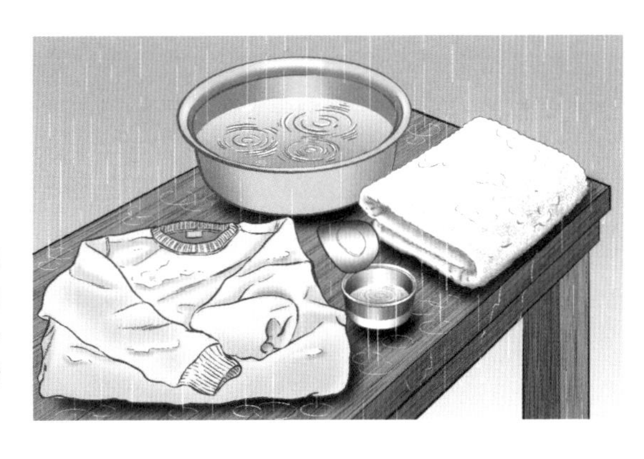

빗물

테이블이나 선반 위에 용기를 올려놓고 빗물을 받는다. 흙이 튀어 빗물에 섞일 수 있으므로 땅바닥에는 두지 않는다. 수건이나 의류에 물이 스미도록 한 다음 짜서 물을 확보할 수도 있다.

09

이슬을 모아 식수 만들기

욕조 물이나 빗물에 비해 이슬은 극히 소량을 조금씩 모아야 해서 끈기가 필요하지만, 이슬을 모으는 것 역시 중요한 생존 기술이다. 채집한 물은 반드시 '간이 여과 장치'로 '여과'하고 '끓여서 살균'하여 마시자.

새벽에 일어나 깨끗한 천을 무릎 아래 다리에 두르고 이슬이 맺힌 풀숲을 걷는다. 천에 스며든 수분을 짜면 1시간에 1L의 물을 확보할 수 있다. 이 방법은 비가 적은 호주의 원주민들이 고안한 방법이다.

나뭇잎이나 풀에서 식수 만들기

흔히 볼 수 있는 나뭇잎이나 풀에서도 물을 확보할 수 있다. 식물 내부의 수분이 잎의 기공을 통해 수증기로 방출되는 '증산'이라는 현상을 이용하는 방법이다. 채집한 물은 반드시 '간이 여과 장치'로 '여과'하고 '끓여서 살균'하여 마시자.

나뭇잎에서 채집하기

나뭇잎이 많이 달린 가지를 비닐봉지에 담고 바닥에 돌멩이를 넣어 묶어 둔다. 태양 빛을 쐬며 기다리면 많은 양은 아니지만 바닥에 물이 고인다.

풀에서 채집하기

풀을 잘라 돌멩이와 함께 비닐봉지에 넣어 입구를 막고 햇볕이 잘 드는 곳에 놓아두면 풀에서 증산한 물이 봉지 바닥에 고인다.

11

바닷물을 증류해서 식수 만들기

바닷물은 염분 농도가 3.4%이며 이는 인간의 체액 0.9%에 비해 매우 짙다. 그래서 마시면 마실수록 몸의 수분이 배출되어 수분 보급이 이루어지지 않는다. 더구나 미생물이나 세균이 많아 위험하기도 하다. 다만 '증류'라는 방법으로 바닷물을 식수로 만들 수 있다. 구하기 쉬운 도구로 '증류 장치'를 만들어 식수를 확보하자.

❶

큰 냄비에 바닷물을 넣고 뜨지 않을 정도로 돌을 넣은 컵을 중앙에 둔다. 큰 냄비의 윗부분은 증기가 빠지지 않도록 젖은 타올이나 천으로 감싼다. 큰 냄비 위에 바닥이 둥근 궁중 팬이나 볼을 얹고 바닷물을 넣으면 증류 장치가 완성된다.

❷

증류 장치를 모닥불이나 버너 위에 올려놓고, 바닷물이 든 큰 냄비에서 피어나는 수증기가 그 위에 올린 궁중 팬 바닥에서 식으면 물방울이 맺히고 컵으로 떨어진다. 이 원리를 이해하면 냄비나 궁중 팬이 없어도 다른 다양한 대용품으로 증류 장치를 만들 수 있다.

강이나 호수의 물로 식수 만들기

오늘날은 깨끗해 보이는 물도 일부를 제외하고는 바로 마실 수 없다. 강 상류의 투명도가 높은 물은 휴대 정수기로 정수한 뒤 '끓여서 살균'하면 마실 수 있지만, 강 중류로 내려오면 '증류'가 필요하다.

증류하기

주전자 등을 이용하여 증류(p.26)하거나, 바닷물을 증류할 때와 같은 증류 장치(p.32)를 사용하여 마시자. 지하수도 수질검사가 이루어지지 않았다면 같은 방법을 거친 후에 마시자. 다만 물에 섞인 유해화학물질이나 중금속류는 끓이거나 증류해도 완전히 제거할 수 없다는 점을 기억하자.

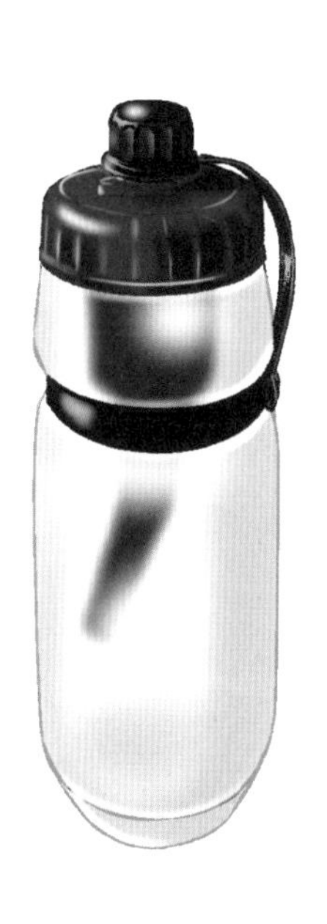

휴대 정수기 사용하기

휴대 정수기는 물에서 불순물을 제거하여 마실 수 있는 상태로 만들어 준다. 0.4μm(마이크로미터)의 필터가 주로 사용되며 대장균이나 콜레라균 등의 병원균, 기생충 등 유해 원생동물까지 제거해 준다. 내부에 0.2μm 초정밀 필터가 들어 있는 제품이나 필터 교체 없이 연속 400L까지 사용할 수 있는 제품도 있어 재난을 대비해 구비해 두면 안심이다.

태양열과 대지에서 식수 만들기

태양 빛과 태양열로 땅속 수분을 증발시켜 물을 증류하는 '태양열 증류 장치'로 식수를 확보하는 방법이다. 서바이벌 관련 책이라면 반드시 다루는 방법으로, 바다나 강이 없는 내륙 지역 등 '물이 없는 곳에서 물을 얻는 최후의 수단'이다.

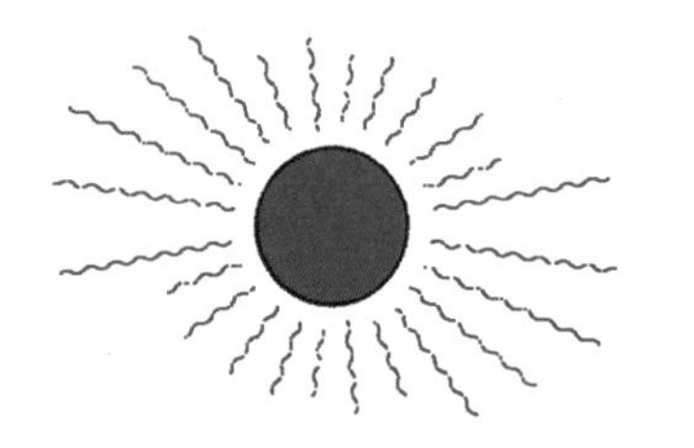

내부의 모습

지면에 지름 1m, 깊이 50cm 정도의 구덩이를 파고 중앙에 물을 담는 용기를 둔다. 비닐시트를 덮고 주위를 돌로 고정한 다음 시트 중앙에 돌멩이를 올려 오목하게 만든다. 구덩이 안의 증기가 시트 안쪽을 타고 흘러 용기로 떨어지는 구조이다. 구덩이 안에 풀이나 나뭇잎을 꺾어 넣거나 젖은 의류 등을 넣으면 보다 효과적이다.

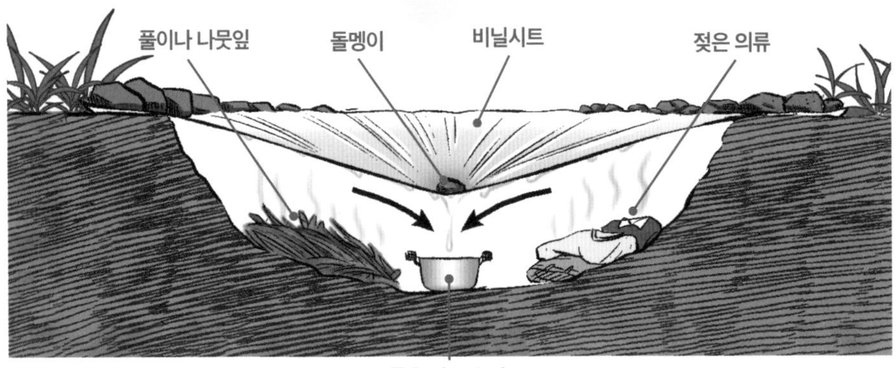

페트병 태양열 증류 장치로 식수 만들기

극히 소량의 물밖에 확보할 수 없지만 2L 페트병의 바닥을 잘라서 안쪽으로 말아 올리면 완성되는 재미있는 장치다. 생수병과 같이 부드럽고 몸통 부분의 홈이 수평인 페트병을 고르면 만들기 편리하다. 뜨거운 물이나 불을 사용하므로 충분히 주의하자.

재료 및 도구

- 페트병(2L 생수용)
- 사인펜
- 커터 칼
- 자
- 냄비
- 목장갑이나 가죽장갑

주의 칼을 사용할 때는 충분히 주의해야 하며 어렵다면 어른의 도움을 받자.

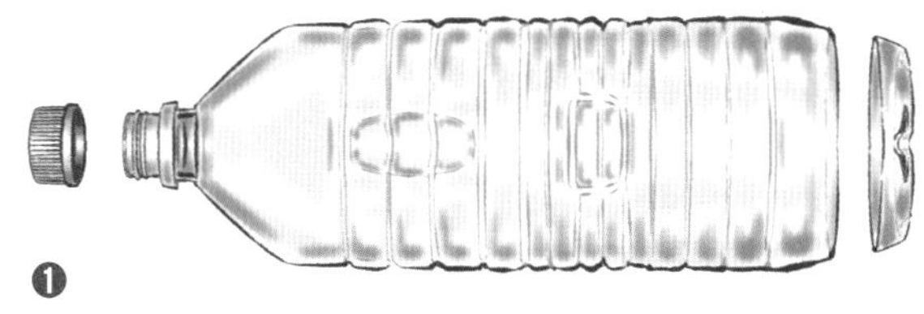

❶

페트병의 뚜껑을 제거하고 바닥을 잘라 낸다.

뚜껑은 버리지 않는다.

❷

잘라 낸 부분에서 6~7cm 위에 있는 홈에 사인펜 등으로 표시한다.

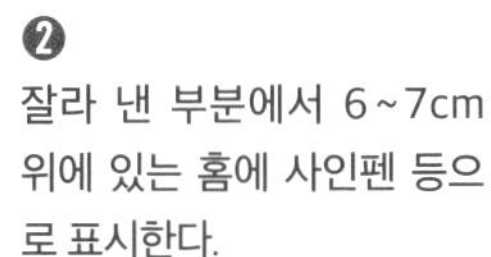

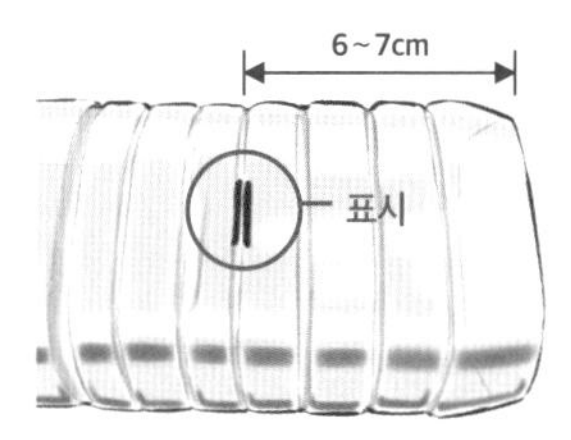

❸

냄비에 깊이 6~7cm 정도로 물을 넣고 가열한다. 끓으면 불을 끈다.

❹

페트병 입구 부분을 들고 ❷의 표시 부분에서 바닥까지 돌리면서 뜨거운 물을 묻힌다.

뜨거운 물을 묻힌 부분이 쪼그라들면 냄비에서 꺼낸다.

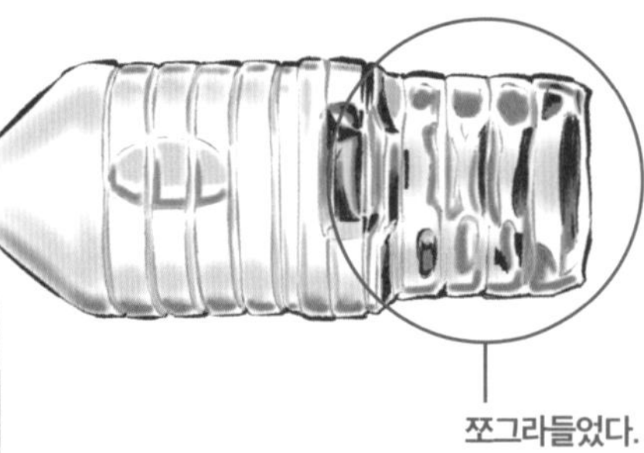

버너의 직화(약불)로 쪼그라든 부분을 돌리면서 더 쪼그라들게 만든다.

여러 방향에서 구겨서 올리면 수월하다.

❼

페트병을 뒤집어 ❷에서 표시한 부분부터 쪼그라든 부분까지 안쪽으로 구겨 올린다.

❽

바닥이 평평해지도록 다듬고 뚜껑을 막으면 완성이다.

바람에 넘어지지 않도록 고정

완성된 '태양열 증류 장치'는 그대로 사용해도 되지만 바람에 넘어지기 쉬운 약점이 있다. 그래서 넘어지지 않도록 고정하는 방법을 소개한다. 용기의 가장자리에 집게를 2군데 설치하고 페트병에 철사 등을 둘러서 집게 구멍에 고정하면 잘 넘어지지 않는다. 야외에서라면 돌이나 나뭇가지를 이용하여 고정할 수도 있다.

태양열로 증류하기

증류할 물을 담은 용기 위에 페트병 태양열 증류 장치를 올려 둔다. 비로 고인 물웅덩이나 젖은 모래, 젖은 천 등의 위에 올려도 좋다. 장치를 햇볕에 쬐면 잠시 후 수분이 증발하면서 페트병의 안쪽이 흐려진다. 점차 물방울이 커지고 페트병 안쪽을 타고 내려온 물이 바닥에 고인다.

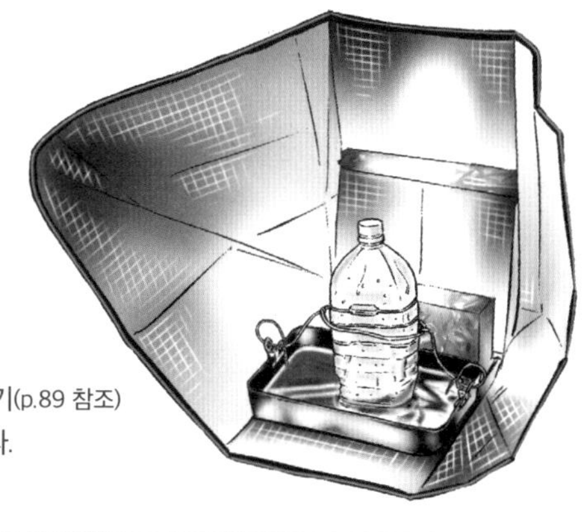

장치 전체를 태양열 조리기(p.89 참조) 안에 넣으면 더 효과적이다.

린페이 선생님의 한마디!

6월 중순, 기온이 30℃인 맑은 날 야외에서 8시간 동안 실험해 보았다. 그 결과 20mL 정도의 식수를 확보할 수 있었다. 적다고 생각할지도 모르겠지만 이 장치가 100개면 2L의 식수가 모인다. 태양열 조리기로 햇볕을 페트병에 집중시켜 온도를 높이거나 바람의 영향을 줄일 수 있다면 더 많은 식수를 확보할 수 있다.

생존을 위해 불을 피우자

여러분은 성냥이나 라이터를 사용해 불을 피워 본 적이 있는가?

재해나 서바이벌 상황에서는 식수 확보 외에도 불을 피우는 기술을 알고 있느냐에 따라 생존 확률이 달라진다. 당연히 불을 피우는 기술을 갖추고 있다면 생존할 가능성이 높다. 불은 물을 '식수'로 사용하기 위해 '끓여서 살균'할 때도 필요하고, 추위로부터 몸을 보호해 주는가 하면 조명을 대신해 주기도 한다. 따뜻한 물을 마시기만 해도 심적인 안정을 취할 수 있다.

필자는 담배를 피우지 않아서 성냥이나 라이터를 소지하지 않지만, 만일의 사태에 대비해 '파이어 스타터'라는 불을 피우는 도구를 호루라기, 비상용 보온 은박담요와 함께 지니고 다닌다.

그럼 성냥이나 라이터, 부싯돌이 없다면 어떻게 불을 피울 수 있을까? 여기서는 성냥이나 라이터 등을 사용하지 않고 불을 피우는 다양한 방법에 도전해 보겠다. 서두르지 말고 천천히 따라 하면 누구든 할 수 있다. 여러분도 함께해 보자.

파이어 스타터는 마그네슘이 배합된 금속 막대를 금속판으로 긁어서 불꽃을 튀게 하는 도구다. 티슈에도 직접 불을 붙일 수 있다. 금속 막대를 금속판으로 긁어서 생긴 가루를 티슈 위에 모아 그곳에 불꽃을 일으키면 불이 붙는다.

특제 화구(p.43 참조)를 사용하면 천을 태워 만든 숯 위에 불꽃을 튀겨서 손쉽게 불을 붙일 수 있다.

종이의 발화점과 발화온도는?

종이 등을 공기 중에서 가열할 때 불(열원)이 없어도 발화하는 최저온도를 '발화점'이라고 한다. 목탄은 250~300℃, 신문지는 290℃, 상질지(책이나 포스터 등에 사용되는 종이)는 450~470℃라고 한다. 같은 종이라도 신문지와 상질지는 발화점의 차이가 꽤 크다.

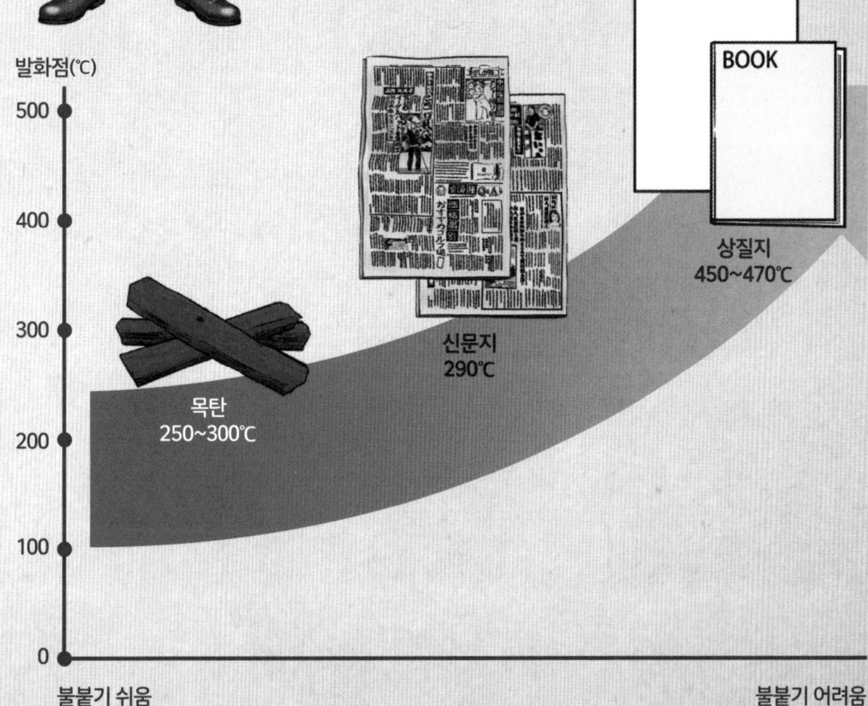

태양광으로 불 피우기

여러분은 종이를 검게 칠하고 돋보기로 태양광의 초점을 모으는 실험을 해 본 적이 있는가? 검은 부분에 태양광의 초점을 모으면 종이에 구멍이 뚫리고 연기가 나는데 불은 잘 붙지 않는다. 이 방법으로 불을 피우려면 종이를 손보면 된다. 신문지를 여러 겹 겹쳐서 원통 모양으로 만들어 내부에 열을 가하면 누구든 손쉽게 불을 피울 수 있다.

불 피우기용 신문지 준비하기

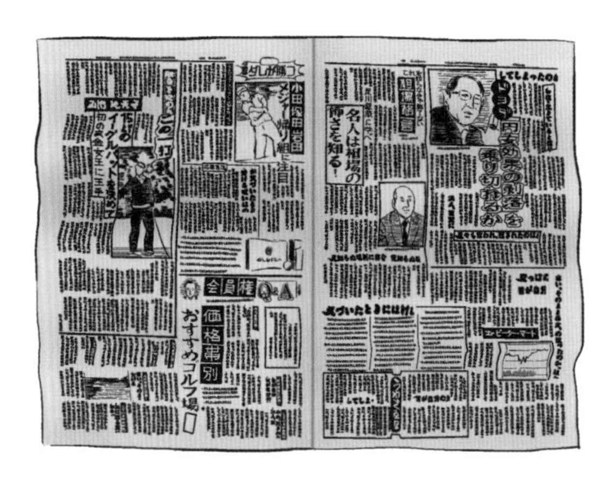

❶
신문지 1장을 준비한다.
가능한 한 검은 부분이 많은 면을 선택하고 검은 부분이 마지막에 표면으로 나오게 하자.

❷
가로로 절반 접는다.

❸
세로로 절반 접는다.

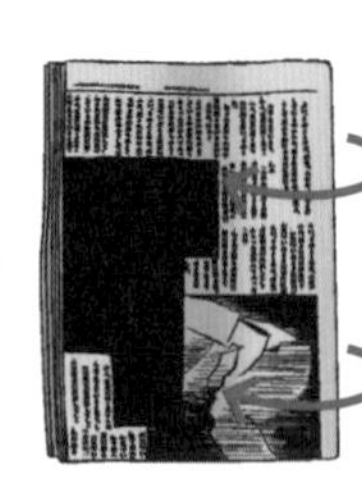

❹
❸을 가로로 절반 접고 다시 가로로 절반 접는다.

❺
끝부분부터 가볍게 말아 원통 모양으로 만들면 완성!
가볍게 말아서 원통 모양으로 만드는 이유는 불이 붙었을 때 신문지 아래로 공기가 드나들기 쉬우므로 불이 잘 붙기 때문이다.

불 피우기

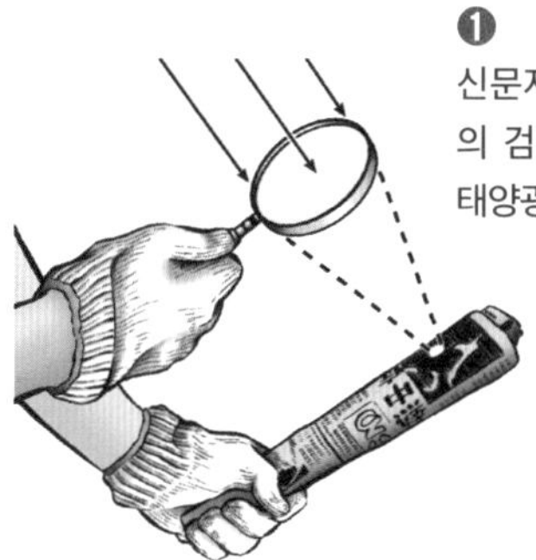

❶
신문지 위쪽 5cm가량 아래의 검은색 부분에 돋보기로 태양광의 초점을 맞춘다.

❷
곧바로 연기가 나면서 신문지에 구멍이 뚫린다.
밝으면 잘 안 보이지만 구멍 주위는 빨갛게 타고 있다.

❸
구멍이 커지면 입으로 구멍에 바람을 불어 넣는다.

❹
신문지에서 연기가 많이 피어오르면 신문지를 좌우로 흔든다. 안쪽에 작은 불씨의 온도가 높아지고 곧 불이 붙는다.

주의 반드시 물을 담은 통을 준비한다. 불이 붙으면 바로 넣어서 끄고, 바람이 많이 부는 날에는 실험해서는 안 되며, 어른과 함께 실험하자.

돋보기가 없을 때

돋보기가 없다면 주변의 물건으로 대신할 수 있다. 하나는 물이고 다른 하나는 거울이다.

1. 물이 든 페트병으로 불 피우기

❶ 입구 아래 어깨 부분이 둥근 페트병을 준비한다.
❷ 물이 든 페트병을 뒤집어 들고 둥근 어깨 부분을 렌즈 대용으로 사용하여 신문지에 태양광의 초점을 맞춘다.

2. 알루미늄 캔의 바닥을 닦아 오목거울로 만들어 불 피우기

❶ 금속 광택제로 알루미늄 캔의 바닥을 얼굴이 비칠 정도로 반짝거리게 닦는다(시간이 들지만 세제로도 가능하다).

❷ 반짝거리는 바닥에 태양광을 모아 신문지에 비춘다.

3. 비상용 은박담요를 오목거울로 만들어 불 피우기

비상용 은박담요는 경량이고 콤팩트하며 재해 시에 보온이나 방풍에도 효과적이어서 털 담요나 침낭 대용으로 사용한다. 은박담요는 당기면 살짝 늘어나는 성질이 있다. 이를 이용해 오목거울을 만들어 태양광을 모아 발화시키는 장치를 만들어 보자.

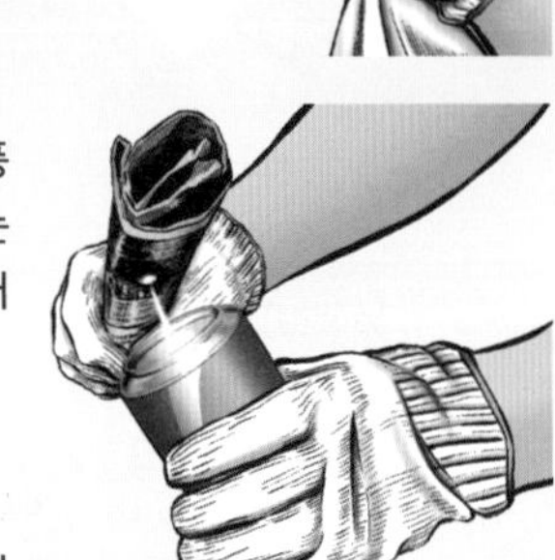

초점 거리가 아주 짧으므로 신문지를 바짝 붙인다.

컵라면 용기

❶ 용기에 은박담요를 느슨하게 덮고 테두리를 고무링이나 줄로 감아 고정한다.

❷ 용기에 송곳 등으로 구멍을 내고 빨대를 꽂는다.

담요 위에 그릇을 올려놓으면 부드럽게 고정할 수 있다.

식품 보존 용기

❶ 용기 뚜껑 안쪽을 둥글게 잘라 낸다. 뚜껑의 테두리는 1cm 정도 남긴다.

❷ 용기에 은박담요를 느슨하게 펼치고 그 위에 ❶의 뚜껑을 덮어 고무링으로 고정한다.

❸ 용기에 송곳 등으로 구멍을 내고 빨대를 꽂는다.

불을 피우는 방법

❶ 빨대로 용기 안의 공기를 빨아들이면 은박담요가 오목거울 모양이 되는데 그 상태를 유지한다(빨대 구멍을 막으면 된다).

❷ 오목거울을 태양 방향에 맞추고 신문지에 초점을 모아 불을 피운다.

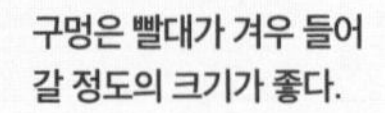

구멍은 빨대가 겨우 들어갈 정도의 크기가 좋다.

특제 화구 만들기

작은 '불씨'를 확실하게 큰 '불꽃'으로 키울 수 있는 특제 화구이다. 만일의 사태에 대비해 만들어 두자.

재료 및 도구

- 면으로 된 얇은 천(오래된 셔츠 등)이나 거즈
- 빈 깡통(천이 들어갈 정도의 크기로 뚜껑이 달린 것)
- 통조림 용기(참치 캔 등 작은 것)
- 삼끈 : 30cm 정도
- 라이터
- 못이나 송곳

❶
면으로 된 얇은 천이 나 거즈에 라이터로 불을 붙인다.

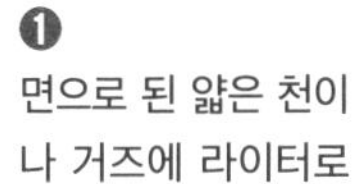

❷
빈 깡통에 넣고 전체적으로 불이 붙으면 뚜껑을 닫아 불완전연소를 시켜 숯 상태로 만든다.

❸
잠시 기다렸다가 뚜껑을 열고 검게 잘 탄 부분을 골라서 보관해 둔다.

❹
삼끈을 3cm 정도로 여러 개 자르고 한 올 한 올 푼다.

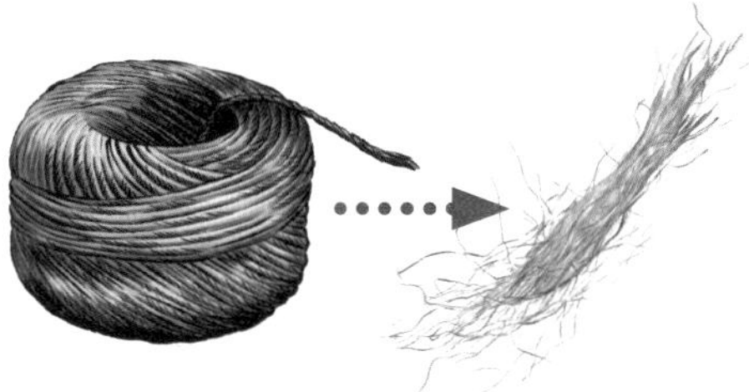

❺
한 올씩 푼 삼끈을 모아 지름 3~4cm 정도의 둥근 새집 모양으로 만든다.

❻
삼끈 중앙에 작은 홈을 만들고 엄지 첫 마디 크기의 숯을 담는다.

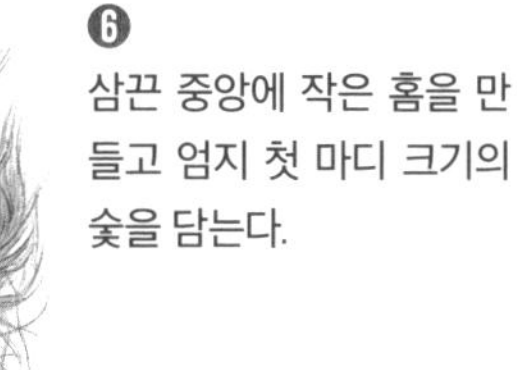

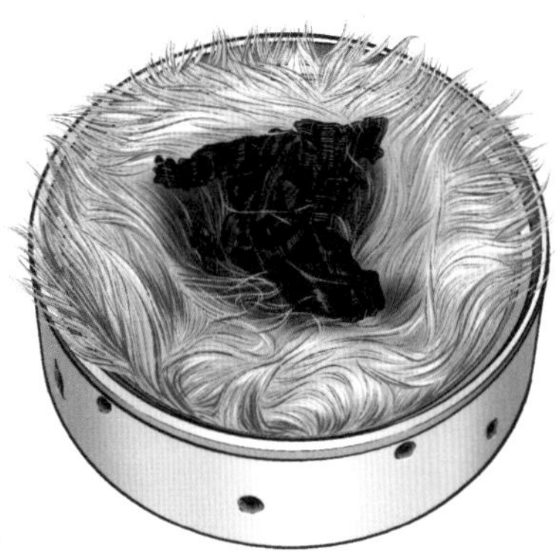

❼
못이나 송곳으로 옆면에 구멍을 뚫은 통조림 용기에 담으면 특제 화구가 완성된다.

16

활을 이용한 원시 불 피우기

'회전 마찰식 발화법'의 일종이다. 이들 발화법의 공통점은 스핀들을 파이어 보드에 꽂아서 회전시켜 서로의 마찰로 작은 '불씨'를 만들고 큰 '불꽃'을 일으킨다는 점이다. 활(보우)을 이용한 발화법(보우 드릴)은 회전 마찰식 발화법 중에서도 매우 효과적인 방법이다.

도구 만들기

재료 및 도구

- 삼나무나 노송나무의 봉(지름 약 1cm × 길이 40 ~ 60cm)
- 삼나무 판 1(두께 약 1cm × 폭 약 3cm × 길이 약 40cm)
- 삼나무 판 2(두께 약 2cm × 폭 약 5cm × 길이 약 6cm)
- 길이 50cm 정도로 휘어진 단단한 나뭇가지 (옷걸이 등으로 대용 가능)
- 로프
- 커터 칼이나 나이프, 전동 드릴
- 골판지
- 종이(인쇄용지나 쓸모없는 종이 등)

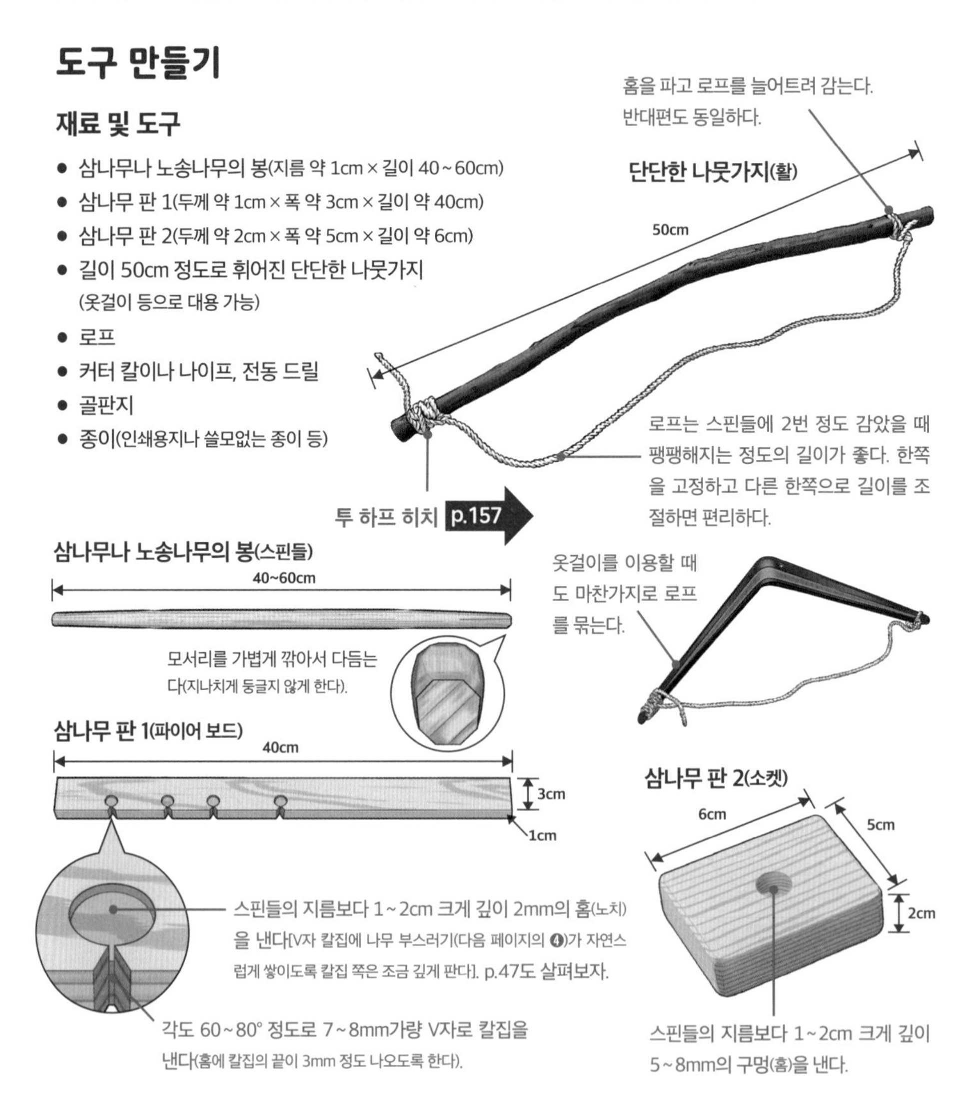

불 피우기

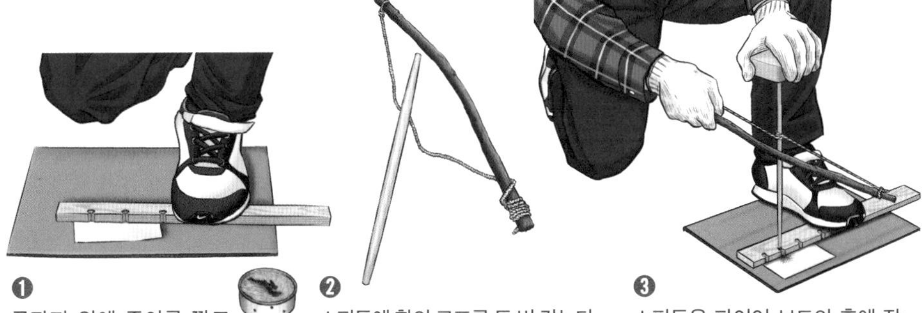

❶
골판지 위에 종이를 깔고 그 위에 파이어 보드를 올린 후 발로 눌러 고정한다.

❷
스핀들에 활의 로프를 두 번 감는다.

❸
스핀들을 파이어 보드의 홈에 장착하고 소켓을 덮어 누르면서 활을 전후로 움직인다.

❹
파이어 보드의 V자 칼집에 검은 나무 부스러기가 쌓여서 빨간 불씨가 생길 때까지 계속한다.

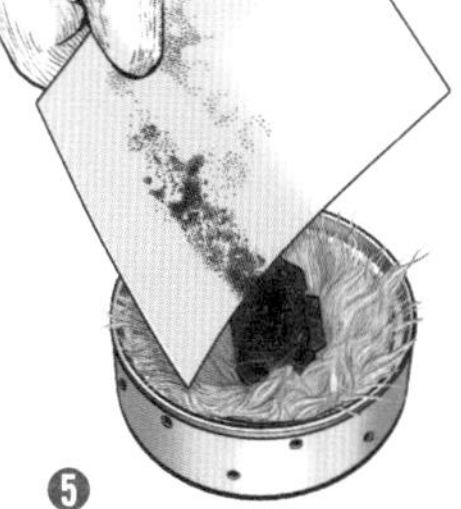

❺
검은 나무 부스러기와 불씨를 특제 화구 중앙으로 조심히 옮긴다.

❻
입으로 바람을 불어 넣어 불씨를 키운다.

둘이서 불 피우기

2명이 조를 이룬다면 불 피우기가 아주 쉽다. 활을 사용하지 않고 로프만 스핀들에 감아서 불을 피울 수 있다.

'회전 마찰식 발화법'은 시작 후 3분 이내에 불씨가 생기지 않으면 마찰로 생긴 검은 나무 부스러기의 온도가 떨어져 발화점에 도달하지 않으므로, 파이어 보드의 다른 구멍(노치)으로 옮겨서 연습해 보자. 이 발화법은 그야말로 체력 싸움이다. 팔에 힘을 키워 1분 이내에 불씨가 생기도록 연습하자.

17

손으로 원시 불 피우기

나무의 마찰열로 불씨를 만드는 '회전 마찰식 발화법' 중에서도 가장 원시적인 방법이다. 활 모양의 스핀들로 파이어 보드에 구멍을 내는 '보우 드릴'과 같은 방식이지만, 활 대신에 손을 사용하므로 '핸드 드릴'이라고 한다. 스핀들을 양 손바닥으로 감싸 잡고 아래로 힘을 가하며 비벼서 회전시킨다. 손바닥이 아래로 내려오면 다시 위로 위치를 옮겨 회전을 이어 가는 것이 요령이다.

스핀들 만들기

재료 및 도구

- 조릿대(지름 약 1cm × 길이 40 ~ 60cm) : 1개
- 커터 칼이나 나이프

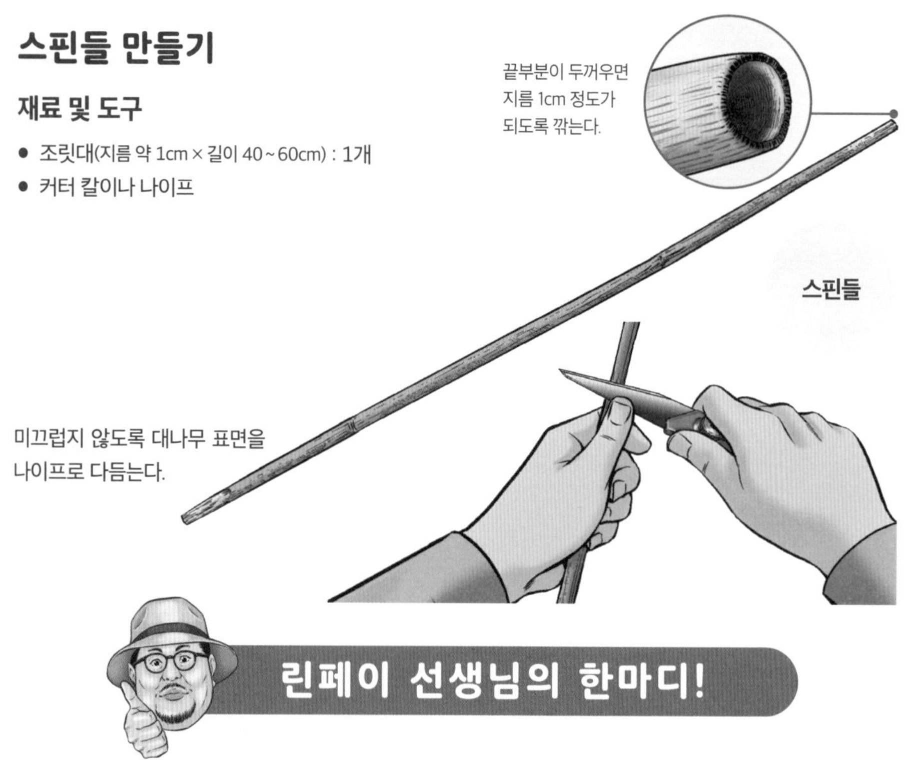

린페이 선생님의 한마디!

스핀들은 겉은 단단하고 속이 부드러운 수국이나 속이 빈 빈도리의 가지 등이 적합하다. 하지만 계절이나 환경에 따라 구할 수 없을 때도 있어서, 연습할 때는 구하기 쉽고 발화성도 좋은 조릿대※를 추천한다. 만약 구할 수 없다면 삼나무 등을 사용해도 좋다.

※ 군락을 이뤄 자라는, 줄기가 가느다란 대나무 종류다. 바로 꺾은 것보다는 반년 이상 지나 잘 건조된 것을 사용하자.

파이어 보드와 홈(노치) 만들기

재료 및 도구

- 삼나무 판
(두께 1~1.5cm × 폭 약 3cm × 길이 약 40cm) : 1장
- 톱
- 나이프

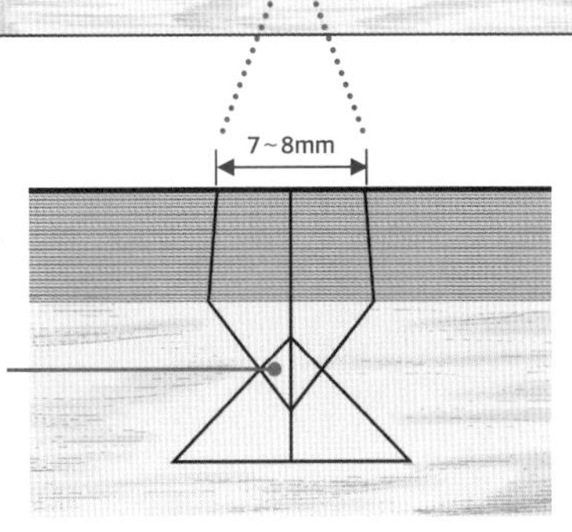

❶
삼나무 판에 그림과 같이 V자와 삼각형을 그린다.

삼각형은 끝이 3mm 정도 V자와 겹치도록 역삼각형으로 그린다.

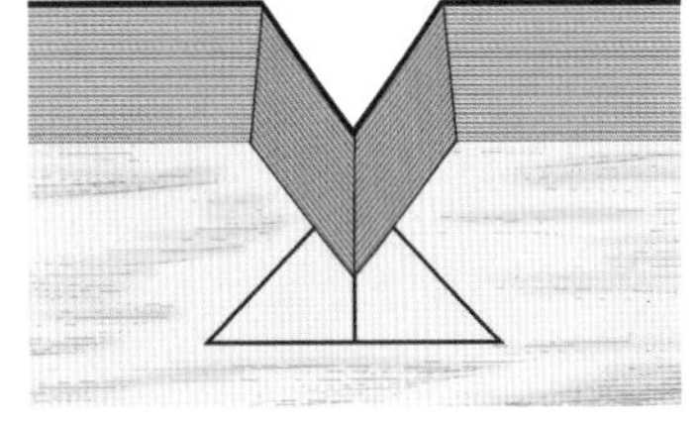

❷
V자 부분을 톱으로 자른다.

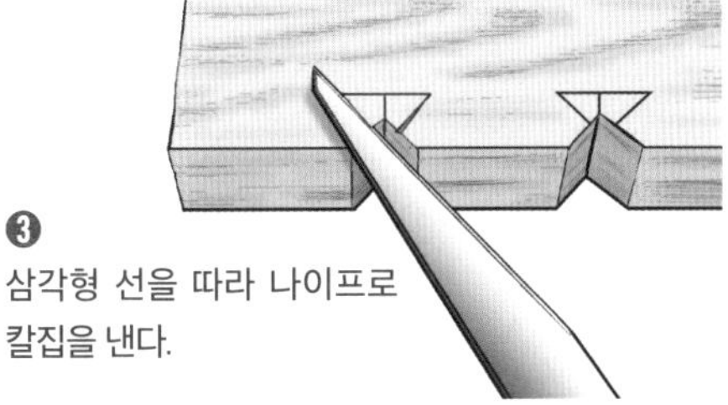

❸
삼각형 선을 따라 나이프로 칼집을 낸다.

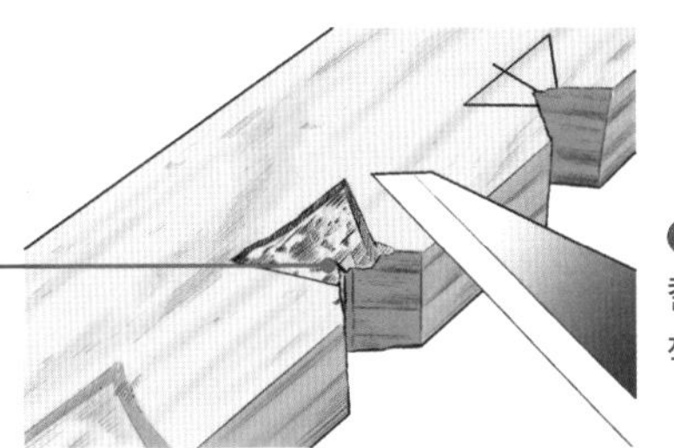

나무 부스러기(p.48의 ❺)가 자연스럽게 V자에 쌓이도록 V자에 인접한 부분을 조금 더 깊이 파내면 좋다.

❹
칼집을 따라 삼각형 모양으로 깎아 홈(노치)을 만든다.

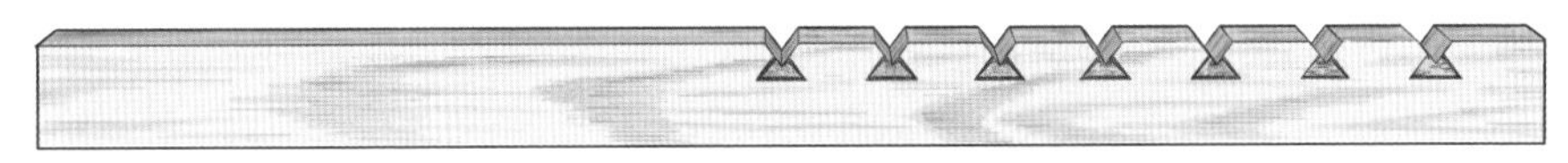

❺
모든 삼각형에 홈을 만들면 파이어 보드 완성이다.

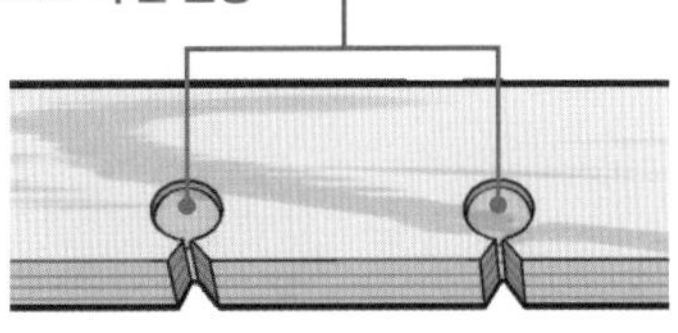

스핀들 지름보다 1~2mm 더 큰 원형

삼각형 대신에 전동 드릴로 원형 홈을 내도 좋다.

불 피우기

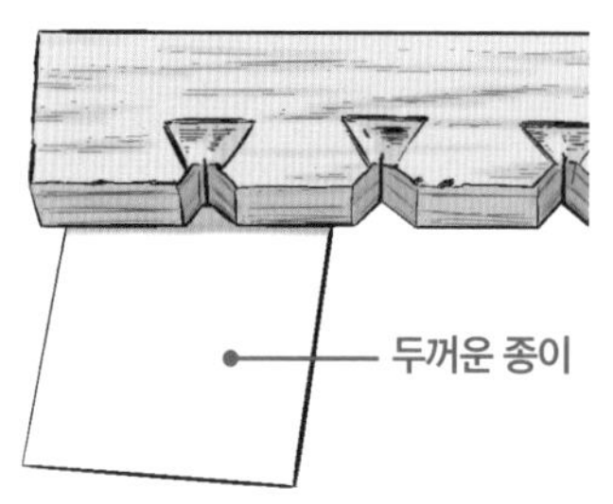

❶
파이어 보드의 V자 칼집 아래에 불씨를 받기 위한 두꺼운 종이나 나뭇잎을 둔다. 그 아래에는 연소 방지를 위해 그라운드시트를 깐다.

❷
한쪽 무릎을 꿇은 자세를 취하고 파이어 보드가 흔들리지 않도록 다른 쪽 다리의 발로 밟아 고정한다.

그라운드시트

두꺼운 종이

❸
스핀들의 윗부분을 양손으로 잡고 아래 끝부분을 파이어 보드의 홈에 맞춘다. 힘을 주어 누르듯이 빠르게 회전시킨다.

손바닥 전체를 사용해 송곳으로 구멍을 낸다는 느낌으로 힘을 준다.

스핀들이 홈에서 벗어나지 않도록 주의한다.

나무 부스러기가 가득 차서 중심부가 발화점에 이른 상태

❹
타는 냄새가 나고 흰 연기가 피어오르면 스핀들의 회전 속도를 한층 더 높인다.

V자 칼집에 검은 나무 부스러기가 생기기 시작하면 호흡을 가다듬고 1초에 3~4회 왕복하도록 속도를 높인다.

❺
V자 칼집에서 검은 나무 부스러기가 나오고 그 속에서 연기가 피어나면 불씨가 생긴다.

❻
두꺼운 종이나 나뭇잎에 담은 불씨를 화구 중심으로 옮긴다.

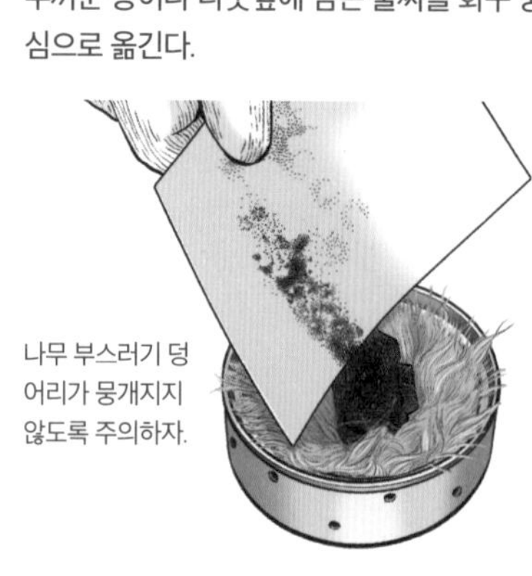

나무 부스러기 덩어리가 뭉개지지 않도록 주의하자.

❼
화구 전체로 불씨를 가볍게 감싸고 입으로 바람을 불어 넣는다.
처음에는 부드럽게 불고, 불꽃이 빨갛게 피어나면 다소 강하고 길게 분다.

❽
화구 전체에 불이 붙으면 성공이다.

스핀들을 회전하는 요령

❶
처음에는 천천히 1초에 1~2회 왕복하는 속도로 비벼 돌리면서 아래쪽으로 손을 이동한다.

❷
바닥에서 5cm 정도까지 내려가면 신속히 손을 스핀들 위쪽으로 올리고 다시 돌리면서 손을 아래로 움직이며 힘을 가한다.

스핀들의 윗부분에 홈을 만들어 명주실 등 두꺼운 실을 건다.

잘 안 될 때는…

명주실에 엄지를 걸어 스핀들을 돌리면 힘이 효과적으로 전달된다.

부시와 부싯돌로 불 피우기

이 발화법은 19세기에 성냥이 보급되기 전까지 옛날부터 오랫동안 사용된 불 피우는 법이었다. 부시를 부싯돌에 치면 철이 긁히면서 불꽃이 인다. 불꽃이 잘 이는 부시는 철과 탄소의 합금인 탄소강이 좋다. 여기서는 도장이 안 된 저렴한 SK-3이라는 소재의 쇠톱을 사용했다.

부시 만들기

날카로운 도구를 사용할 때는 충분히 주의하고 어렵다면 어른의 도움을 받자.

재료 및 도구

- 쇠톱(250mm × 24T를 사용)
- 펜치
- 나무젓가락 : 6개
- 양면테이프
- 비닐테이프
- 톱
- 두꺼운 종이(폭 5mm × 길이 6.5mm)

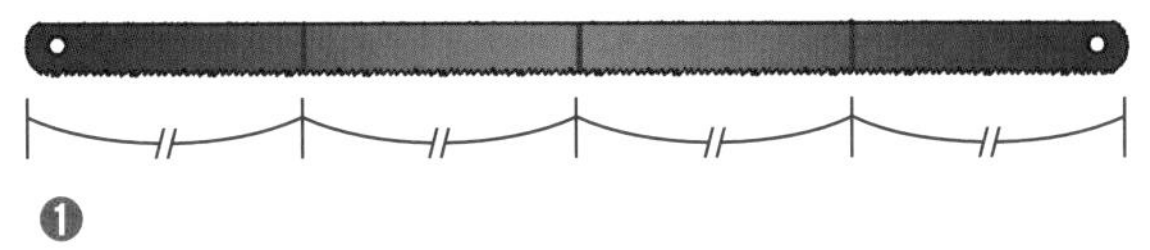

❶
쇠톱에 그림과 같이 4등분하여 표시한다.

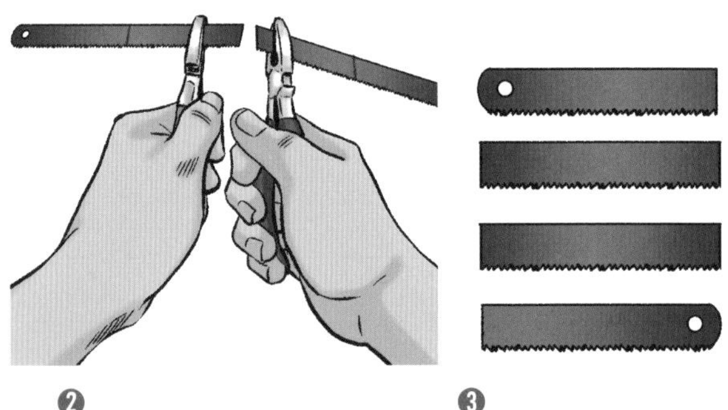

❷
표시 부분을 펜치 2개로 구부려서 자른다.

❸
자른 4개의 쇠톱을 양면테이프로 서로 붙인다.

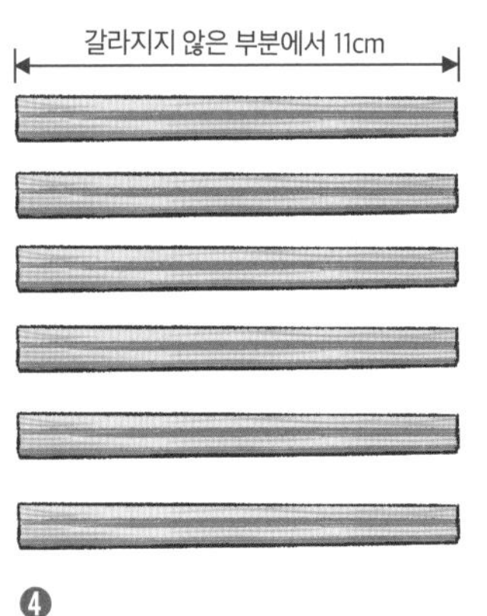

❹
나무젓가락 6개를 11cm 길이로 자른다.

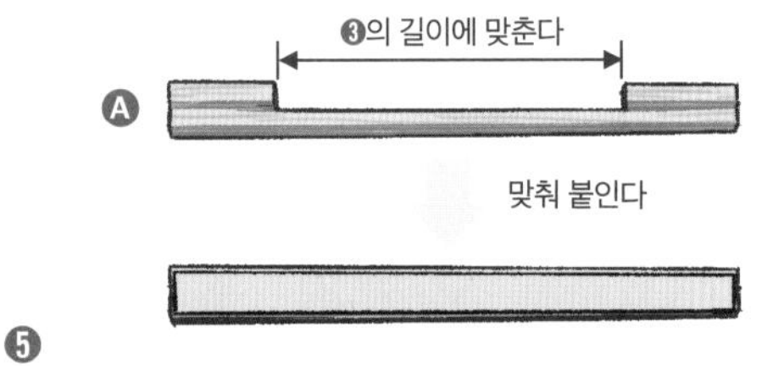

❺
❹ 중에 1개를 Ⓐ와 같은 형태로 자르고, 양면테이프로 다른 나무젓가락 1개와 맞춰 붙인다(다음 페이지의 ❻ 참고).

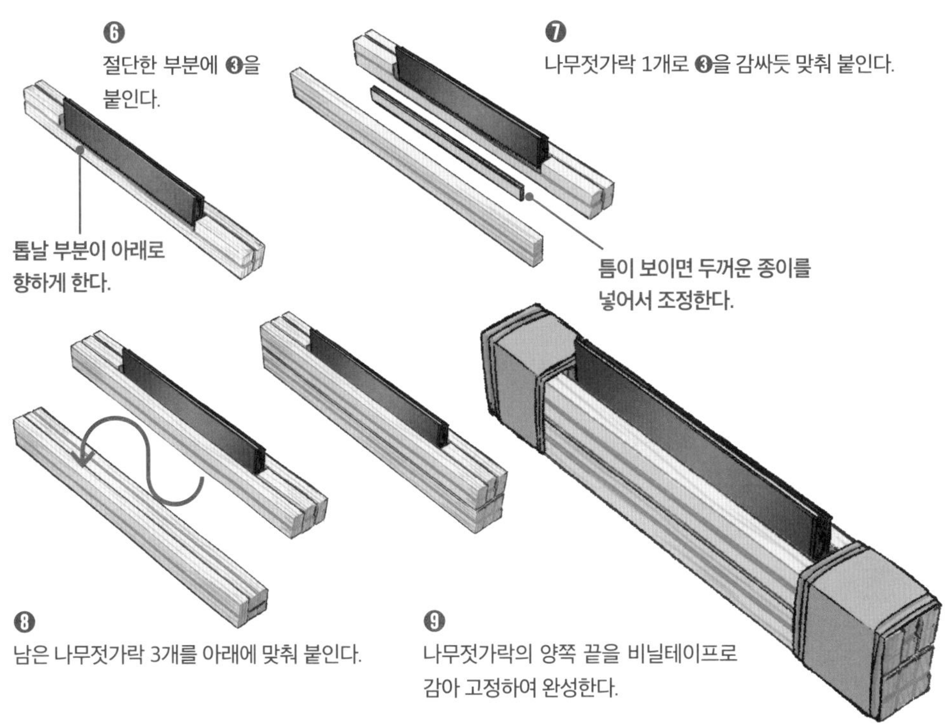

❻
절단한 부분에 ❸을
붙인다.

❼
나무젓가락 1개로 ❸을 감싸듯 맞춰 붙인다.

❽
남은 나무젓가락 3개를 아래에 맞춰 붙인다.

❾
나무젓가락의 양쪽 끝을 비닐테이프로
감아 고정하여 완성한다.

부싯돌 찾기

❶
강변에서 부싯돌로 사용할 만한 돌을 찾는다. 부시보다 단단한 석영(이산화규소로 이루어진 광물)이 많이 함유된 돌을 선택하면 불꽃이 잘 인다. '처트'라고 불리는 퇴적암을 쉽게 찾을 수 있는데, 적갈색이나 녹색, 유백색 또는 옅은 검은색이 많다. 강변이나 산속에서 발견할 수 있으며 정원 등 주변에서도 찾을 수 있다.

❷
부시로 돌의 모서리를 긁어 보고 불꽃이 튀면 부싯돌로 사용한다.
돌의 둥근 부분보다 튀어나온 모서리 부분이 불꽃이 잘 인다.

불 피우기

목장갑이나 가죽장갑을 낀 다음 주로 쓰는 손으로 부시를 쥐고 다른 손에는 부싯돌을 든다. 부시의 금속 부분을 부싯돌 모서리 부분에 위에서 아래로 긁듯이 내리친다. 이때 부싯돌을 쥔 손은 움직이지 않는다. 불꽃이 튈 때까지 끈기를 가지고 계속 내리친다. 불꽃이 일면 화구에서 불을 키운다.

❶
특제 화구를 두고 바로 위에서 부싯돌과 부시로 불꽃을 일으킨다.

❷
붉고 작은 불씨가 퍼지기 시작하면 입으로 부드럽고 길게 바람을 불어 넣는다.

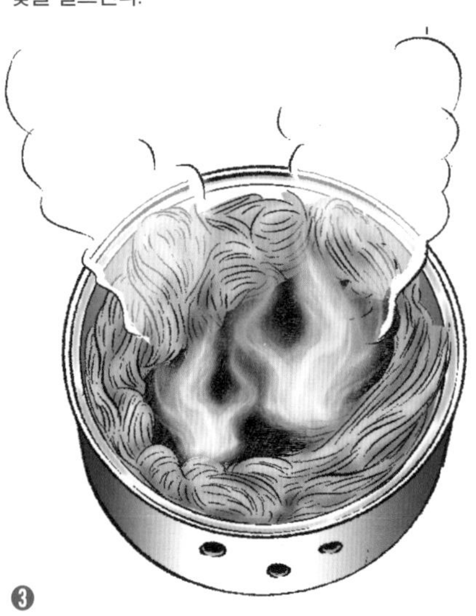

❸
붉은 기운이 커지면서 삼끈에 불이 옮겨붙어 연기가 피어오른다.

❹
입김을 더 불어 넣으면 삼끈이 타면서 불 피우기 성공이다.

껌 포장지로 불 피우기

종이에 알루미늄을 덧댄 껌 포장지와 건전지를 사용하여 불을 피우는 방법이다. 성냥이나 라이터, 부싯돌, 회전 마찰식 발화법은 비에 젖으면 사용할 수 없지만 이 방법으로는 비가 내려도 불을 피울 수 있다. 불을 키워 주는 화구를 준비하여 발화시켜 보자.

❶
껌 포장지를 3등분으로 자르고 이어서 점선 부분도 자른다.

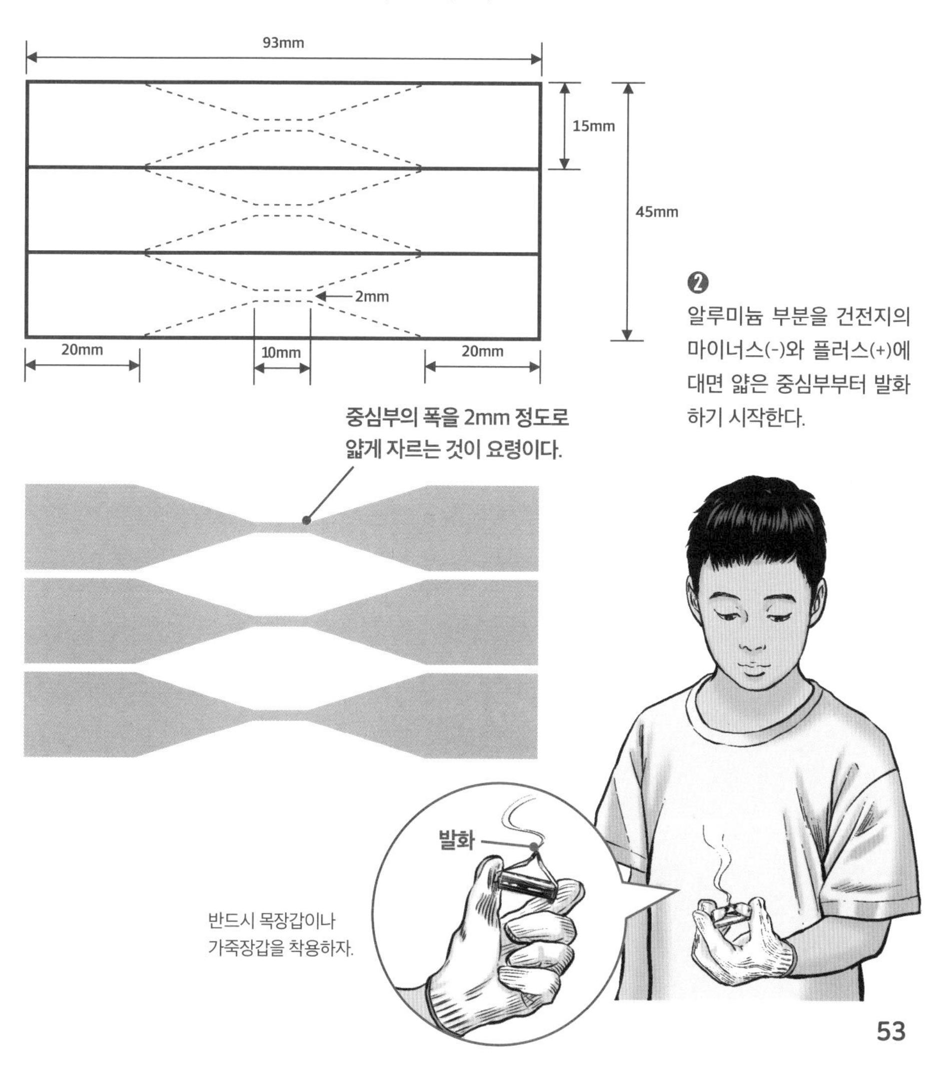

❷
알루미늄 부분을 건전지의 마이너스(-)와 플러스(+)에 대면 얇은 중심부부터 발화하기 시작한다.

모닥불 피우는 기술 익히기

불을 피울 수 있게 되었다면 그 불을 이용하여 '모닥불'을 피우는 기술을 익히는 것이 중요하다. 모닥불이 있으면 요리는 물론이고 체온 유지도 할 수 있다. 재난 상황에서 식수를 확보하기 위해 물을 끓여서 살균할 때도 모닥불이 필요하다. 땔감이 잘 타는 모닥불 화로대를 만들어 연습해 보자.

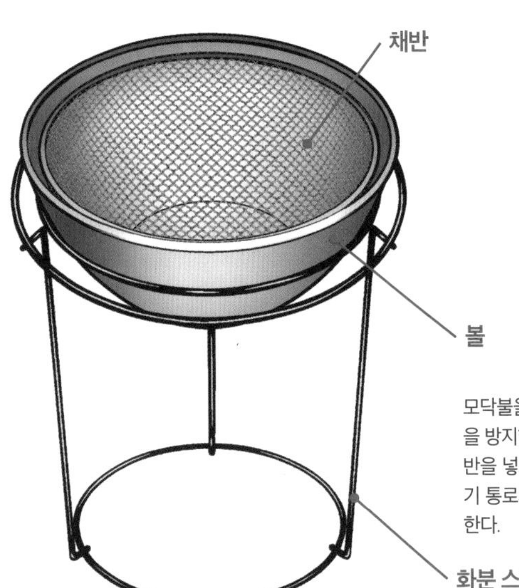

모닥불 화로대 만들기

재료

- 볼(지름 30cm : 스테인리스제)
- 채반(지름 28cm : 스테인리스제)
- 화분 스탠드(철제)

모닥불을 피울 때 '모닥불 화로대'를 사용하면 지면이 더러워지는 것을 방지할 수 있다. 재료가 간단하므로 꼭 만들어 보길 바란다. 볼에 채반을 넣고 화분 스탠드에 올리면 완성된다. 채반과 볼 사이의 틈이 공기 통로의 역할을 해서 땔감이 잘 탄다. 여기서 볼은 재를 담는 역할도 한다.

골판지나 신문지도 땔감이 된다

골판지나 신문지를 한 장만 태우면 금세 꺼진다. 하지만 말아서 통 모양으로 만들면 나무 장작처럼 장시간 탄다. 철사나 종이테이프 등 탈 때 유해 물질이 나오지 않는 재료를 이용해 풀리지 않도록 묶는 것이 요령이다.

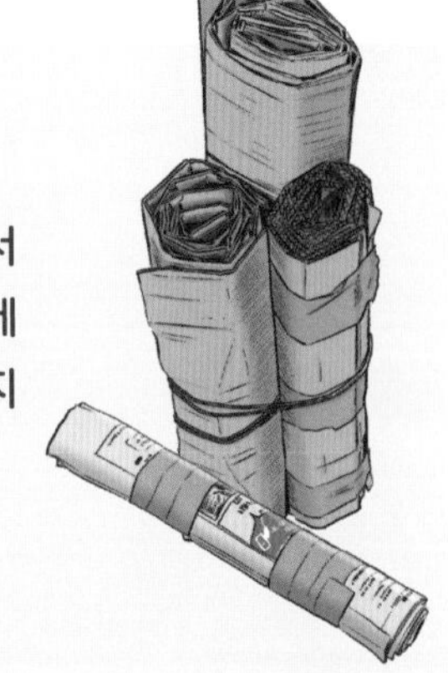

불 피우기

모닥불은 먼저 작은 불씨를 신문지 등 불쏘시개로 옮겨 붙이고 이어서 나뭇가지 등 큰 땔감으로 불을 키워 가는 것이 요령이다. 여기서는 우유 팩이나 나무젓가락을 불쏘시개로 사용하여 성냥으로 불을 피워 보겠다.

재료 및 도구

- 모닥불 화로대
- 나무 장작(길이 약 30cm, 지름 약 10cm의 나무 장작을 4등분으로 쪼갠다. p.185 참조)
- 신문지 또는 티슈
- 우유 팩
- 나무젓가락(사용한 것도 좋다)
- 성냥
- 부채
- 고기 집게(약 44cm)
- 가죽장갑 또는 목장갑

❶
채반 안에 신문지나 티슈를 잘라 넣고 그 위에 우유 팩을 찢어 올린다. 이것이 불쏘시개 역할을 한다.

❷
그 위에 나무젓가락을 올린다. 주위에 세워도 좋다.

❸
볼의 중심에 나무 장작 1개를 가로질러 올리고 거기에 역V자가 되도록 2개의 나무 장작을 올린다.

이렇게 쌓으면 불이 잘 붙는다. 불쏘시개의 불꽃이 모두 나무 장작에 닿을 뿐만 아니라 공기가 잘 통하기 때문이다.

❹
성냥으로 불을 붙인다.

불쏘시개에서 나무젓가락으로 불이 옮겨붙으면 화력이 강해진다. 이것이 나무 장작으로 옮겨붙기 시작하면 부채로 바람을 일으키거나 대나무 봉 등으로 입김을 불어 넣어 화력을 키워서 나무 장작에 불이 잘 옮겨붙도록 한다.

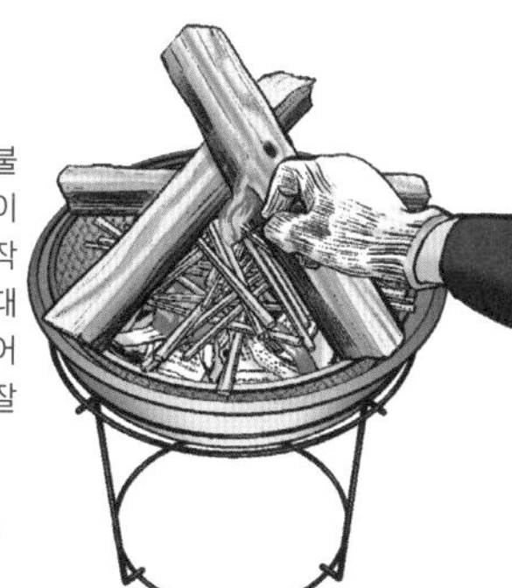

❺
불쏘시개에 불이 붙으면 역V자로 올려 둔 나무 장작 앞에 나무 장작을 추가한다. 화력을 유지하기 위함과 볼이 기울어지는 것을 방지하기 위함이다.

생존을 위한 식량을 확보하자

여러분은 서바이벌 '3법칙'을 알고 있는가?

이는 '산소가 없으면 3분이면 사망', '극한의 추위나 더위에서는 3시간이면 사망', '식수가 없으면 3일이면 사망', '식량이 없으면 3주면 사망'을 의미한다. '식량 없이도 식수만 있으면 3주는 버틸 수 있잖아?'라고 생각할지도 모르겠지만, 반대로 말해 식량이 없으면 그 이상 살아남을 수 없다는 의미이기도 하다.

대규모 재해를 대비해 식량이나 식수를 비축하는 가정도 있겠지만, 만약 그 식량이 다 떨어지고 지원 물자도 없다면 어떻게 해야 할까? 함께 생존법을 알아보자!

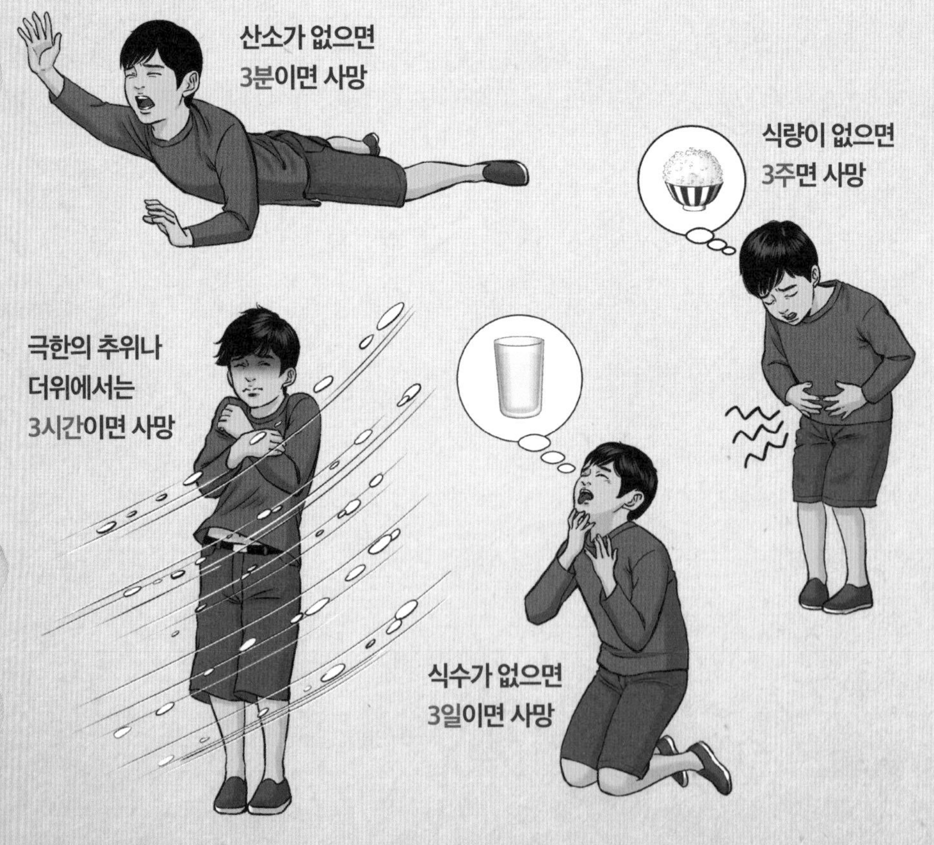

먹으면 안 되는 것, 독이 있는 것에 주의

주변에서 먹을 수 있는 것을 찾는다면 공원 등의 야생식물 정도이다. 다만 야생식물 중에는 먹으면 위험한 '독초'도 있으므로 주의하자. 또 버섯은 버섯 전문가와 함께 '버섯 채집'의 경험을 쌓지 않으면 먹어도 되는지 아닌지 분간할 수 없으므로, 절대 먹지 말고 만지지도 말자.

가을은 은행나무의 열매인 '은행'이 길가에 지천으로 떨어지는 계절이다. 요리에도 사용할 수 있지만, 은행에 함유된 징코톡신이라는 물질은 중독을 일으킬 수 있다.

어른은 해독 효소를 몸에 지닌 사람이 많지만, 유아나 어린이가 먹으면 구토나 경련을 일으키는 등 중독 증상을 보일 수 있으므로 주의하자. 이처럼 우리 주변에도 위험은 항상 도사리고 있다.

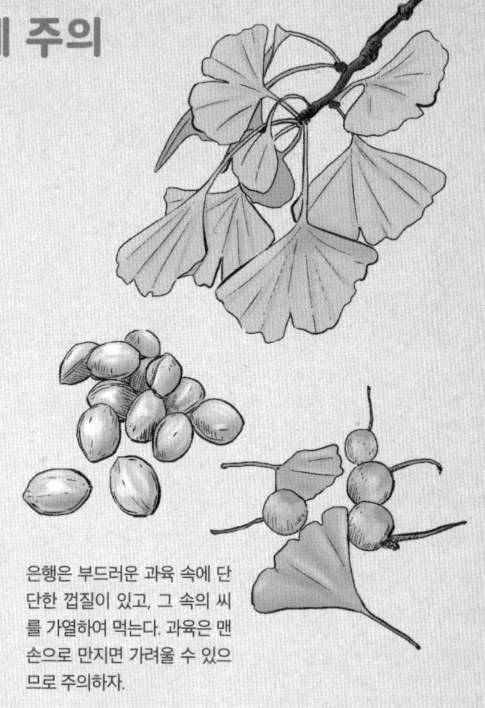

은행은 부드러운 과육 속에 단단한 껍질이 있고, 그 속의 씨를 가열하여 먹는다. 과육은 맨손으로 만지면 가려울 수 있으므로 주의하자.

재해에 대비해
항상 식량과 식수를 준비해 둡시다.
식재료는 함부로 버리지 말고
다양한 요리에 활용해 봅시다.

이것도 주의

- 독초로 보이지 않지만 독초인 식물도 있다.
- 오염 물질, 벌레, 유해 물질이 묻은 것도 있다.
- 사유지는 침범하지 않는다.

21

먹을 수 있는 야생식물 채집하기

여기에 소개하는 야생식물은 주변 공원 등에서 쉽게 찾을 수 있다. 하지만 야생식물만으로는 안타깝게도 배불리 먹을 수 없다. 식용유로 볶고 소금이나 간장으로 맛을 내 반찬으로 먹거나 국에 넣어 먹자. 다만 길가의 야생식물은 꼼꼼하게 씻어서 사용하자.

민들레

- **계절** : 봄(서양민들레는 봄부터 가을)
- **장소** : 공원이나 길가, 공터, 밭

주변 야생식물들의 왕이다. 어린잎은 샐러드나 볶음으로, 꽃은 튀김으로, 뿌리는 잘 씻은 뒤 볶아서 간장으로 양념해 먹을 수 있다.

민들레차

❶ 뿌리를 씻어서 잘게 자른다.
❷ 해가 잘 드는 곳에서 건조한다.
❸ 프라이팬으로 갈색이 될 때까지 볶는다.
❹ 컵에 거름망(천 소재의 필터)을 올리고 뜨거운 물을 부으면 완성이다.

쇠뜨기

- **계절** : 봄
- **장소** : 길가나 도로변

머리와 줄기의 표피를 벗기고 가볍게 데친다. 기름에 볶아 간장으로 간을 하여 먹는다. 식초와 설탕을 넣어 무쳐 먹어도 좋다.

머위의 어린 꽃줄기

- **계절** : 봄
- **장소** : 공원이나 길가, 제방, 야산

잘게 썰어서 기름으로 볶아 된장으로 양념하거나 튀김으로 먹는다.

머위

- **계절** : 봄
- **장소** : 공원이나 길가, 제방, 야산

줄기를 삶아서 떫은맛을 제거하고 껍질을 까서 간장, 설탕, 가쓰오부시를 넣고 조려 먹는다.

달래

- **계절** : 봄
- **장소** : 공원이나 길가, 제방, 야산

전체적으로 파나 마늘과 같은 냄새가 난다. 흰 머리 부분을 다듬어서 깨끗하게 씻고 된장에 버무려 먹는다. 가볍게 삶아 마요네즈를 발라서 먹으면 맛있다.

별꽃

- **계절** : 봄~가을
- **장소** : 길가, 밭

쓰고 떫은맛이 적어서 작은 새의 먹이가 된다. 이삭 끝의 부드러운 부분을 따서 가볍게 데친 후 간장과 가쓰오부시를 뿌려 먹거나, 마요네즈를 발라 먹는다.

수영

- **계절** : 초여름
- **장소** : 공원이나 공터

줄기를 꺾어 먹으면 산미가 있고 맛있다. 옛날 아이들의 간식이기도 했으며 유럽에서는 지금도 채소로 먹는다.

강아지풀

- **계절** : 여름~가을
- **장소** : 공원이나 길가, 공터, 밭

줄기 끝의 생김새가 송충이를 닮았다. 곡식인 조의 조상으로 종류가 많다. 줄기 끝부분을 돌리면서 털이 다 탈 때까지 굽는다. 낟알만 남으면 간장을 발라 다시 라이터로 굽는다. 줄기의 낟알이 팝콘처럼 터지면 먹으면 된다.

쑥

- **계절** : 봄~가을
- **장소** : 길가나 밭

데쳐서 절구로 찧어 쌀가루 반죽과 섞어서 경단으로 먹거나 팥소를 발라서 먹기도 한다. 쌀과 섞어 밥을 지어 먹어도 좋다.

먹을 수 있는 나무열매 채집하기

나무열매는 야생식물과 달리 양이 많으면 배불리 먹을 수 있다. 참나무의 도토리는 근처 공원이나 숲에서 쉽게 찾을 수 있어 식량으로 삼을 수 있으니 기억해 두자. 나무열매 중에서 가장 먹기 편리한 것은 밤이다. 숲속의 밤은 채집해도 되지만 평지의 밤은 농가가 재배하는 것일 수도 있으므로 함부로 채집해서는 안 된다.

밤

- **계절** : 가을
- **장소** : 야산이나 숲

삶기만 해도 먹을 수 있고 맛도 좋으며 배도 부르다. 모닥불에 구워도 좋다. 2,100여 년 전의 무덤에서 출토된 것으로 보아 오래전부터 식량으로 삼았음을 알 수 있다.

호두

- **계절** : 가을
- **장소** : 산간 지역의 강가

나무에 달린 열매는 녹색이지만 떨어져 시간이 지나면 검어진다. 물에 적셔 겉껍질을 부드럽게 해서 제거하고, 단단한 껍질을 돌이나 쇠망치 등으로 부숴서 내용물을 먹는다.

도토리

- **계절** : 가을
- **장소** : 공원이나 잡목림

신갈나무, 떡갈나무 등 참나무에 열린다. 가루로 만들어 떡, 수제비, 묵 등으로 섭취할 수 있다. 과거에는 전쟁이나 보릿고개 때 비상식량으로 쓰였다. 오른쪽 그림은 도토리와 유사한 돌참나무 열매다. 원산지는 일본이며, 한국에는 전남 지역을 중심으로 서식한다.

야생식물과 일반 식재료를 이용해 장기간 생존하기

재해가 일어나면 집에 비축해둔 식료품만으로는 부족할 수 있다. 그럴 때는 비축해 둔 쌀이나 밀가루 등과 채집한 야생식물, 나무열매를 조합해 장기간 먹으며 생존할 수 있도록 궁리해야 한다. 만일의 사태를 대비해 도움이 되는 2가지의 요리를 소개하겠다.

수제비

밀가루를 물로 풀어 만든 반죽을 국물 음식에 넣어 익혀 먹는다. 밀가루와 물의 비율은 1:1이 좋다. 국물 양은 인원수에 따라 늘리고 다른 식재료를 첨가해도 된다. 국물은 간장이나 된장, 또는 카레 가루로 맛을 내도 좋다. 토마토 스튜나 케첩을 넣어도 맛있다.

반죽을 비닐봉지에 넣고 구멍을 낸 다음 짜내면
두꺼운 우동 면이 된다.

죽

죽은 일반적인 밥에 사용하는 쌀의 양으로 보다 배불리 먹을 수 있는 음식이다. 일반적인 밥은 쌀과 물의 비율이 거의 같지만 죽은 물의 양을 5배, 10배, 20배 등으로 늘릴 수 있다. 간은 일반적으로 소금으로 하며 간장, 된장도 좋다. 여러 가지 야생식물을 넣어서 맛에 변화를 줘도 좋다.

참치 통조림이나 베이컨을 넣으면 중화풍이 된다.
우유를 넣고 설탕으로 간을 하면 라이스 푸딩이 된다.

24

낚시 도구를 만들어 식량 확보하기

아웃도어 환경에서 식량을 확보할 때 '물고기'는 비교적 손쉽게 구할 수 있으며 조리도 어렵지 않고 영양분도 높다. 물고기를 잡는 방법은 다양하지만 도구를 직접 만들어 낚시에 도전해 보자. 여기서는 미끼 없이도 가능한 '루어 낚시'의 도구를 만들어 보겠다. 쉽게 구할 수 있는 물건을 사용했다.

낚싯대 만들기

재료 및 도구

- 대나무 낚싯대 2개를 이어 붙인다(낚싯대 끝에 가이드가 달린 타입).
- 2L짜리 페트병
- 클립
- 양면테이프
- 명주실(낚싯줄로도 사용한다)
- 펜치

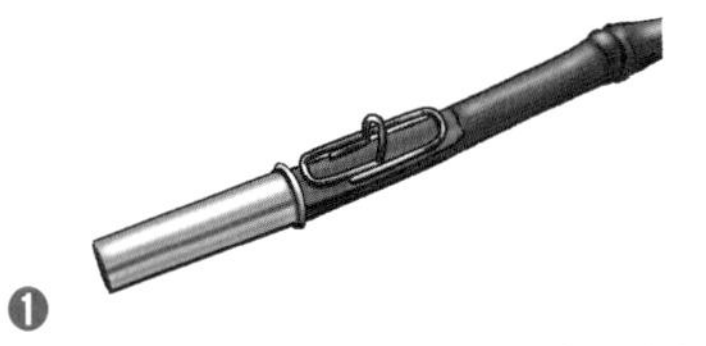

❶ 대나무 낚싯대(위쪽)의 연결 부분에 그림과 같이 구부린 클립을 양면테이프로 부착한다.

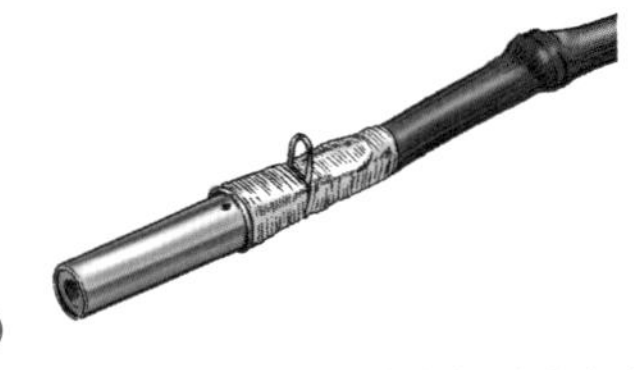

❷ ❶에 명주실을 감아서 고정한다. 이것이 낚싯줄이 통과하는 가이드가 된다.

❸ 대나무 낚싯대(아래쪽)의 아랫부분에 그림과 같이 자른 페트병을 양면테이프로 부착한다.

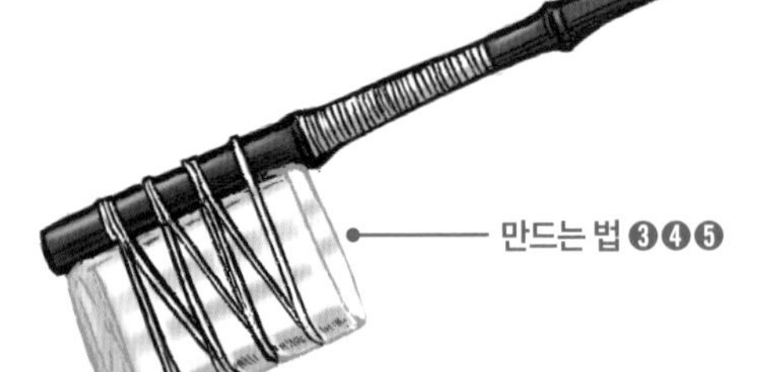

대나무 낚싯대가 없을 때

대나무 낚싯대를 구할 수 없다면 1.8~2.1m 정도의 끝이 가는 대나무를 사용해도 좋다. 가이드는 클립을 구부려서 실로 감아 고정하면 된다.

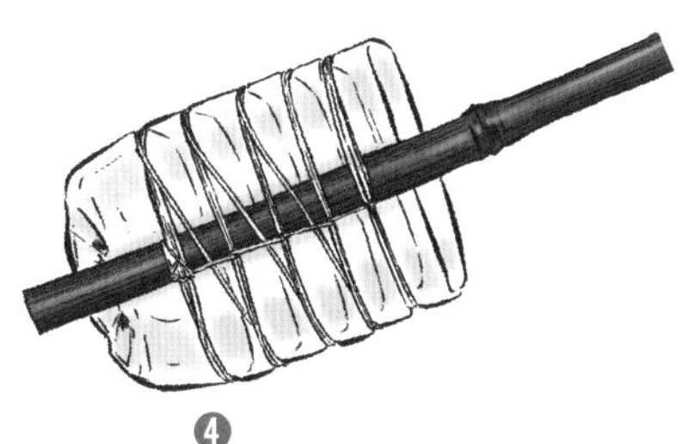

❹
❸을 명주실로 고정한다. 릴을 대신하여 낚싯줄 수납부를 만든다.

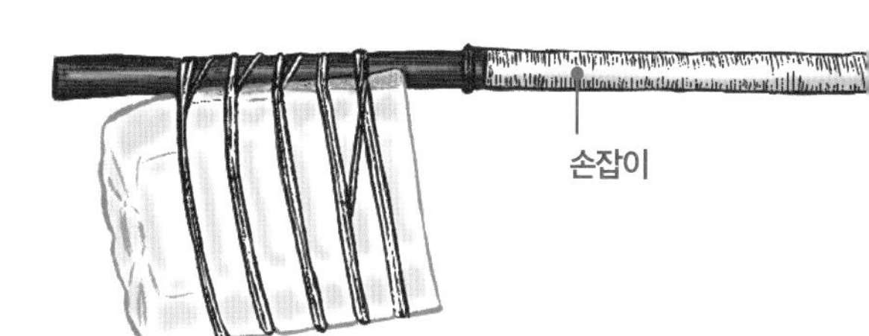

❺
명주실을 감아서 손잡이를 만든다.

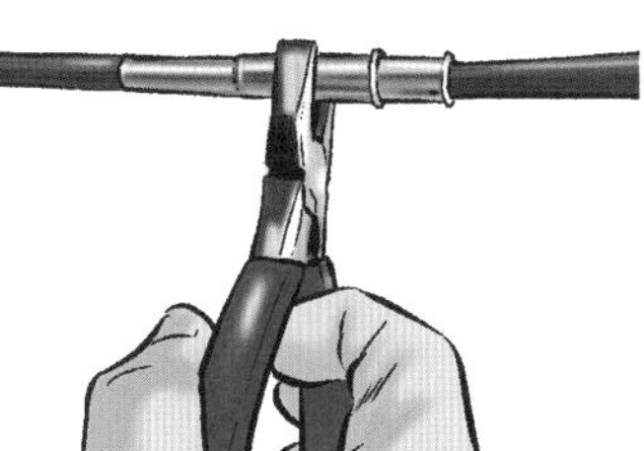

❻
위와 아래의 대나무 낚싯대를 이어서 가볍게 흔들어 본다. 이음부가 덜컥이지 않고 튼튼하면 이대로 완성이다. 덜컥거리면 이음부를 펜치로 조여서 조정한다.

낚싯바늘 만들기

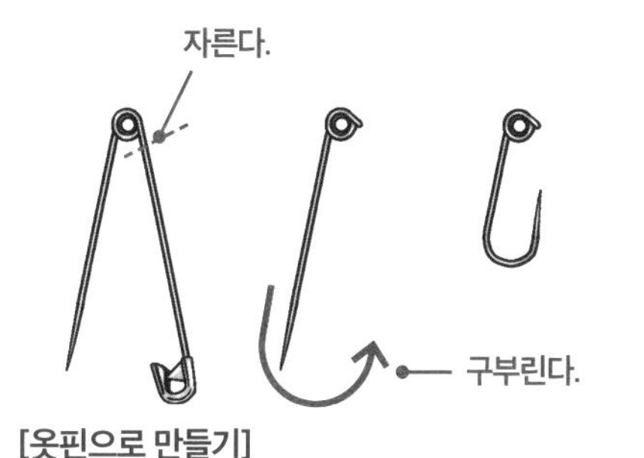

[옷핀으로 만들기]

옷핀의 일부를 잘라서 끝을 구부린다. 실제 낚싯바늘과 유사하다.

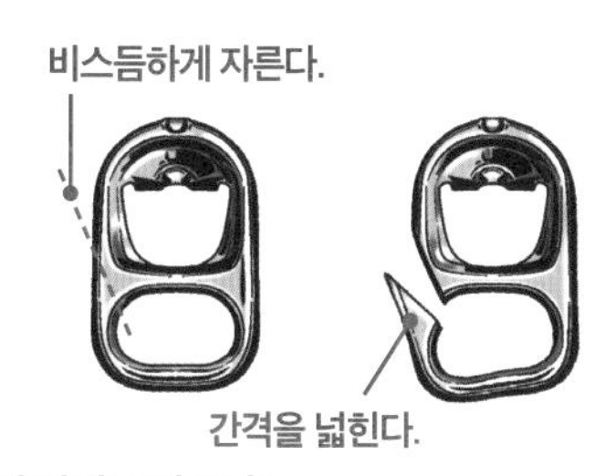

[캔 따개로 만들기]

펜치 등으로 그림과 같이 자르면 낚싯바늘로 사용할 수 있다.

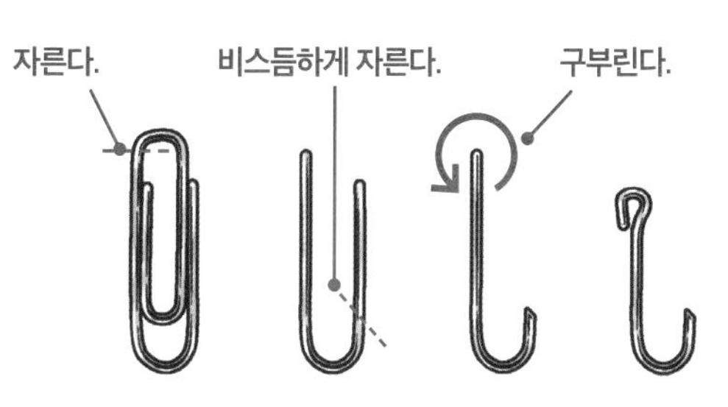

[클립으로 만들기]

바늘 끝부분은 펜치로 비스듬하게 자르면 좋다.

루어 만들기

물고기의 먹이인 수생곤충이나 작은 물고기의 생김새 및 움직임과 유사하게 만든 가짜 미끼를 루어라고 한다. 연못에 빠진 스푼으로 물고기가 달려드는 모습을 보고 힌트를 얻은 '스푼'이나 작은 물고기 모양을 한 '미노우', '스피너' 등 종류가 많다.

[병뚜껑으로 만들기]

병뚜껑을 따면 뚜껑이 살짝 변형되는데, 물속에서 당기면 작은 물고기처럼 움직인다.

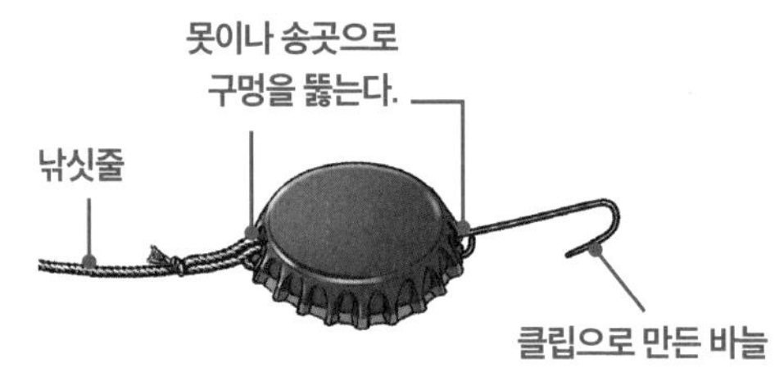

[알루미늄 스푼으로 만들기]

다이소 등에서 구할 수 있는 아이스크림용 알루미늄 스푼에 구멍을 뚫어 실과 바늘을 단다.

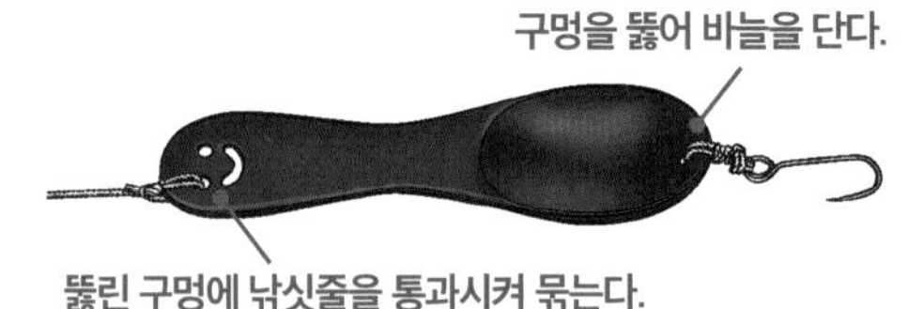

[나무 스푼으로 만들기]

아이스크림용 나무 스푼을 접착제로 4~6개 겹쳐서 붙인다. 양쪽 끝에 V자로 칼집을 내고 실을 묶어 고리를 만든다. 몸통 부분에 추를 달고 실을 감아 보강하여 여기에도 고리를 만든다. 꼬리와 몸통의 고리에 바늘을 달면 완성이다.

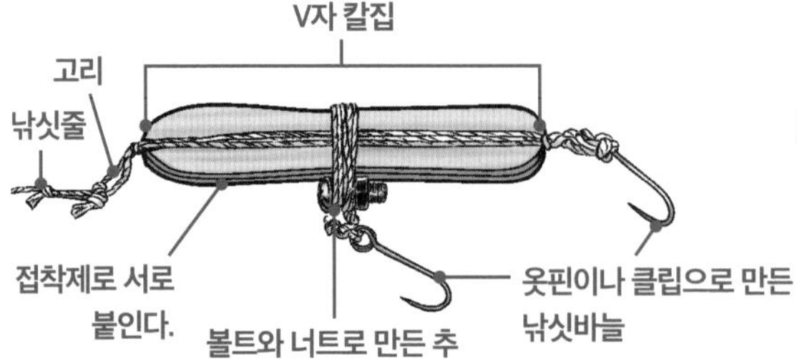

[플라스틱 카드로 만들기]

필요 없는 카드를 그림과 같이 자르면 바늘 달린 루어가 된다. 가벼우므로 너트 등 무거운 물체를 달자.

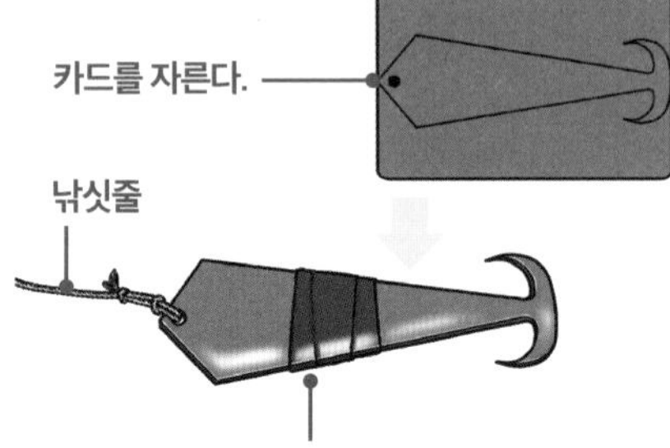

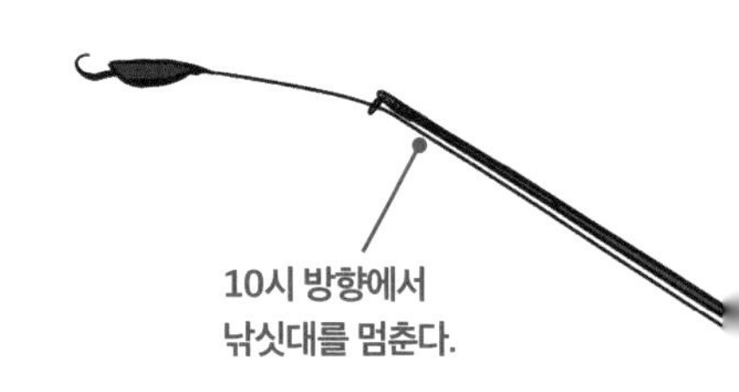

[클립과 알루미늄 캔으로 스피너 만들기]

클립으로 바늘 부분과 몸통 부분을 만든다. 알루미늄 캔을 나뭇잎 형태로 자른 날개와 클립에 낚싯줄을 연결해서 수중에서 날개가 회전하도록 조절하면 완성이다. 날개의 색에 따라 큰 물고기를 낚을 수도 있다.

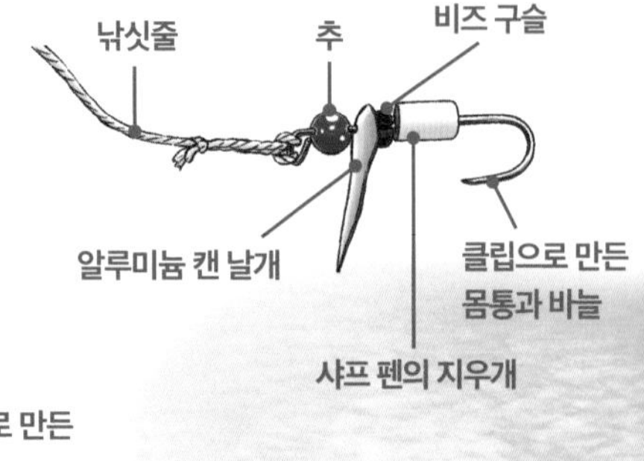

낚싯바늘 만들기

❶
명주실로 된 낚싯줄(20m 정도)을 직접 만든 가이드와 처음부터 달려 있던 끝 쪽 가이드에 통과시키고 낚싯줄에 루어를 매단다.

❷
주로 쓰는 손으로 낚싯대 손잡이를 잡고, 잡은 손이 가슴 앞으로 오게 자세를 취한다. 검지로 낚싯줄을 낚싯대에 눌러 잡는다. 루어는 낚싯대 끝의 가이드에서 10cm가량 떨어트린다.

❸
낚싯대를 쥔 손을 뒤로 젖히고 그 반동을 이용하여 순간적으로 가슴 앞으로 넘기면서 검지로 잡고 있던 낚싯줄을 놓아 루어를 전방으로 날린다.

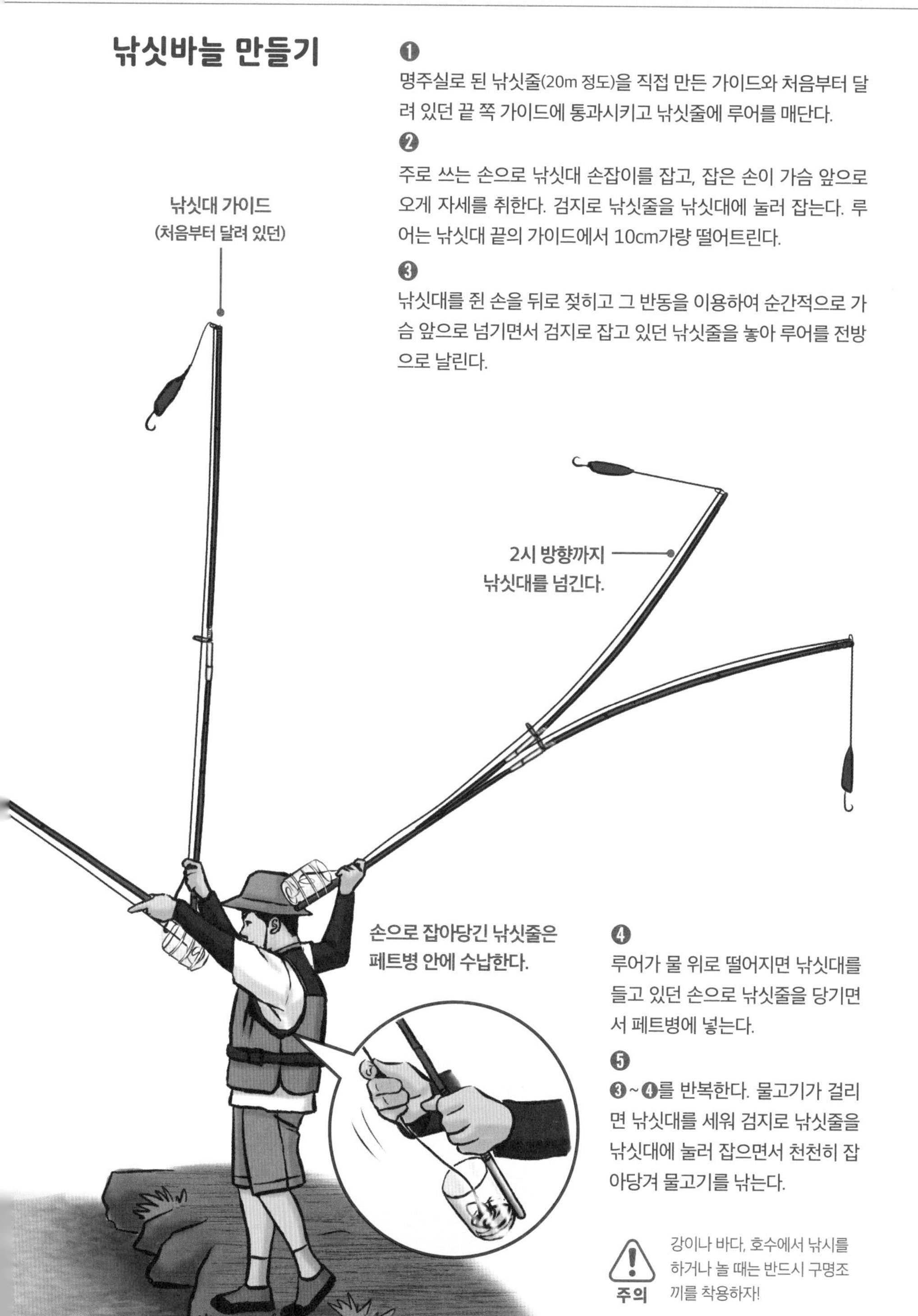

❹
루어가 물 위로 떨어지면 낚싯대를 들고 있던 손으로 낚싯줄을 당기면서 페트병에 넣는다.

❺
❸~❹를 반복한다. 물고기가 걸리면 낚싯대를 세워 검지로 낚싯줄을 낚싯대에 눌러 잡으면서 천천히 잡아당겨 물고기를 낚는다.

주의 강이나 바다, 호수에서 낚시를 하거나 놀 때는 반드시 구명조끼를 착용하자!

25

보존식 만들기

확보한 식량을 보존하는 조리법 중 하나가 '보존식' 만들기이다. 가장 손쉬운 방법은 식품을 건조하는 것이다. 일본 15~16세기 센코쿠 시대에는 무사가 비상식으로 '말린 밥'을 지니고 다녔다. 또 자른 고기를 삶아서 말리면 '육포'가 된다. 고기를 가열하거나 간장에 절여 말리면 더 오래 보존할 수 있다.

말린 밥 만들기

재료

- 밥(먹고 남은 것도 좋다) : 원하는 양

식품류는 수분량이 10% 이하가 되면 부패의 원인인 미생물이나 효소 등이 활동을 멈추므로 보존성이 좋아진다. 건조법에는 태양과 바람을 이용한 자연건조와 불이나 열풍을 이용한 인공건조가 있다. 재료의 10% 정도의 소금이 있으면 미생물의 번식을 억제할 수 있다. 참고로 바닷물의 염분량은 약 4%다. 채소 등을 소금으로 절일 때, 1년 이상 보존하겠다면 8% 이상 넣어야 한다. 훈제라는 보존법도 있다. 훈제는 나무를 태울 때 나오는 연기인 훈연을 식재료에 가하여 독특한 풍미를 만들고 연기 중에 함유된 살균이나 방부 성분을 식재료에 스미게 하여 보존성을 높이는 가공법이다. 이외에도 소금과 같은 효과를 주는 설탕이나 간장, 된장, 식초 등을 이용해 보존식을 만들 수도 있다.

❶
밥을 물로 씻어 표면의 점액을 제거한다.

❷
채반 등에 넓게 펼쳐서 자연건조 한다.

그대로 먹을 수도 있지만 물이나 뜨거운 물을 부어 부드럽게 먹는 방법도 있다. 그 외에도 기름에 튀겨서 소금이나 간장을 뿌려 먹으면 맛있다.

육포 만들기

재료 만들 양에 따라 각각의 재료를 가감한다.

- 소고기(지방이 적은 살코기 부분) : 500g
- 간장 : 50mL
- 설탕 : 2큰술
- 후추 : 기호에 따라

❶
소고기를 결대로 3~4mm 두께로 얇게 자른다.
소고기는 냉동고에 넣어 어느 정도 언 상태로 만들면 쉽게 자를 수 있다.

❷
냄비에 물을 넣고 끓여서 자른 고기를 삶는다.

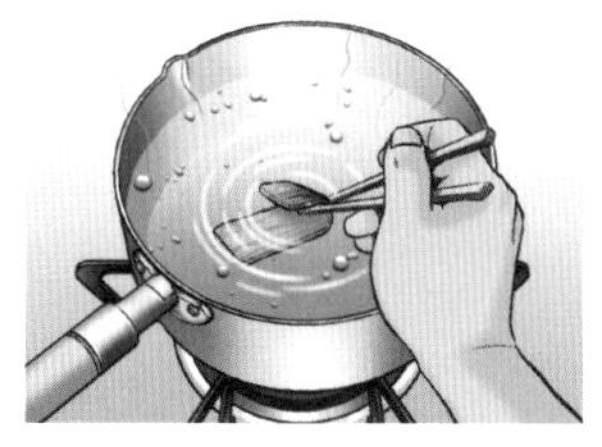

❸
표면의 색이 바뀌면 꺼내서 키친타월 등으로 수분을 제거한다.

❹
간장, 설탕, 후추를 볼에 넣고 조미액을 만든다.

❺
고기를 볼에 넣어 전체를 잘 섞는다.

❻
❺를 비닐봉지에 밀봉하고 1~2일 정도 절인다.
전체적으로 일정하게 절여지도록 도중에 여러 차례 위아래를 뒤집는다. 기온이 높으면 냉장고에 넣어 둔다.

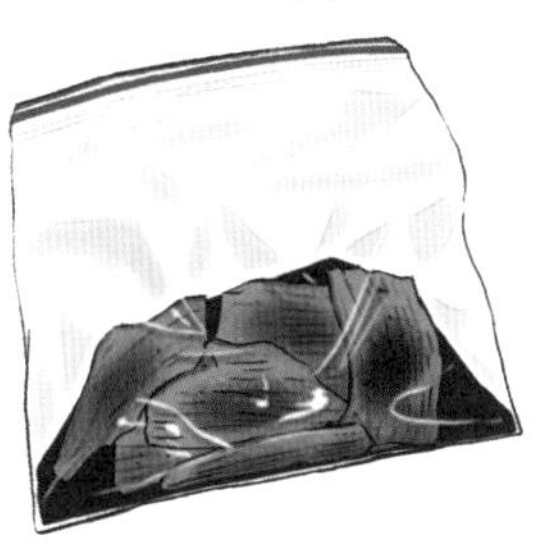

❼
절인 고기를 꺼내 키친타월 등으로 가볍게 수분을 닦아 낸다.

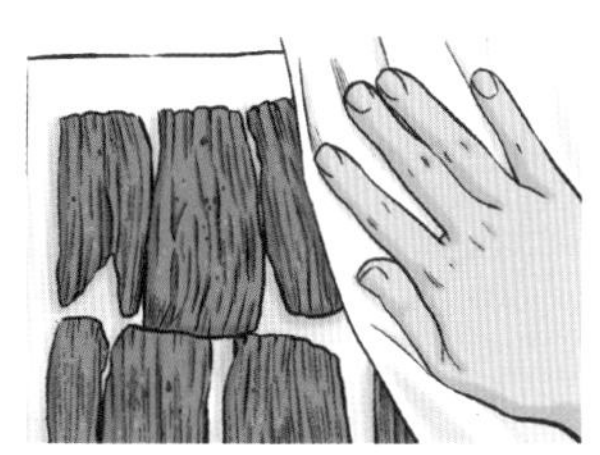

❽
고기를 긴 꼬챙이에 끼워 수일간 실외에 걸어 둔다. 표면의 수분이 말라 전체적으로 딱딱해지면 완성이다.

고기에 벌레가 꼬인다면 다목적 그물망에 넣어 말리거나 바람이 잘 드는 실내에서 말린다. 이때 수분이 아래로 흘러내릴 수 있으므로 신문지 등을 깔아 두면 좋다.

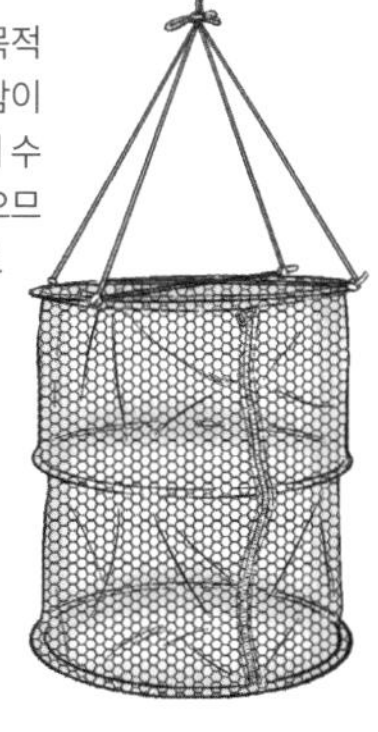

❺

생명을 지키는 응급처치를 익히자

사고는 언제 어디서 일어날지 모른다. 의사가 없는 곳, 병원이 먼 곳에서도 당연히 일어날 수 있다. 손이나 발의 작은 상처도 처치하지 않고 방심하면 악화한다. 이는 행동에 제약을 줘서 야외, 특히 대지진 등 재해 후의 혹독한 환경에서는 생명에 악영향을 주기도 한다.

이번에 익힐 응급처치는 치료가 아니다. 어디까지나 의사의 치료를 받기 전에 실시하는 긴급 처치이지만 이후 증상에 큰 영향을 미친다. 응급처치는 다음과 같이 크게 3가지로 나눌 수 있다.

❶ 베인 상처나 타박상, 염좌, 골절, 화상 등에 실시하는 '상처에 대한 응급처치'

❷ 갑작스러운 두통이나 복통, 발열, 호흡곤란이나 구토 증상 등에 실시하는 '컨디션 불량 시의 응급처치'

❸ 호흡 정지나 심장 기능 불능, 의식 불명 등에 실시하는 '1차 응급처치'

'그때 이렇게 했다면…' 하고 나중에 후회하지 않아야 한다. 의사에게 진찰을 받기 전 증상을 악화시키지 않도록 스스로 할 수 있는 '상처에 대한 응급처치'부터 익혀 보자.

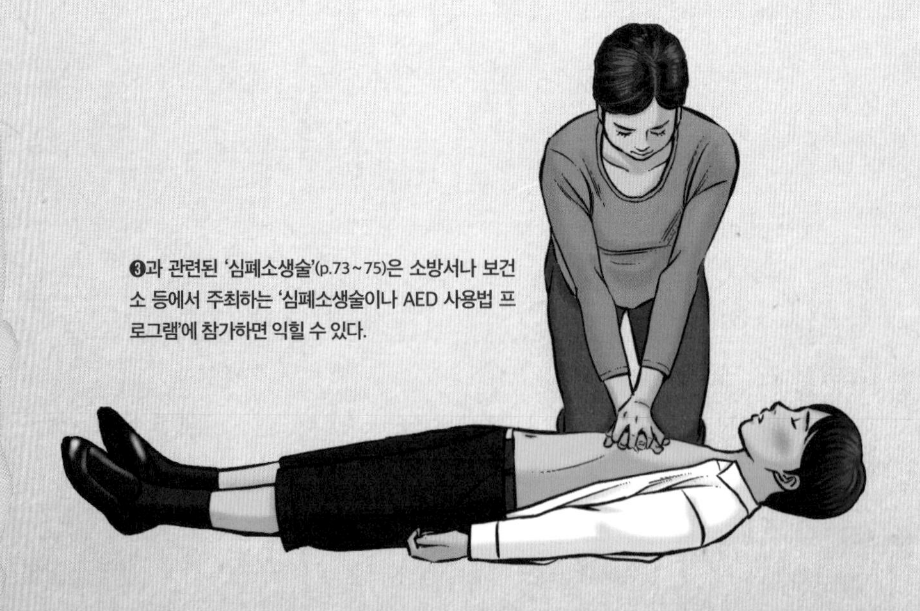

❸과 관련된 '심폐소생술'(p.73~75)은 소방서나 보건소 등에서 주최하는 '심폐소생술이나 AED 사용법 프로그램'에 참가하면 익힐 수 있다.

손수건을 사용하자

손수건은 붕대 대신 사용하거나 얼굴에 쓰는 마스크로 활용할 수 있다. 청결하다면 몸을 닦거나 지혈할 때도 사용할 수 있어 아주 편리하다. 필자는 항상 몸에 지니고 다닌다.

마스크로 사용할 때는 코와 입을 덮어 머리 뒤에서 '맞매듭'(p.152)으로 묶는다.

손수건은 헬리콥터 등 상공에 있는 사람에게 흔들어 구조를 요청할 때도 사용할 수 있어요. 눈에 띄는 색을 추천합니다!

붕대로 사용할 때는 상처 부분에 맞춰 폭을 조절해서 상처를 덮듯이 감아 '맞매듭'(p.152)으로 묶는다.

26

베인 상처 및 긁힌 상처의 응급처치

상처에 진흙이나 오염된 물이 닿으면 세균이나 바이러스 등의 병원균이 침입해 감염을 일으키고 최악의 상황에는 생명이 위태로울 수도 있다. 특히 재해 시에는 작은 상처도 소홀하게 생각해서는 안 된다.

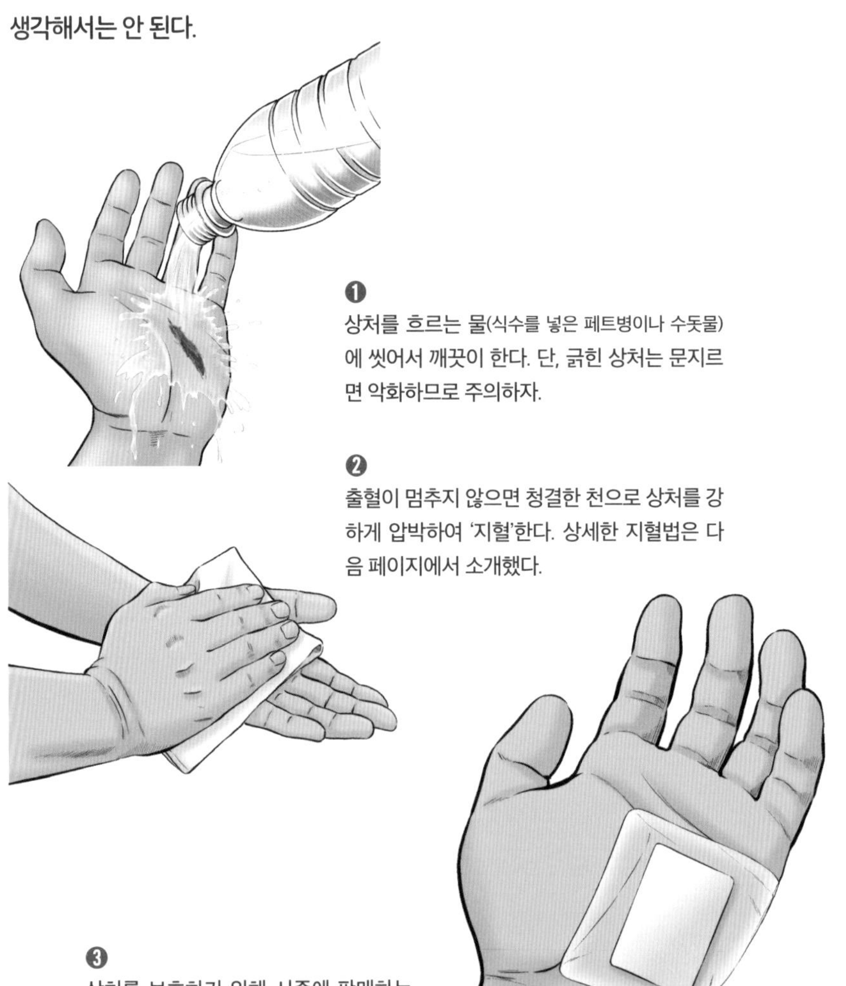

❶
상처를 흐르는 물(식수를 넣은 페트병이나 수돗물)에 씻어서 깨끗이 한다. 단, 긁힌 상처는 문지르면 악화하므로 주의하자.

❷
출혈이 멈추지 않으면 청결한 천으로 상처를 강하게 압박하여 '지혈'한다. 상세한 지혈법은 다음 페이지에서 소개했다.

❸
상처를 보호하기 위해 시중에 판매하는 상처용 방수밴드를 붙인다. 없다면 청결한 천을 느슨하게 감아 보호한다.

베인 상처에 출혈이 있는 경우의 지혈법

상처에 출혈이 있다면 곧장 '지혈'을 한다. 급격하게 500mL 이상의 출혈이 생기면 목숨이 위험할 수도 있다. 지혈의 기본은 '직접 압박 지혈법'이다. 청결한 수건이나 거즈 등으로 상처를 직접 눌러 출혈을 막는 방법이다.

직접 압박 지혈법

출혈 부위에 청결한 천을 대고 위에서 강하게 누른다. 어떤 출혈도 피가 멈추기까지 10분은 걸린다. 상처를 심장보다 높은 위치로 올리면 출혈을 빨리 멈출 수 있다.

강하게 누르면서 높은 위치로 올리면 좋다.

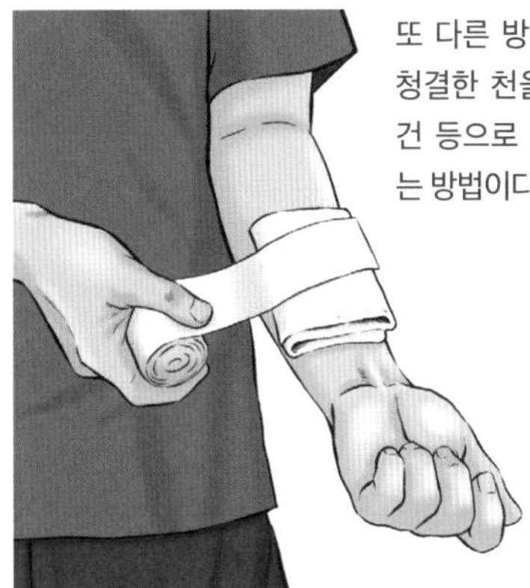

또 다른 방법은 출혈 부위에 청결한 천을 대고 붕대나 수건 등으로 천을 누르듯이 감는 방법이다.

깨끗한 천이 없다면 티셔츠 등의 천을 사용한다. 상처에 대는 부분을 모닥불이나 라이터의 열로 살균한 후 사용하면 좋다.

간접 압박 지혈법

출혈이 심하거나 직접 상처를 누를 수 없을 때 상처에서 심장 가까운 곳을 압박하여 출혈을 멈추는 지혈법이다. 이 방법은 어디까지나 출혈이 심한 긴급 상황에만 실시한다. 지혈을 시작한 시간을 기입해 두고 30분 이상 지나면 압박을 풀어 출혈 상태를 확인한다.

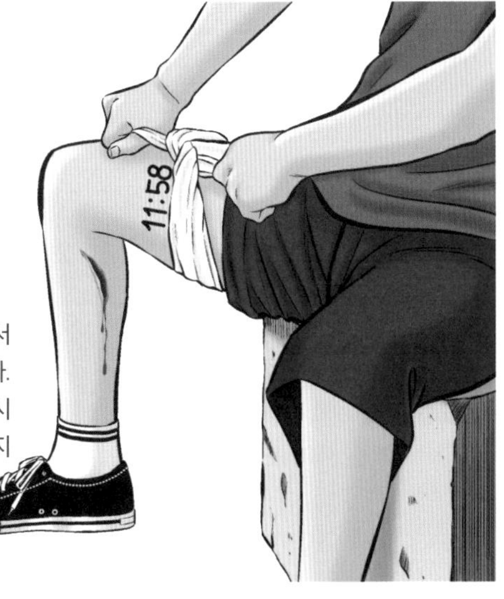

28

염좌 및 골절의 응급처치

재해 시 많이 발생하는 염좌 및 골절은 의사의 판단이나 치료가 필요하지만, 곧바로 병원에 갈 수 없다면 부목으로 고정하고 움직이지 않는 것이 중요하다. 구하기 쉬운 물건을 이용하여 응급처치해 보자.

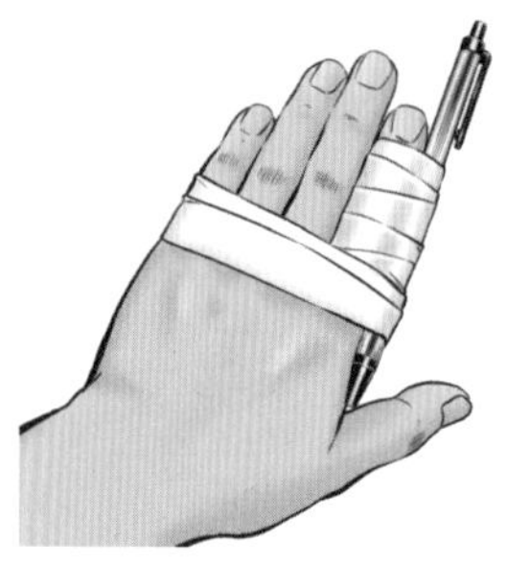

손가락이 삐거나 골절되었을 때

펜이나 젓가락, 스푼을 다친 손가락에 대고 테이프 등으로 감아 고정한다.

팔이 골절되었을 때

종이 박스(팔꿈치부터 손끝까지의 길이)를 나무 대용으로 사용한다. 테이프나 수건, 벨트 등으로 2군데 묶어 고정한다.

다리가 삐거나 골절되었을 때

다친 다리 바깥쪽에 우산을 나무 대용으로 대어 고정한다. 테이프나 수건, 벨트 등으로 허벅지와 무릎, 발목 3군데를 고정한다. 손잡이 부분을 지탱하며 걸을 수 있다.

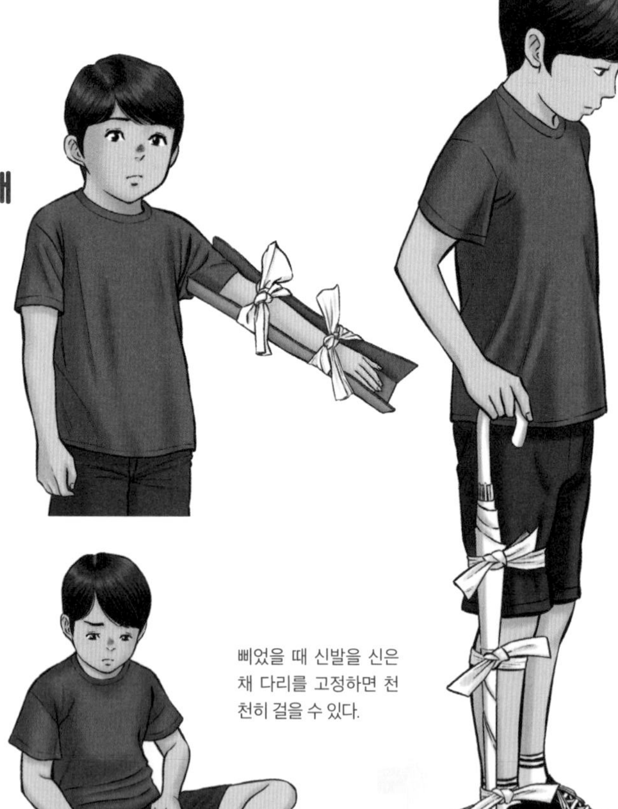

삐었을 때 신발을 신은 채 다리를 고정하면 천천히 걸을 수 있다.

생명을 구하는 심폐소생술 익히기

동료가 '심장정지, 호흡정지' 상태에 빠졌다. 주변에 AED(자동 심장 충격기)도 없고, 구급차가 올 때까지 시간이 걸린다면? 이럴 때 멈춘 심장을 대신해 혈액과 산소를 뇌로 보내는 펌프 역할을 하는 것이 심폐소생술이다. 인간의 뇌는 2분 이내에 심폐소생을 시작하면 90%가량 살릴 수 있고, 4분이면 50%, 5분이면 25%를 살릴 수 있다고 한다. 그럼 배워서 숙지하도록 하자.

1. 쓰러진 사람의 반응을 살핀다

쓰러진 사람을 발견했을 때…

❶
어깨를 두드려 "괜찮아요?", "괜찮아요?", "괜찮아요?"라고 점차 큰 소리로 의식이 있는지 확인한다.

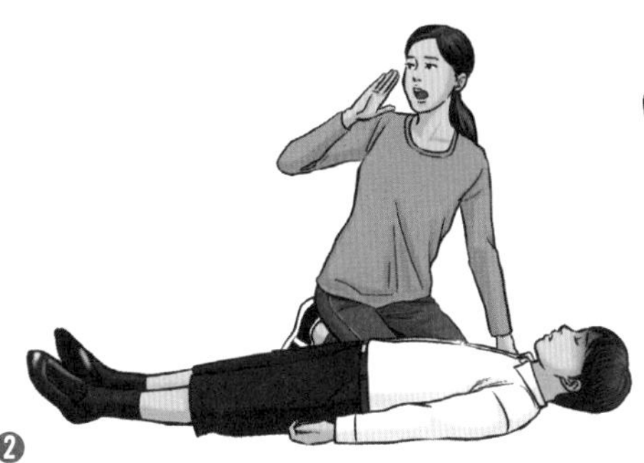

❷
반응이나 의식이 없다면 "도와주세요! 사람이 쓰러졌어요!"라고 주변에 큰 목소리로 도움을 요청한다.

❸
사람이 다가오면 "119에 신고해 주세요!", "AED가 있으면 가져오세요!"라고 외친다.
119에 연결되면 상담원의 지시를 받을 수 있다.

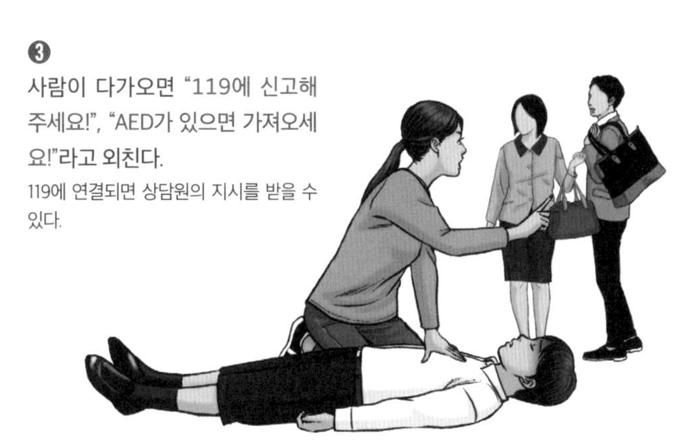

8.9분. 이 숫자는 구급차가 현장에 도착할 때까지 걸리는 평균 시간이다(일본 소방청, 2021년). 외진 곳이라면 시간은 더 지체된다. 심폐소생술은 호흡이 멈추거나 심장이 정지한 것으로 보이는 사람의 생명을 구하는 방법이다. 뇌는 심장이 멈추고 15초 이내에 의식을 잃고, 그 상태가 3~4분 이상 이어지면 회복이 어려워진다. 심폐소생술은 멈춘 심장을 대신해 혈액 및 산소를 뇌에 보내는 펌프의 역할을 한다. 심장정지, 호흡정지 상태로 쓰러진 사람을 구급차가 올 때까지 방치하고만 있으면 최악의 결과를 초래할 수도 있다.

2. 호흡을 하는지 살핀다

평소처럼 호흡하는지, 가슴이나 배가 올라갔다가 내려가는지를 10초 이내에 확인한다. 가슴이나 배의 움직임이 없다거나 움직임이 있는지 판단하기 어렵다면 곧장 심장 마사지(흉골 압박)를 한다. 심장이 확실하게 움직이고 있는 사람에게는 절대 실시하지 않는다.

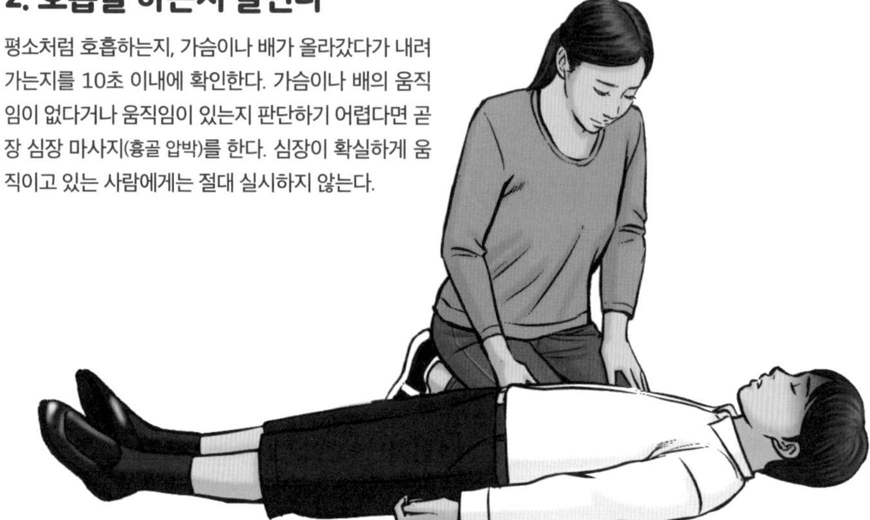

3. 심장을 마사지한다

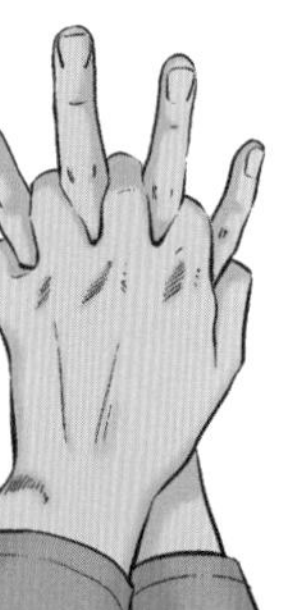

올바른 자세와 방법으로 흉골을 압박한다.

❶
그림과 같이 두 손을 겹쳐 잡는다.

❷
손을 올바른 위치에 올린다.

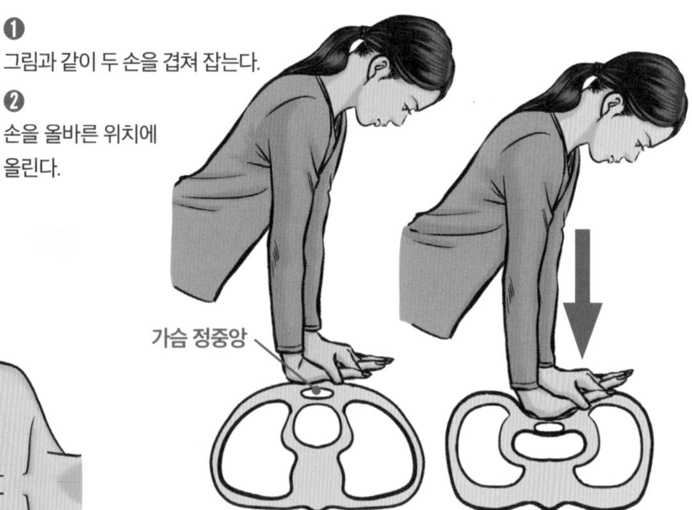

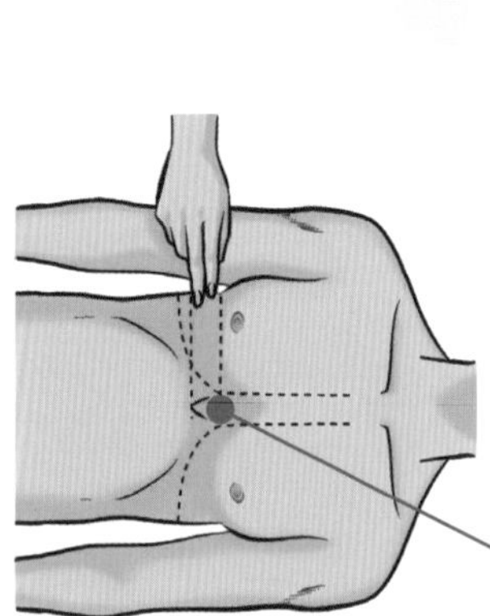

젖꼭지 사이의 정중앙에서 다리 쪽으로 살짝 내려간 위치.
이곳에 겹쳐 잡은 손바닥을 올린다.

자세는 상체를 덮듯이 숙이고 무릎은 굽히지 말고 수직으로 힘을 가한다. 가슴이 약 5cm(아이는 약 3cm) 눌릴 정도의 힘으로 1분간 100~120회 반복해서 누른다. 영유아는 한 손으로 실시한다.

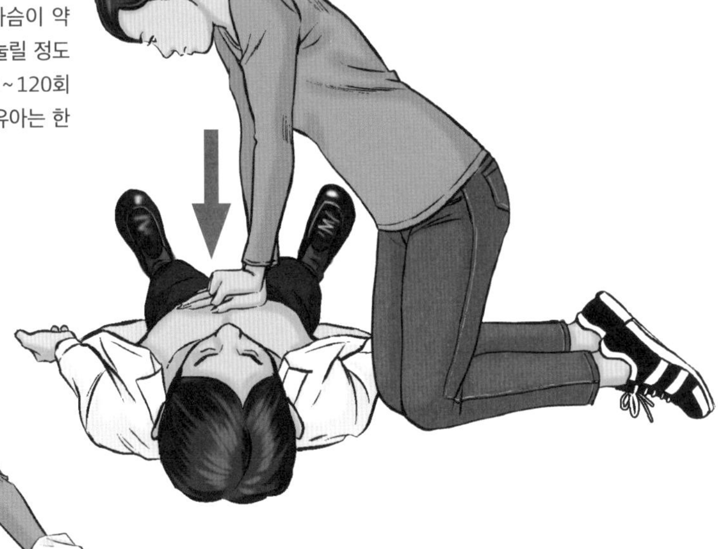

의사나 구급대와 교대할 때까지 멈추지 않는다. 주위에 사람이 있다면 교대하며 이어 간다.

심폐소생술은 동작 하나하나에 소리를 내면서 확인하며 실시한다. 심장 마사지 횟수도 소리를 내며 센다.

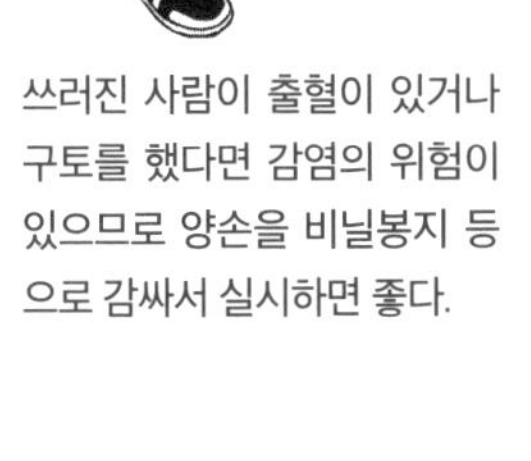

쓰러진 사람이 출혈이 있거나 구토를 했다면 감염의 위험이 있으므로 양손을 비닐봉지 등으로 감싸서 실시하면 좋다.

나의 위치를 알려서 구조 요청하기

재해가 일어나 조난 등을 당했을 때 구조될 수 있을지, 목숨을 건질 수 있을지는 '도와주세요! 저는 여기에 있어요'라는 신호를 보낼 수 있느냐에 따라 결정된다. 목소리나 호루라기 등 소리를 활용하는 방법, 거울로 빛을 반사하거나 손전등, 횃불 등을 활용하는 방법, 불을 피워 연기를 활용하는 방법이 있다. 그럼 신호를 제대로 보내는 방법을 익혀 보자. 손만 흔들어서는 '도와주세요!'인지 '안녕하세요'인지 분간할 수 없다.

호루라기 불기

건물에 깔렸을 때 큰 소리를 내면 먼지로 목이 상해서 목소리가 나오지 않을 수도 있다. 스포츠 호루라기나 비상용 휘슬이 있다면 목에 무리를 주거나 체력을 소진하지 않고 자신의 위치를 알릴 수 있다. 방범 경보기는 건전지 잔량을 고려해서 인기척이 있을 때만 울리는 것이 좋다.

'삑삑삑'과 같이 짧게 불거나 '삑삑삑 삐-삐-삐- 삑삑삑'과 같이 SOS 신호로 불어서 자신의 위치를 알리자.

태양 빛의 반사광 활용하기

CD를 '시그널 미러'로 활용해서 태양 빛을 이용해 항공기나 선박에 자신의 위치를 알릴 수 있다. 반사광은 수 km까지 도달하므로 포기하지 말고 계속 구조 요청을 보내자. CD뿐만 아니라 거울이나 금속판과 같이 빛을 반사하는 물건이라면 반사광을 보낼 수 있다.

❶

한 손으로 CD를 들고, 다른 쪽 손은 검지를 공중에 대고 가리킨다.

❷

CD 중심의 구멍을 통해 보면서 검지에 태양의 반사광을 비추고 그 너머 항공기나 선박에 맞춘다.

손전등이나 깃발 흔들기

흐린 날 등과 같이 반사광을 활용할 수 없을 때는 커튼 등 큰 천을 나무 봉 등에 걸고 흔들어 구조를 요청하자. 밤에는 손전등이나 라이트스틱(접으면 빛을 내는 스틱)을 사용하면 좋다.

산에서 길을 잃고 조난했다면

가능하다면 정상까지 올라가 구조를 요청하는 편이 구조될 가능성이 높다. 산은 위쪽이 좁고 아래쪽이 넓으므로 아래쪽으로 내려오면 수색 범위가 넓어질 수밖에 없다. 또한 수풀로 시야가 가려져 수색도 어렵다. 헬리콥터나 구조대가 보이면 모든 수단을 써서 자신의 위치를 알리자.

모닥불로 3개의 연기 피우기

무인도 등에서 조난했다면 간격을 두고 모닥불로 3군데에 연기를 피운다. 연기 3개는 SOS의 신호다.

발연통으로 연기 피우기

자동차 고장 등으로 조난했다면 차량에 구비된 발연통 등을 사용할 수 있다. 가능한 한 전선이나 나무 등의 장해물이 없는 위치에서 활용하자.

세계 공통의 조난신호인 'SOS'로 구조 요청을 하자!

'SOS'는 세계 공통의 조난신호로 무선통신의 '모스 부호'에서 시작하여 널리 퍼졌다. 'Save Our Souls = 제 혼(목숨)을 구해 주세요' 혹은 'Save Our Ship = 우리 배를 구해 주세요'라는 의미라고 한다.

모스 부호는 '·(탁)과 —(탁-)'의 조합만으로 알파벳이나 숫자를 나타낼 수 있다. S는 '···', O는 '———'이므로 SOS는 '···———···'이다. 구조 요청을 할 때는 이 신호를 반복해서 보낸다. '탁탁탁 탁-탁-탁- 탁탁탁'으로 기억하자.

모스 부호표

문자	부호	숫자	부호
A	• —	1	• — — — —
B	— • • •	2	• • — — —
C	— • — •	3	• • • — —
D	— • •	4	• • • • —
E	•	5	• • • • •
F	• • — •	6	— • • • •
G	— — •	7	— — • • •
H	• • • •	8	— — — • •
I	• •	9	— — — — •
J	• — — —	0	— — — — —
K	— • —		
L	• — • •		
M	— —		
N	— •		
O	— — —		
P	• — — •		
Q	— — • —		
R	• — •		
S	• • •		
T	—		
U	• • —		
V	• • • —		
W	• — —		
X	— • • —		
Y	— • — —		
Z	— — • •		

31

위험한 생물에 노출되었을 때의 응급처치

야외 활동을 할 경우 계절과 상관없이 긴팔 셔츠에 긴 바지를 입고 모자를 써서 피부 노출을 막아 몸을 보호하는 것이 기본이다. 벌레 등에 쏘였다면 물로 씻거나 독을 제거하고 항히스타민제가 함유된 연고를 바른다. 많이 부풀어 오른다면 환부를 차갑게 식히고 병원으로 간다.

흡혈 곤충

모기나 쇠가죽파리, 진드기류 등은 동물이 뿜어내는 이산화탄소에 반응해 모인다. 모기는 일상생활 중에 쉽게 물리기도 하지만 뎅기열 등을 일으키는 바이러스를 옮기기도 하므로 주의해야 한다. 파리와 비슷한 파리매나 쇠가죽파리는 물리면 통증이 심하고 오래 지속되며 매우 가려워진다. 물린 곳을 지나치게 긁으면 곪을 수 있으니 주의하자.

- **예방법** : 피부가 노출되지 않는 옷을 입고 벌레 퇴치 스프레이로 예방하자.

벌

국내에서 흔히 볼 수 있는 벌에는 양봉꿀벌, 등검정쌍살벌 등이 있다. 벌 중 가장 큰 종으로 알려져 있는 장수말벌은 크기가 3~4cm에 달하며 숲이나 산에서 가장 위험한 생물이다.

- **예방법** : 다가와도 움직이지 말고 가만히 있자. 손으로 쫓거나 갑자기 도망치면 공격하는 것으로 착각하고 쏠 수 있으니 주의하자. 벌집에는 절대 다가가지 않는다.
- **처치법** : 쏘였다면 물로 씻고 독을 제거한다. 항히스타민제가 함유된 연고를 바르고 환부를 차게 한다. 아나필락시스※를 일으키는 사람도 있으므로 주의하자.

※ 벌침에 알레르기 반응이 있는 사람이 일으키는 쇼크 증상. 발열이나 구토, 혈압 저하, 의식장해를 일으키기도 한다. 사망 사례도 있으니 증상이 발현되면 곧바로 의료기관을 방문하자.

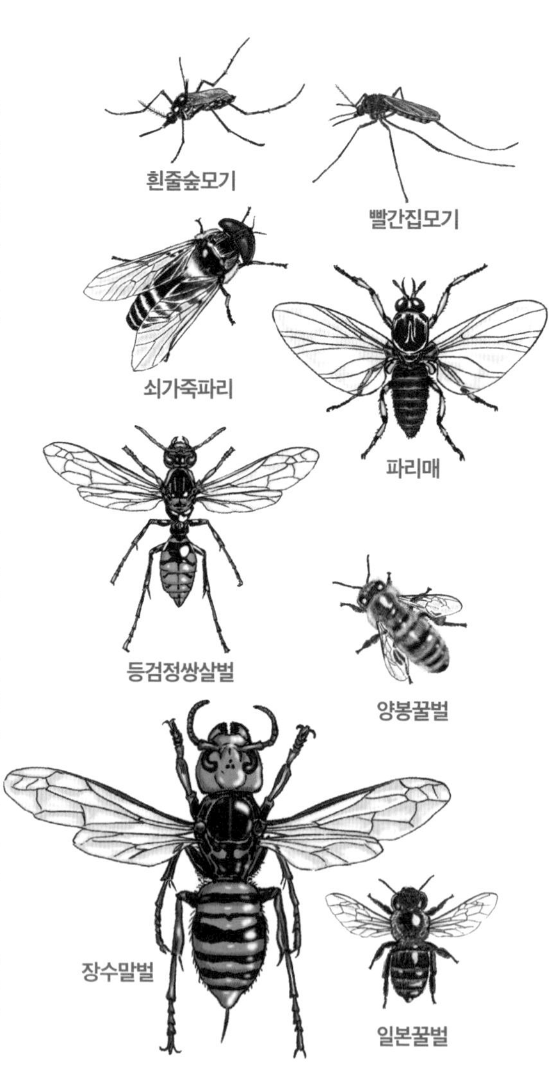

진드기

몸길이는 0.2~10mm. 사람이나 동물의 피부에 기생하며 피를 빨아먹기도 하므로 주의해야 한다.

- **처치법** : 핀셋 등으로 제거할 수 있지만 시간이 지났다면 억지로 떼지 말자. 잡아당기면 입 부분이 떨어져 피부에 남아 곪기 때문에 의료기관을 방문하는 것이 좋다. 라임병(증상이 감기와 유사하여 관절통 등이 만성화한다)을 감염시킬 수도 있으니 주의해야 한다.

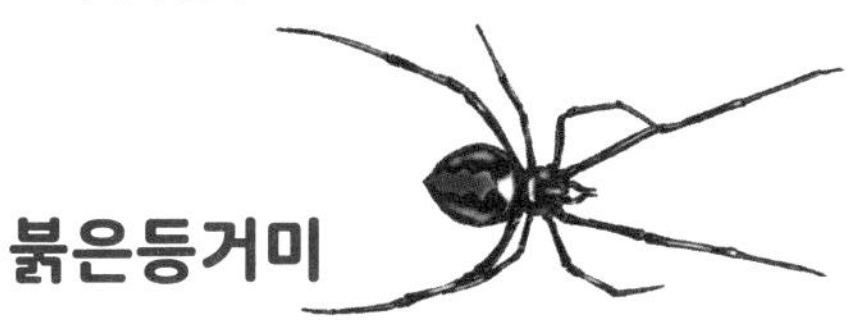

붉은등거미

호주에서 유래한 종으로 1995년 오사카에서 발견된 후 일본 전국에 퍼졌다. 몸길이 5~10mm. 몸은 검은색이고 등에 붉은 얼룩 모양이 있다. 길가 도랑이나 자동판매기 뒤 등 다양한 틈에 서식한다.

- **처치법** : 물리면 바늘로 찌르는 듯한 통증이 생기므로 차갑게 식히고 의료기관을 방문한다.

털진드기

국내에는 '쯔쯔가무시병'을 일으키는 종으로 널리 알려져 있다. 이 벌레에 물리면 일주일 정도 감기와 비슷한 증상이 일어난다. 의사도 감기로 오인할 수 있으므로 주의하자(물린 자국이 있는지 반드시 확인). 사망 사례도 있지만 조기에 발견해서 항생물질을 투여하면 완치된다.

거머리

계곡의 숲이나 습한 초목, 비가 내린 후의 산길 등에 서식하고 이산화탄소에 반응해 접근한다. 신발에 달라붙었다가 양말 안으로까지 들어오는 경우도 많다. 피를 빨 때 혈액 응고를 막는 히루딘이라는 물질을 분비하기 때문에 지혈이 잘 안 되기도 한다. 또 통증을 느끼지 못하는 물질도 분비해서 피를 빨리는지 알아차리기 어렵다.

- **예방법** : 벌레 퇴치 스프레이를 뿌리거나 알코올을 바르면 피부에서 떨어트리기 쉽다.
- **처치법** : 피가 났다면 항히스타민제가 함유된 연고를 바르고 반창고 등으로 지혈한다.

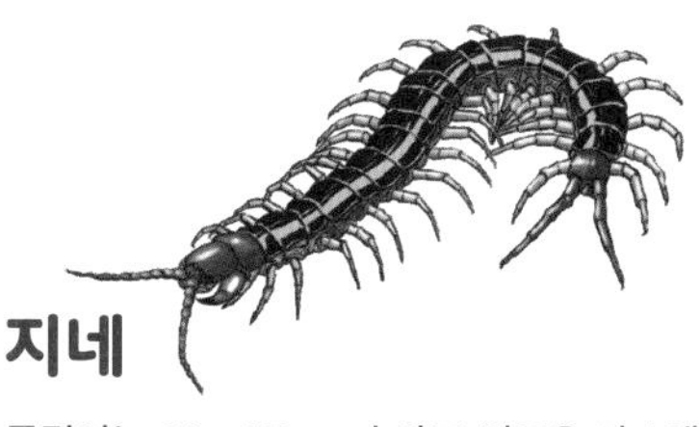

지네

몸길이는 10~15cm. 습하고 어두운 장소에서 서식한다. 텐트에 들어오는 일도 있어 주의해야 한다. 발견하면 절대 맨손으로 만지지 말고 막대기나 타올 등으로 내쫓는다. 물리면 격심한 통증이 있고 매우 크게 붓기도 한다.

- **처치법** : 항히스타민제가 함유된 연고를 바르거나 환부를 차게 한다. 부기가 심하면 의료기관을 방문하자.

에키노코쿠스

주로 일본에서 볼 수 있는 에키노코쿠스는 옛날엔 북방 여우가 서식하던 홋카이도에서만 분포했으나 현재는 일본 각지에 분포한다. 성충은 몸길이 약 4mm. 여우나 개에 기생하여 체내에서 알을 낳고, 그것이 변과 함께 체외로 배출되어 물이나 식물을 오염시킨다. 알이 물을 통해 인간의 몸으로 들어오면 유충이 간에 기생하여 간 기능을 저하시킨다. 사망 사례도 있으므로 주의해야 한다. 투명하고 깨끗해 보여도 강이나 하천의 물, 지하수 등을 그대로 마시면 안 된다.

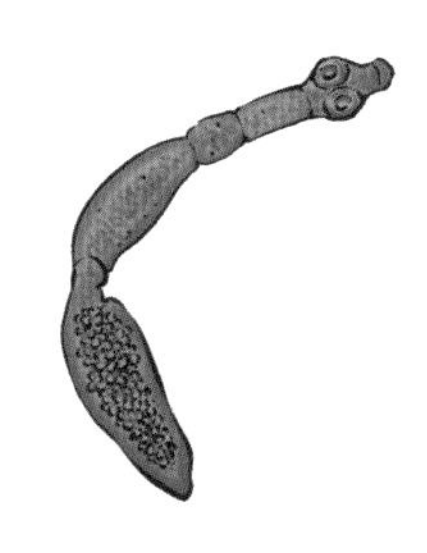

뱀을 자극하지 않는다

산의 풀밭 등에 사는 살무사는 혈액의 응고를 막고 혈관 세포를 파괴하는 출혈 독을 지녔다. 율모기(유혈목이)는 지역에 따라 몸의 색이 다르며 어금니에 혈액의 응고를 막는 독을 지녔다. 반시뱀은 일본 오키나와제도, 아마미군도에 분포하며 신경독을 함유한 출혈 독을 지녔다. 뱀을 보면 자극하지 않는 것이 가장 좋다.

- **처치법** : 물렸다면 곧장 독을 빼내고 환부의 위쪽(심장 쪽 방향)을 삼각건 등으로 묶는다. 환부가 심장보다 낮은 위치에 가도록 자세를 잡고 의료기관을 방문한다. 만약 뱀이 죽은 상태일 경우 가지고 가면 진찰에 도움이 된다.

옻나무도 방심하지 말자

옻나무는 높이 10m 전후로 나무껍질이 회백색인 낙엽수이다. 옻나무의 수액이 피부에 닿으면 빨갛게 붓고 염증이 생긴다. 잎에 닿거나 나무 아래를 지나가기만 해도 증상이 생길 수 있으니 주의하자.

- **예방법** : 산행 시 가급적 긴 옷을 착용하고 손에는 장갑을 낀다.
- **처치법** : 옻이 오른 환부를 물로 잘 씻고 항히스타민제가 함유된 연고를 바른다.

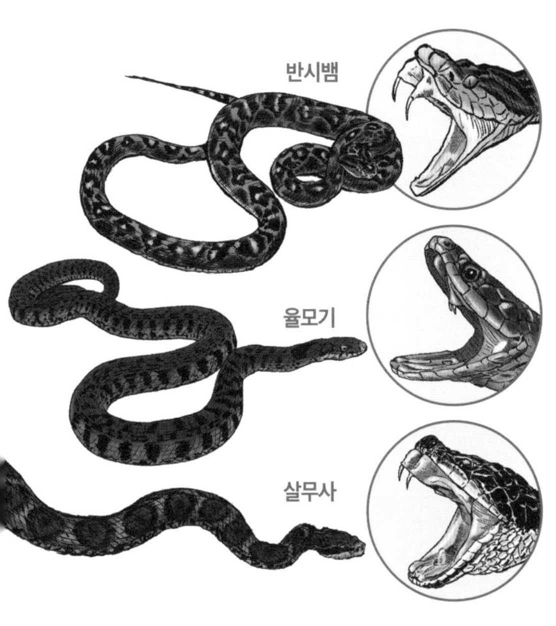

야생동물을 만나면 피한다

아웃도어 활동을 하면서 야생동물의 기척이 느껴지면 조심해서 행동해야 한다. 하지만 인간의 자연 파괴로 야생동물의 서식지가 좁아져 사람이 다니는 곳까지 나타나 사고가 일어나는 일이 잦다. 또 인간을 두려워하지 않는 경우도 있어 주의가 필요하다. 만약 야생동물을 만나면 큰 소리로 내쫓거나 놀라게 하는 동작은 삼가고, 양손을 들어 자신을 크게 보이면서 천천히 뒤로 물러나자.

제 2 장

생존 후 기술

무사히 살아남았더라도 전기나 가스가 없다면
요리도 못 하고 전등도 켤 수 없다.
그래서 요리를 하거나 주변을 밝히는 등 생존에 필요한
도구를 직접 만드는 법을 소개하겠다.
날씨와 방위를 읽는 기술도 익혀 두면 도움이 된다.

⑥

직접 만든 도구로 요리를 하자

p.56 '❹생존을 위한 식량을 확보하자'에서는 주변에서 구할 수 있는 음식으로 생존하는 방법을 익혔다.

집에 비축해 둔 식량이 있어도 전기나 가스가 끊긴다면 휴대용 가스버너나 모닥불로 밥을 짓고 요리를 해야 한다.

그래서 주변에서 쉽게 구할 수 있는 물건을 이용하여 다양한 조리도구를 만들어 요리하는 법을 소개하겠다. 태양열 조리기, 화분 요리, 중탕 조리 등 다양한 요리법을 만나 보자. 당연히 재해 시에도 도움이 된다.

기름이 튀는 것을 막아 주는 가림막은 아래를 접어 테이프 등으로 테이블에 고정하면 좋다.

야외에서 조리도구를 사용해 요리할 때는 바람이 문제이므로 대책이 필요하다. 예를 들어 일반적인 휴대용 가스버너도 다이소에서 파는 가림막을 두르면 바람을 막을 수 있다. 그 외에 버너의 연소하는 부분을 특수한 모양의 부품으로 덮거나 가리개와 같은 가드를 달아 바람을 막는 아웃도어용 가스버너도 있다.

Y자 모양의 나뭇가지를 프라이팬으로 활용하기

프라이팬 없이도 Y자 모양의 나뭇가지에 알루미늄 포일을 감아서 프라이팬 형태로 만들면 계란프라이는 물론이고 고기나 햄버거 패티도 구울 수 있다. 프라이팬처럼 알루미늄 포일을 가열하여 기름을 넣으면 볶거나 조리는 음식도 가능하다.

32

고체 연료용 스토브를 만들어 밥 짓기

다이소에서 구할 수 있는 고체 연료와 깡통, 사무용 집게로 스토브를 만들어 밥을 지어 보자. 이 방법을 활용하면 밥 짓기가 그렇게 어렵지 않고 오히려 간단함을 알 수 있다. 또한 이 방법은 휴대용 가스버너나 모닥불로 밥을 지을 때도 응용할 수 있다.

고체 연료용 스토브 만들기

재료

- 깡통(지름 약 7.5cm × 높이 약 5.5cm. 고등어 통조림의 깡통 등) : 1개
- 사무용 집게(집게 부분이 30~40mm) : 3개
- 못이나 송곳

❶
깡통을 깨끗이 씻고 바닥에서 1cm 떨어진 옆면 3군데에 못이나 송곳으로 지름 5mm 정도의 구멍을 낸다. 이것이 고체 연료가 잘 타도록 해 주는 공기구멍이다.

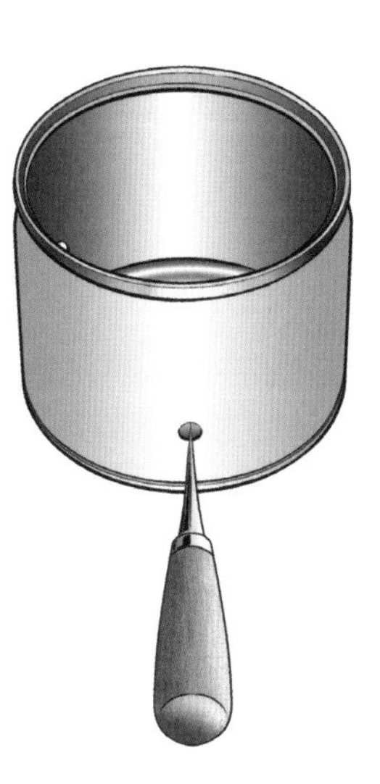

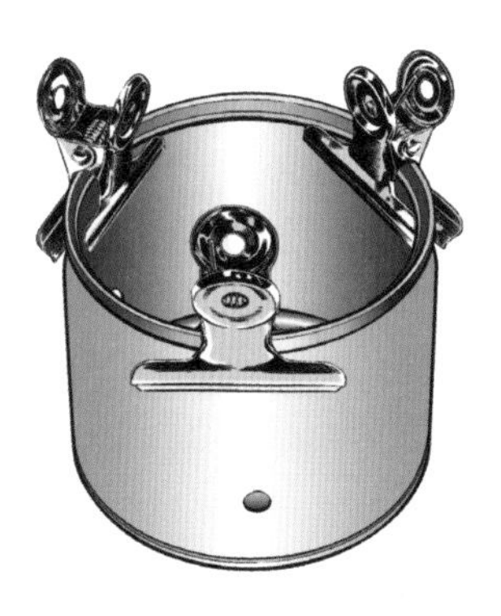

❷
공기구멍 위로 깡통 테두리에 사무용 집게를 3군데 각각 끼운다. 올릴 냄비가 흔들리지 않도록 깊게 끼운다.

❸
깡통 바닥의 가운데에 고체 연료를 넣는다. 고체 연료에서 냄비 바닥까지의 거리가 4cm 정도 떨어지게 사무용 집게의 높이를 조절하는 것이 포인트이다.

바닥의 온도가 매우 높이 올라가므로 집에서 연습할 때는 냄비 받침대 등을 놓고 사용하자.

밥 짓기

재료

- 사각형의 알루미늄 용기(가로 8cm × 세로 15cm × 높이 5cm 정도의 용기)
- 쌀 : 1홉(180g)
- 물 : 200 ~ 220mL
- 계량컵
- 알루미늄 포일
- 이쑤시개나 꼬치용 대나무
- 고체 연료

❶

계량컵으로 잰 1홉의 쌀을 알루미늄 용기에 담는다.

일반적인 쌀은 물로 깨끗이 씻고, 씻어 나온 쌀은 그대로 넣는다.

고체 연료

고체 연료는 다이소 등에서 쉽게 구할 수 있다. 메탄올이 주성분이며 1개가 약 25g, 연소 시간은 20 ~ 25분이다. 1홉의 쌀로 밥을 짓기에 충분한 연소 시간을 확보할 수 있다.

주의 불을 사용하므로 밥 짓기 연습은 반드시 어른과 함께하자.

❷

❶에 물 200 ~ 220mL를 넣고 스푼 등으로 가볍게 저은 후 여름에는 최저 30분, 겨울에는 60분 정도 불린다.

기본적으로 물은 쌀의 양보다 1~2배 더 넣으면 된다.

❸

알루미늄 포일로 뚜껑을 만들어 덮고 꼬치용 대나무나 이쑤시개로 3군데에 증기 배출용 작은 구멍을 뚫는다.

❹
고체 연료에 불을 붙이고 위에 쌀을 넣은 알루미늄 용기를 올린다.

❺
5분 정도면 끓어서 증기 배출용 구멍에서 연기가 나온다. 고체 연료가 꺼질 때까지 그대로 두면 된다.
10~15분 후에 타는 냄새가 강해지면 불을 끄거나 줄이자.

❻
밥을 짓고 10~15분 뜸을 들이면 완성이다.
여기서는 알루미늄 용기를 사용하지만 다이소에서 구할 수 있는 반합 용기를 사용해도 된다.

바람이 강한 곳에서 취사해야 한다면

전체를 알루미늄 포일로 두른 '바람막이'를 만들어 밥을 짓거나 요리를 하자!

접이식 태양열 조리기로 요리하기

태양의 중심부 온도는 약 1,600만 ℃고 표면 온도는 약 6,000℃이며, 태양과 지구의 거리는 약 1억 5,000만 km다. 태양광은 약 8분 20초면 지구에 도달하고 그 에너지는 1㎡당 약 1kW이다. 이는 2평 정도의 방에 60W 전구를 동시에 120개나 켜는 것과 같다. 태양열 조리기는 이와 같은 태양의 에너지를 조리에 이용하는 도구다.

태양열 조리기 만들기

재료

- 돗자리(60cm × 90cm, 한쪽 면이 알루미늄 재질인 것. 다른 쪽 면은 상관없음) : 2장
- 합판(45cm × 25cm × 두께 9mm) : 1장
- 스티로폼 보드(45cm × 30cm × 두께 5mm, 한쪽 면에 접착제가 발라진 것) : 2장

도구는 양면테이프, 알루미늄테이프, 커터 칼, 가위, 자, 연필, 사인펜 등을 사용

❶
돗자리, 스티로폼 보드, 합판을 그림의 사이즈로 자른다.

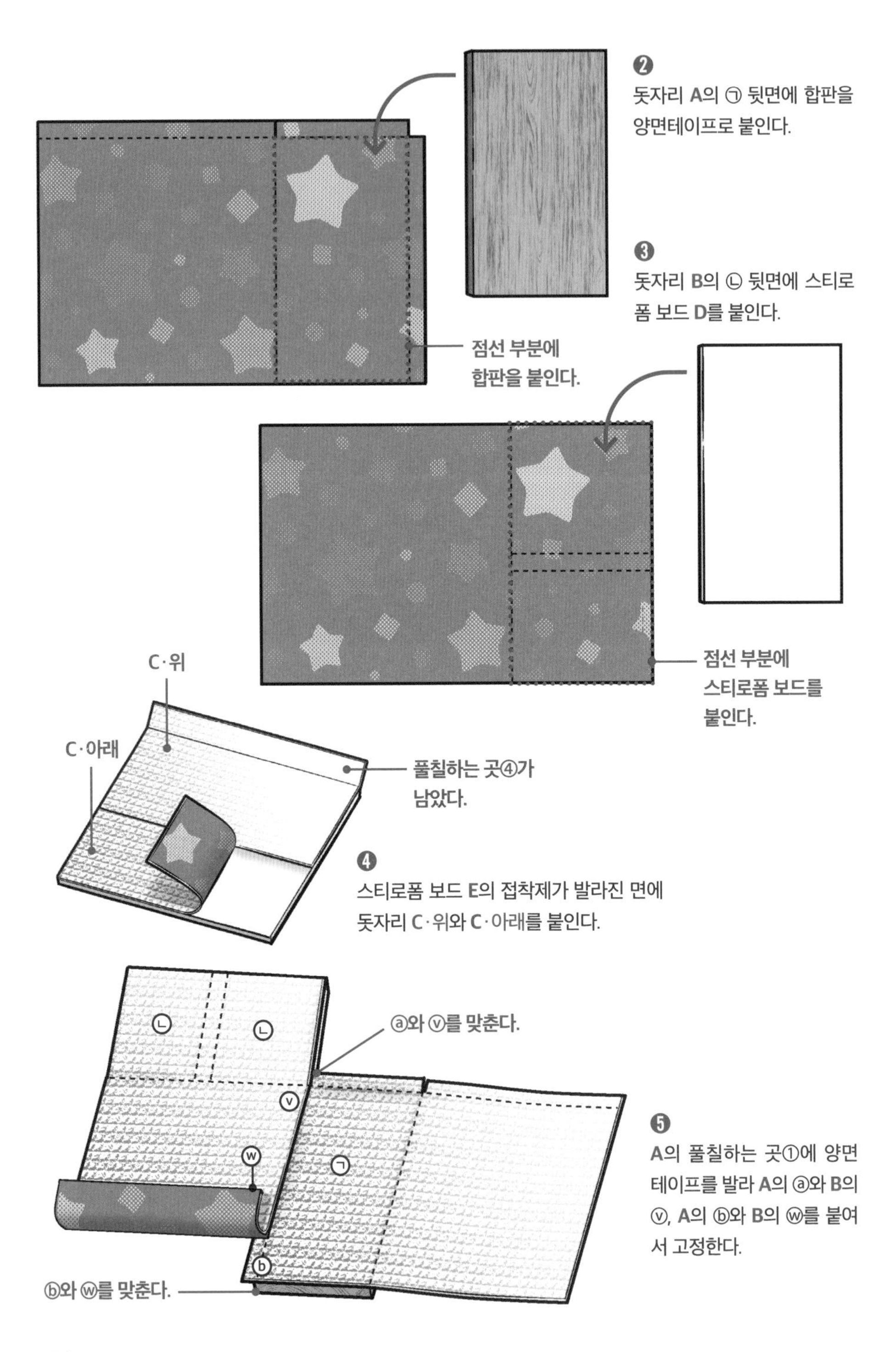
❷
돗자리 A의 ㉠ 뒷면에 합판을
양면테이프로 붙인다.
❸
돗자리 B의 ㉡ 뒷면에 스티로
폼 보드 D를 붙인다.
점선 부분에
합판을 붙인다.
점선 부분에
스티로폼 보드를
붙인다.
C·위
C·아래
풀칠하는 곳④가
남았다.
❹
스티로폼 보드 E의 접착제가 발라진 면에
돗자리 C·위와 C·아래를 붙인다.
ⓐ와 ⓥ를 맞춘다.
ⓑ와 ⓦ를 맞춘다.
❺
A의 풀칠하는 곳①에 양면
테이프를 발라 A의 ⓐ와 B의
ⓥ, A의 ⓑ와 B의 ⓦ를 붙여
서 고정한다.

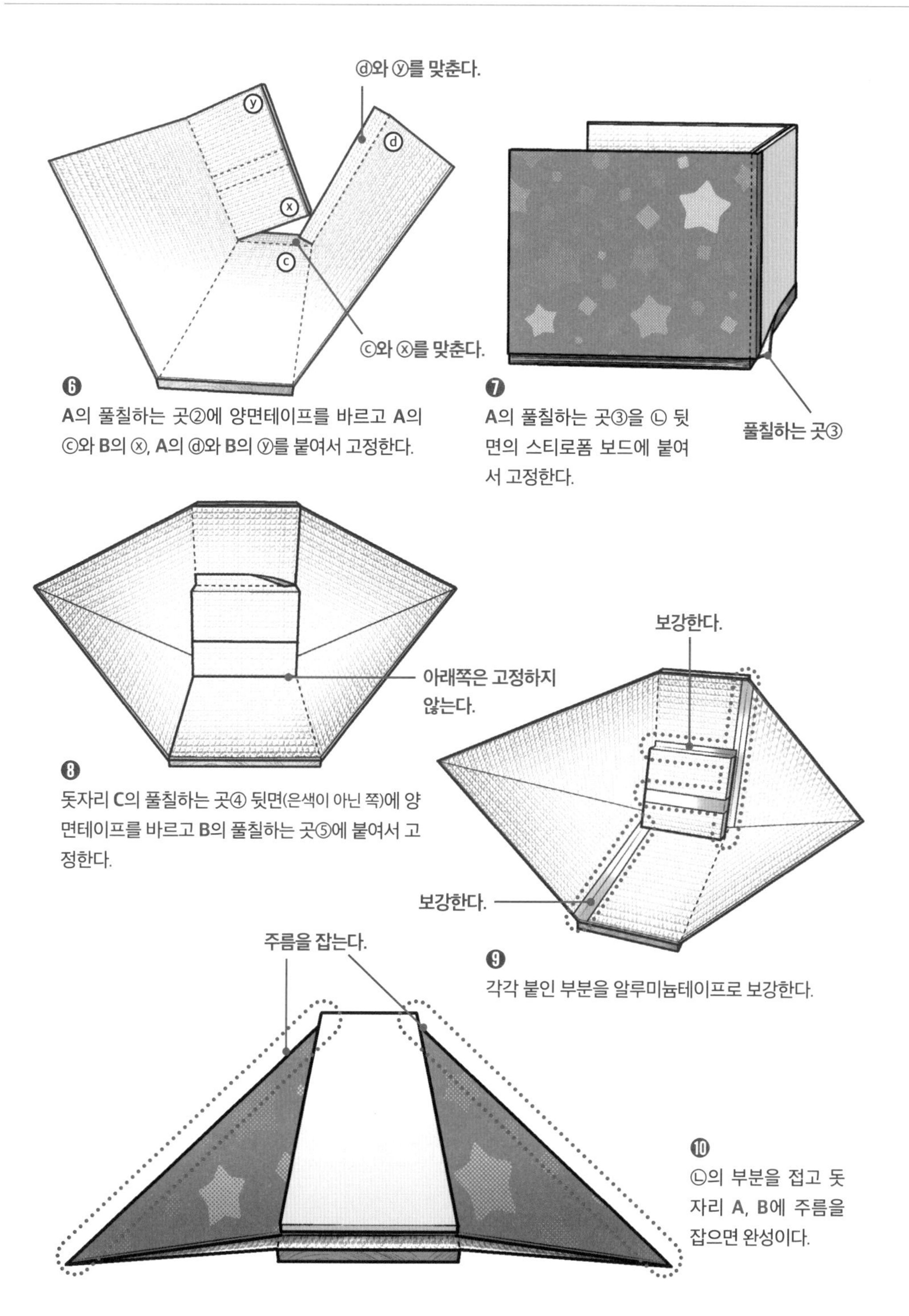

❻
A의 풀칠하는 곳②에 양면테이프를 바르고 A의 ⓒ와 B의 ⓧ, A의 ⓓ와 B의 ⓨ를 붙여서 고정한다.

❼
A의 풀칠하는 곳③을 Ⓛ 뒷면의 스티로폼 보드에 붙여서 고정한다.

❽
돗자리 C의 풀칠하는 곳④ 뒷면(은색이 아닌 쪽)에 양면테이프를 바르고 B의 풀칠하는 곳⑤에 붙여서 고정한다.

❾
각각 붙인 부분을 알루미늄테이프로 보강한다.

❿
Ⓛ의 부분을 접고 돗자리 A, B에 주름을 잡으면 완성이다.

계란프라이 만들기

• 실제 데이터

실험일은 6/29로 날씨는 맑고 가끔 흐림. 시작 시 기온은 29℃(양지는 32℃)였고 바람은 약하게 불었다. 10:10~10:25 사이에 15분 걸려 반숙 계란프라이가 완성되었다.

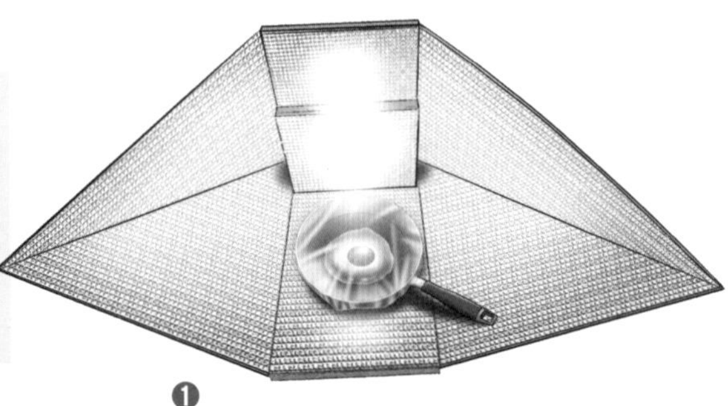

❶
검은 냄비나 프라이팬에 계란을 깨어 넣고 뚜껑이나 랩을 덮는다.

❷
태양열 조리기 안에 넣고 15분이면 반숙 계란프라이가 완성된다.

군고구마 만들기

• 실제 데이터

실험일은 6/29로 날씨는 맑고 가끔 흐림. 10:20~13:20 사이에 3시간 걸려 군고구마가 완성되었다. 시작 시 기온은 29℃(양지는 32℃)였고 종료 시 기온은 30℃(양지는 32℃)였다.

❶
고구마를 1cm 두께로 잘라 랩으로 싼다.

❷
전체를 블랙 포일로 감싼다.

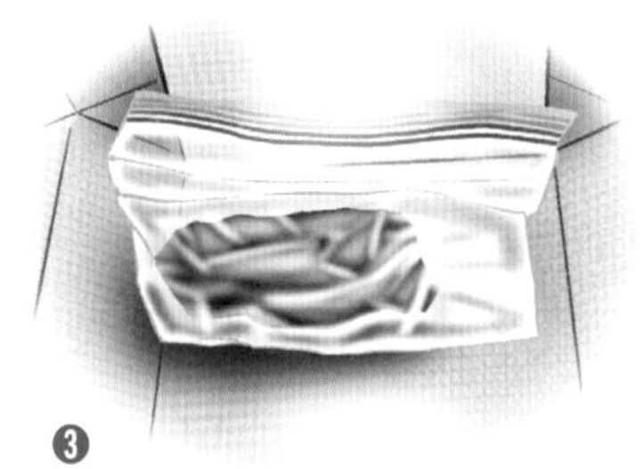

❸
보온을 위해 지퍼백에 넣는다.

❹
태양열 조리기 안에 넣고 3시간이면 완성된다.

모닥불로 꼬치 요리와 디저트 만들기

모닥불 요리를 맛있게 만들려면 불의 상태를 잘 살피는 것이 중요하다. 장작에 불이 붙어 타오르는 상태에서도 조리도구를 사용하면 요리를 할 수는 있지만, 사실 모닥불은 요리하기에 최상의 불 상태는 아니다. 식재료나 냄비 바닥에 검댕이 묻기 때문이다.

장작에 붙은 불이 다소 수그러들고 빨갛게 타는 장작 주위에 하얀 재가 생겨서 '숯불'의 상태가 되어야 비로소 맛있는 요리를 할 수 있는 상태다. 고기도 생선도 실패 없이 겉은 바삭하고 안은 촉촉하게 만들 수 있다. '모닥불 화로대 만들기'는 p.54를 참고하자.

구운 기리탄포는 밥을 꼬치 등에 붙인 뒤 구워서 간을 한 일본 아키타현의 향토 음식이다. 꽈배기빵은 보이스카우트에서 옛날부터 즐기던 음식으로 꼬치에 끼운 후 구워서 먹는다. 곤봉 바움쿠헨은 다소 시간이 걸리지만 재미있는 모양으로 맛있게 만들 수 있다.

모닥불 요리의 기본은 다 함께 먹는 '꼬치구이'다. 고기, 소시지, 어묵류, 채소 등 여러분이 좋아하는 재료를 긴 꼬치나 나뭇가지에 꽂아서 굽기만 하면 된다. 간단한 요리이지만 구워서 바로 후후 불며 먹으면 맛있다. 판매하는 소스를 곁들여도 맛있지만 소금이나 후추, 간장만으로도 담백한 맛을 낼 수 있다.

구운 기리탄포

재료

- 밥(갓 지은 밥도 식은 밥도 좋다)
- 물 : 소량
- 간장이나 된장(설탕을 넣어도 좋다)

밥을 볼에 넣어 숟가락이나 밥주걱으로 적당히 으깬다.

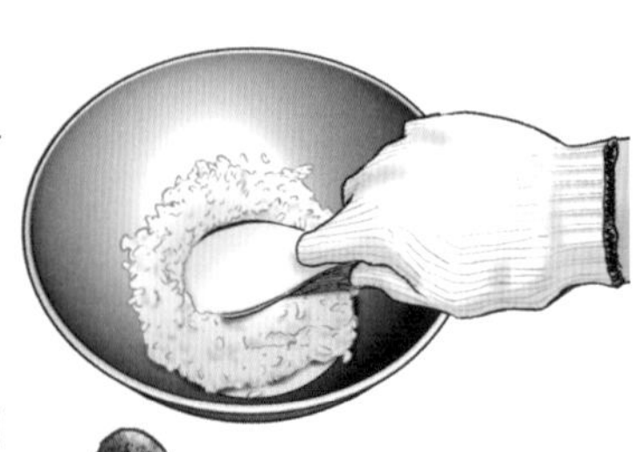

손에 물을 묻히고 ❶을 지름 1cm 정도의 꼬치나 막대기에 하드 모양처럼 감아 붙인다.

❸

꼬치를 돌리면서 전체적으로 갈색을 띨 때까지 모닥불에 굽는다.

❹

간장이나 된장을 발라 돌리면서 구워 완성한다.

꽈배기빵

재료

- 밀가루 : 1컵
- 베이킹파우더 : 1작은술
- 우유 또는 물 : 60mL
- 식용유 : 1작은술
- 소금 : 조금

❶

재료를 볼에 넣고 귓불처럼 부드러워질 때까지 반죽한다.

꼬치에 ❶을 단단히 감아 붙인다.

꼬치는 지름 1~2cm, 길이 40cm 정도의 막대기를 추천한다.

모닥불을 쬐어 돌려 가며 굽는다.

베이킹파우더 없이 반죽한 심플한 꽈배기빵에 버터나 잼을 발라 먹어도 맛있다.

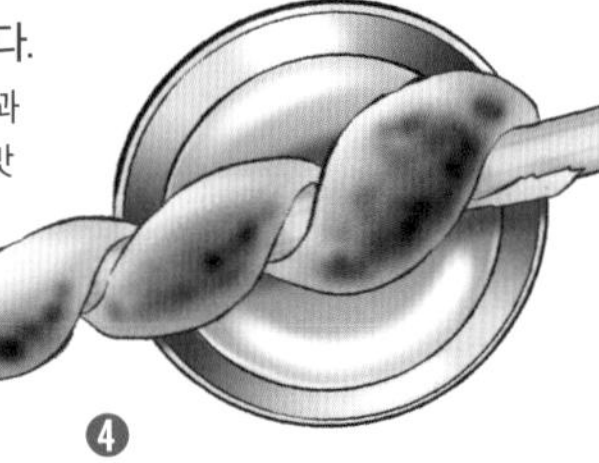

❹

전체가 부풀면서 갈색을 띠면 완성이다.

곤봉 바움쿠헨

재료

- 핫케이크 믹스
- 우유
- 계란

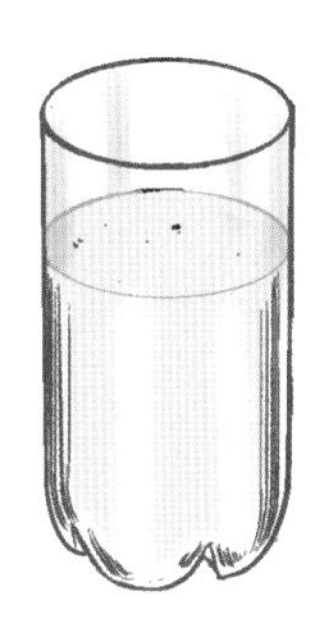

❶
1~2L짜리 페트병을 잘라 용기를 만든다.

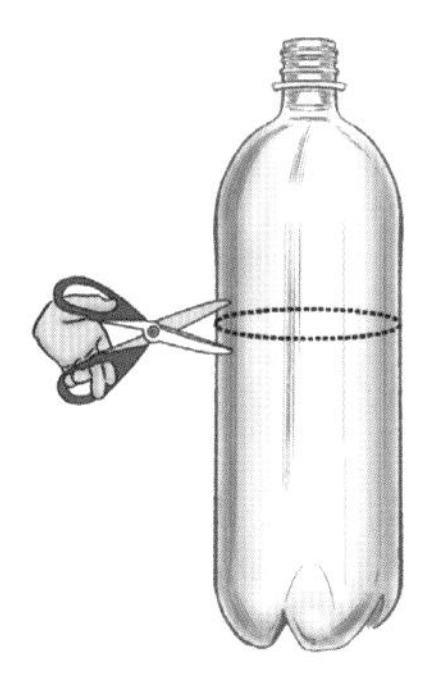
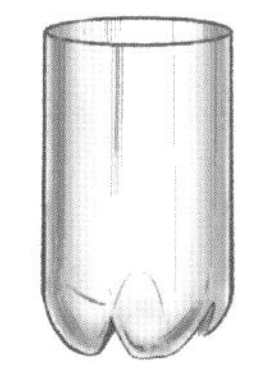

❷
볼에 재료를 넣어 반죽하고 반죽을 ❶에 넣는다.

❸
꼬치 끝 15cm 정도 부분에 알루미늄 포일을 두른다.

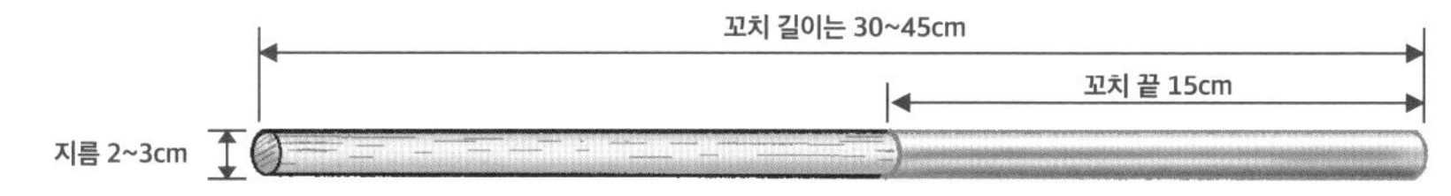

❹
꼬치 끝 10cm 정도를 ❷에 넣어 반죽을 묻히고, 흐르지 않도록 반죽이 떨어지기를 기다린다.

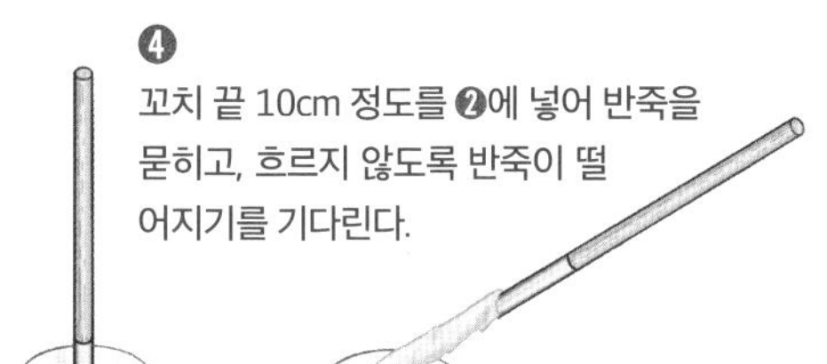

❺
모닥불을 쐬어 꼬치를 돌리면서 전체를 굽는다.

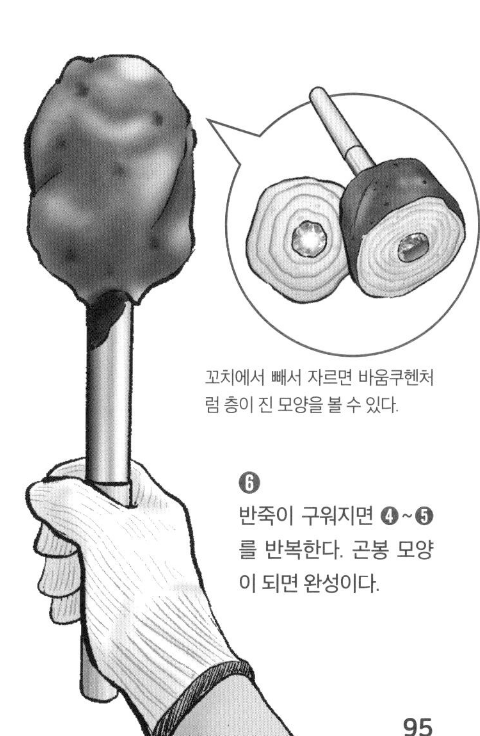
꼬치에서 빼서 자르면 바움쿠헨처럼 층이 진 모양을 볼 수 있다.

❻
반죽이 구워지면 ❹~❺를 반복한다. 곤봉 모양이 되면 완성이다.

35

삼각형 고정 장치로 고기 굽기

냄비 등 조리도구를 사용하여 야외에서 모닥불 요리를 할 때는 조리도구를 불 위에 고정해야 한다. 모닥불에서 불이 피어오를 때 불과 냄비 사이의 거리를 조정할 수 있으면 다양한 요리가 가능하다.

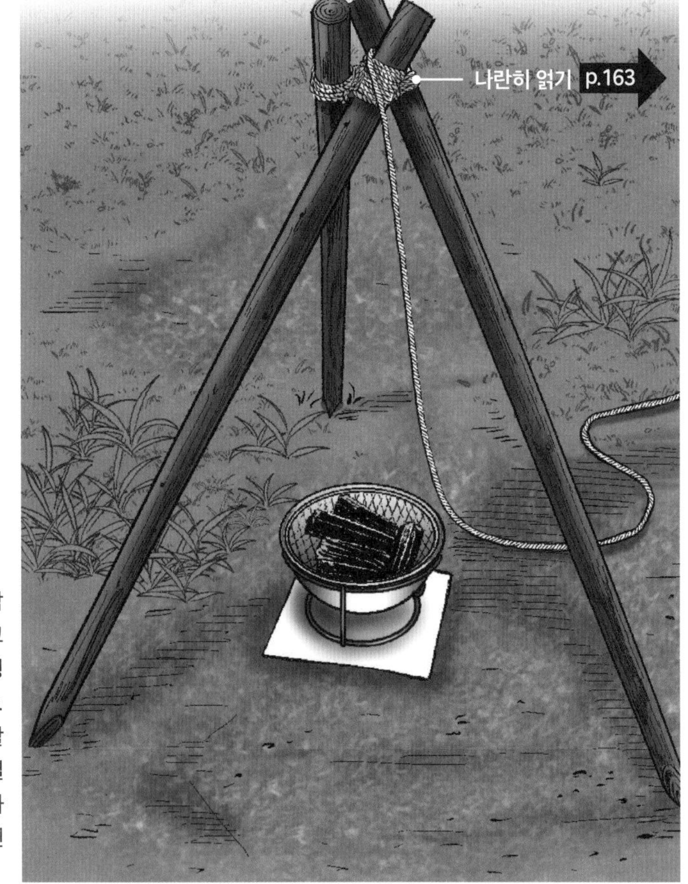

삼각형 고정 장치 만들기

3개의 장대와 로프로 삼각형을 만들고 S자 갈고리를 매단 로프를 삼각형의 매듭에 달면 완성이다. 로프 길이로 불을 조절할 수 있다. 다만 로프는 열에 녹지 않는 면 소재가 좋다. 철제 등 금속 체인을 사용해도 된다.

줄에 매달아 고기 굽기

먼저 삼각형 고정 장치를 모닥불 위에 두고 매듭 부분에 금속 체인이나 철사를 늘어뜨린다. 그 아래에 스테인리스제 S자 갈고리를 달고 소금, 후추 등으로 밑간을 한 고깃덩어리를 꽂아서 굽는다. 불과 가까운 아랫부분이 구워지면 S자 갈고리를 꽂는 부분을 변경하면서 상하좌우 전체를 골고루 익혀 완성한다. 소고기나 돼지고기의 덩어리뿐만 아니라 닭고기 한 마리도 구울 수 있다.

그 밖의 고정 장치

크레인형 고정 장치

Y자 나무와 긴 나무를 1개씩 사용한 고정 장치다. 돌과 Y자 나무의 위치를 조정하며 조리도구를 위아래로 움직여 불을 조절한다.

3개의 나무로 만드는 고정 장치

Y자 나무 2개와 긴 나무 1개를 사용한 고정 장치다. 냄비나 반합을 손쉽게 불에 올리고 내릴 수 있다.

Y자 나무를 모닥불의 좌우 양측 지면에 단단히 꽂아서 고정한다.

화분 요리와 비어 치킨 만들기

휴대용 가스버너 위나 모닥불 안, 숯불 안에 옹기 화분을 놓고 그 속에 재료를 넣은 뒤 또 다른 화분을 뚜껑으로 덮으면 다양한 요리를 손쉽게 만들 수 있다.

다만 다음 2가지를 주의하자. 하나는 토분(유약 처리를 하지 않은 화분)에 빠른 속도로 열을 가하면 갈라지거나 금이 갈 수 있으므로 화분을 씻은 뒤에 잘 건조하고 약불로 먼저 가열하도록 한다. 모닥불이나 숯불을 사용할 때도 불 근처에 두고 데운 뒤 불 속에 넣도록 하자. 다른 하나는 오븐처럼 화분 안에 열을 가두고 증기로 익히는 방식이므로 약불로 조리해야 한다. 모닥불이나 숯불은 장작이나 숯이 타고 하얀 재가 덮인 상태가 되면 사용하도록 한다.

화분을 준비하자

불을 취급할 때는
주의해야 한다.
반드시 어른과 함께 연습하자.

재료 및 도구

- 토분(외경 22.5cm × 높이 18cm) : 2개

휴대용 가스버너를 사용한다면 토분 1개에 케이크 틀(지름 약 24cm) 또는 알루미늄 포일 2겹으로 만든 뚜껑을 사용하면 된다.

- 알루미늄 포일
- 오븐 장갑 또는 가죽장갑

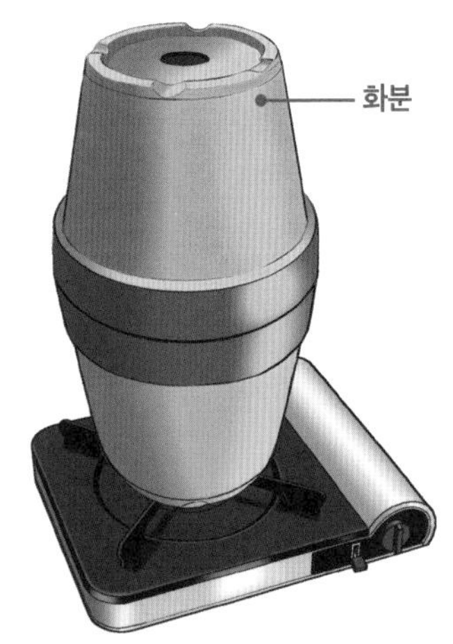

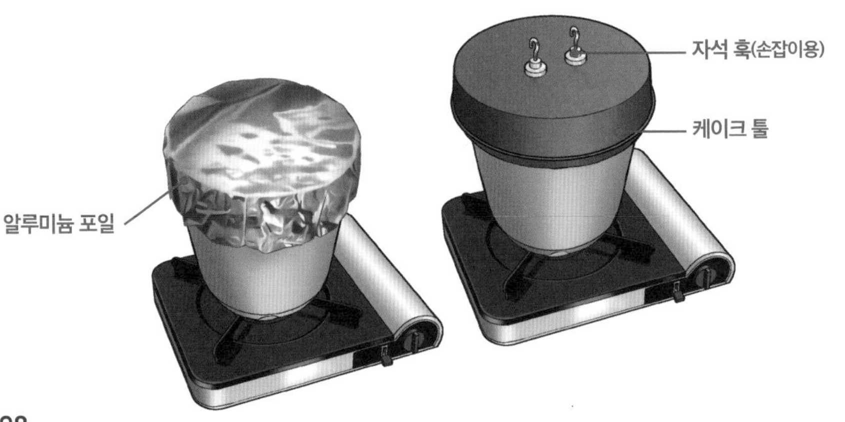

군고구마와 군감자

화분 요리 중에서도 특히 손쉽고 맛있는 요리가 군고구마와 군감자이다. 토분이 수분을 조절해 주기 때문에 겉은 바삭하고 속은 폭신폭신하게 익는다. 고구마, 감자, 호박을 맛있게 익혀 먹을 수 있고 밤도 구워 먹을 수 있다.

재료

- 고구마나 감자, 토란, 참마 등

❶
고구마를 씻고 화분에 넣는다.

❷
가열한다.

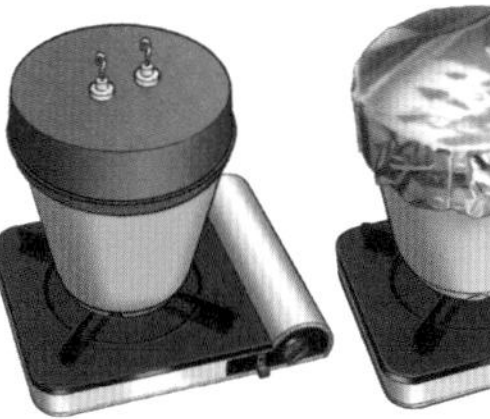

화분을 잡을 때는 매우 뜨거우므로 반드시 오븐 장갑이나 가죽장갑, 목장갑 2개를 겹쳐 착용한다.

<모닥불이나 숯불의 경우>

아래쪽 화분의 절반 정도를 숯 속에 묻고 위쪽 화분을 얹어 익을 때까지 기다린다. 온도가 낮다면 위쪽 화분의 구멍을 알루미늄 포일로 막자.

<휴대용 가스버너의 경우>

불을 약불로 조절해서 케이크 틀이나 알루미늄 포일로 만든 뚜껑을 덮고 기다린다.

난

캠핑 요리 중 뺄 수 없는 것이 카레라이스다. 화분을 사용하면 카레와 함께 먹기 좋은 인도식 빵인 '난'을 구울 수 있다.

❶
재료를 모두 볼에 넣고 귓불처럼 부드러워지도록 반죽한다.

딱딱하면 우유를 첨가한다.

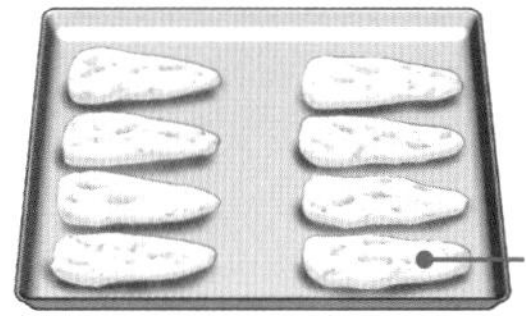

❷
❶을 8등분하여 얇게 늘린다.

나뭇잎이나 이등변 삼각형 모양

재료

- 밀가루 : 2컵(약 200g)
- 베이킹파우더 : 2작은술(약 10g)
- 우유 : 120mL
- 식용유 : 2작은술 (약 10mL)
- 버터, 소금, 설탕 : 조금

뜨거우니 목장갑이나 집게를 사용하자.

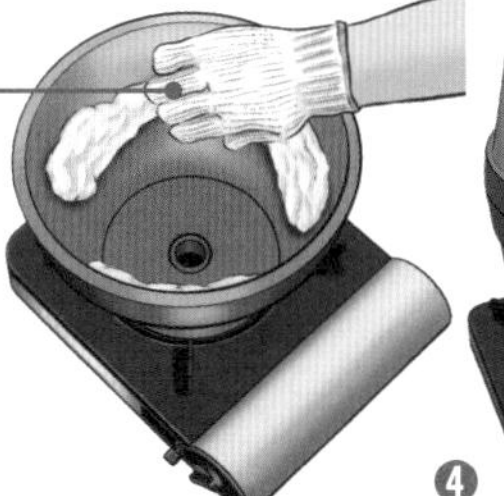

❸
데운 화분(아래쪽)의 안쪽에 ❷를 붙인다.

❹
뚜껑을 닫고 10분 정도 굽는다.

❺
군데군데 부풀면서 표면이 갈색으로 눌면 완성이다.

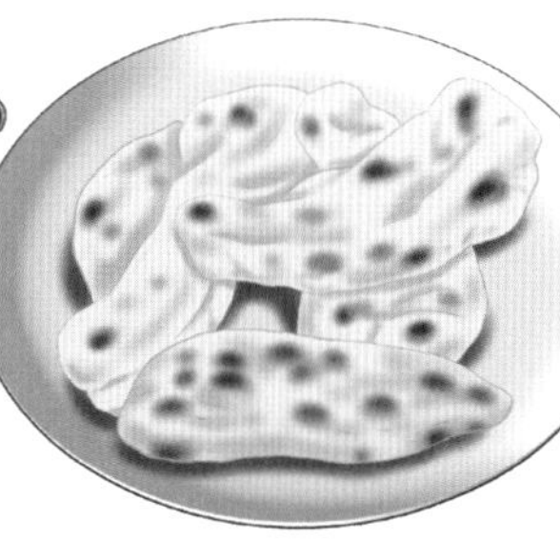

탄두리 치킨

'난'과 함께 대표적인 인도 요리가 '탄두리 치킨'이다. 인도 음식점에서는 이 2가지 모두를 '탄두르'라는 '항아리 모양의 화덕'을 사용해 굽는다. 화분 요리는 이 탄두르를 사용한 요리와 비슷하다. 닭다리나 날개를 요거트나 향신료에 절여서 탄두리 치킨을 만들어 보자.

재료

- 닭 날개 : 6개
- 플레인 요거트 : 100mL
- 케첩 : 2큰술
- 카레 가루 : 1큰술
- 소금, 다진 생강 및 마늘 : 소량 (기호에 따라)

❶
지퍼백에 재료를 모두 넣고 섞은 뒤 반나절 또는 하루 정도 절인다.

❷
화분(아래쪽)의 구멍을 막듯이 바닥 전체를 알루미늄으로 두른다.

❸
❶의 절여 둔 닭 날개를 넣는다.

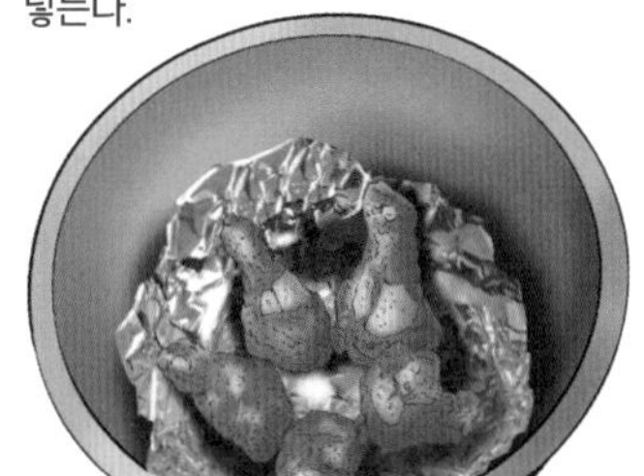

❹
❸을 약불로 굽는다. 휴대용 가스버너라면 뚜껑을 닫고, 모닥불이나 숯불이라면 불 속에 묻고 위쪽에 화분을 덮어 약 30분 동안 굽는다.

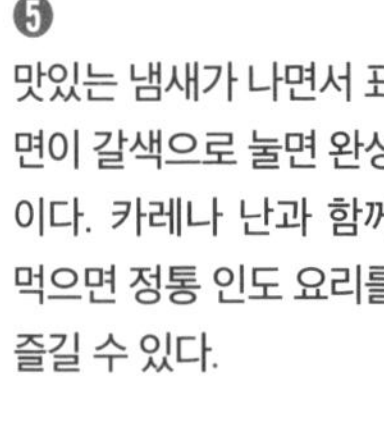

❺
맛있는 냄새가 나면서 표면이 갈색으로 눌면 완성이다. 카레나 난과 함께 먹으면 정통 인도 요리를 즐길 수 있다.

비어 치킨

알루미늄 캔을 이용한 '비어 치킨'은 캠핑 요리로 인기가 많다. 맥주를 사용한 비어 치킨이 유명하지만, 실은 오렌지주스를 사용해도 맛있게 구울 수 있다.

재료

- 닭 : 내장을 제거한 한 마리
- 오렌지주스 캔 : 알루미늄 소재의 350mL 1개
- 알루미늄 포일
- 소금, 후추

❶
닭 한 마리를 소금, 후추로 밑간한다.

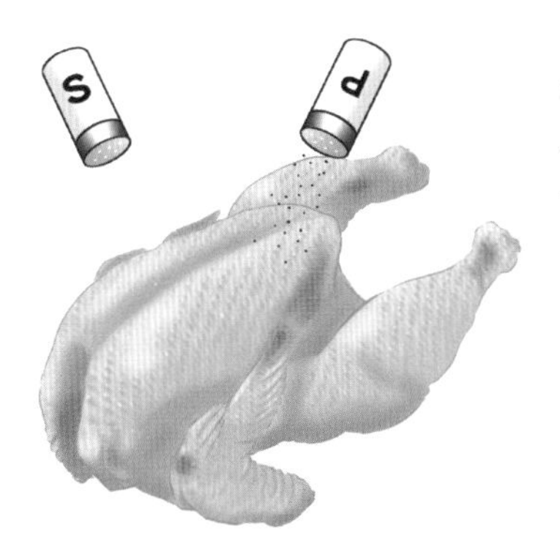

❷
오렌지주스를 마시거나 별도 용기에 부어 절반을 남긴다.

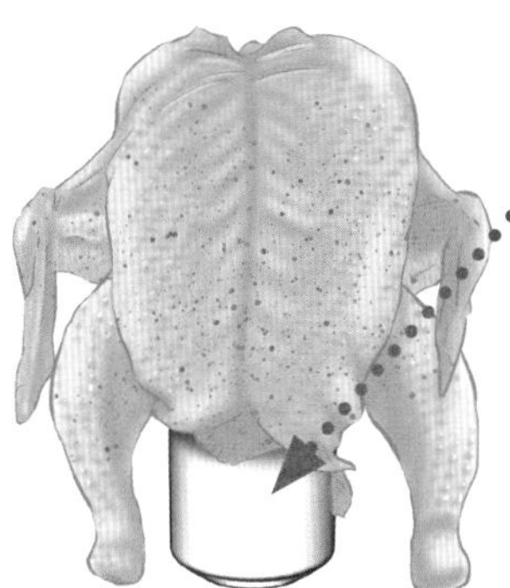

❸
닭 엉덩이의 구멍 부분을 벌려서 ❷에 씌우고 캔의 절반 정도까지 넣는다.

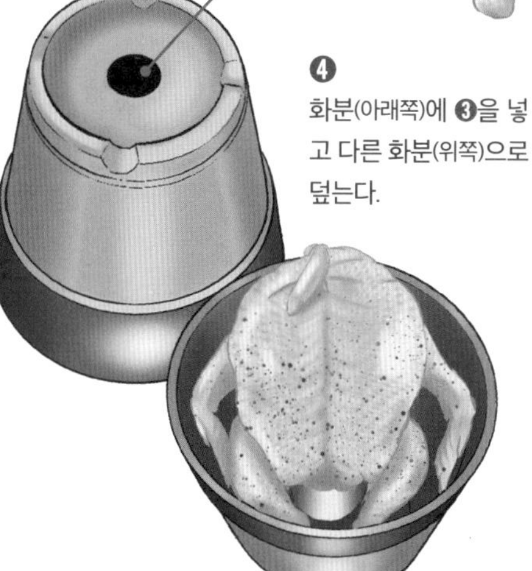

❹
화분(아래쪽)에 ❸을 넣고 다른 화분(위쪽)으로 덮는다.

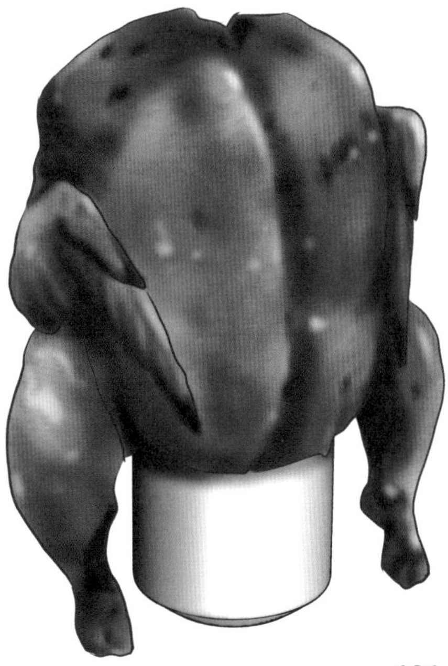

❺
모닥불 또는 숯불의 '숯'으로 1시간가량 구우면 완성이다.

훈제용 스모커로 어묵, 치즈, 삶은 계란 훈제하기

훈제 음식은 목재를 잘게 잘라 만든 칩을 연기가 많이 나오게 태워서 연기의 성분인 페놀화합물로 살균 및 항균화 작용(부패를 늦추는 작용)을 일으켜 오래 보관할 수 있게 만든 보존식품이다. 훈제법에는 3가지※가 있는데 여기서 소개하는 방법은 '열훈법'이다. 목재 칩이 아니라 녹찻잎과 설탕을 사용해 다소 달콤한 향과 맛을 내는 훈제법이다. 육류나 생선은 미리 염장을 해서 재료의 수분을 빼고 말린 후 훈제를 시작한다. 스모커도 주방에 있는 도구로 손쉽게 만들 수 있다.

※ 스모커(훈제기)의 온도 15~25℃에서 1~3주 동안 연기를 쐬는 '냉훈법', 30~80℃에서 3~8시간 동안 연기를 쐬는 '온훈법', 80℃ 이상에서 몇 분~1시간 동안 연기를 쐬는 '열훈법'이 있다.

스모커 세팅하기

재료

- 볼(지름 28 ~ 29cm, 스테인리스 소재) : 2개
- 석쇠(지름 24 ~ 28cm의 원형 또는 한 변이 20cm인 각형) : 1개

각형을 사용할 때는 테두리를 펜치로 구부려 볼 형태에 맞춰 사용한다.

- 목장갑 또는 가죽장갑 (뚜껑을 제거할 때 사용)
- 알루미늄 포일
- 휴대용 가스버너

❶
휴대용 가스버너 위에 볼 1개를 올린다.

볼 바닥에 알루미늄 포일을 잘라서 깐다.

볼 안쪽은 연기로 냄새가 밴다. 냄새가 신경 쓰인다면 볼 안쪽 전체를 알루미늄 포일로 두르자.

❸
재료를 넣을 석쇠를 볼 안쪽에 넣으면 완성이다.

다른 하나의 볼은 나중에 뚜껑으로 사용한다.

어묵, 치즈, 삶은 계란 훈제하기

재료

- 녹찻잎 : 5~6큰술
- 설탕 : 2~3작은술
- 삶은 계란 : 3개
- 치즈
- 어묵

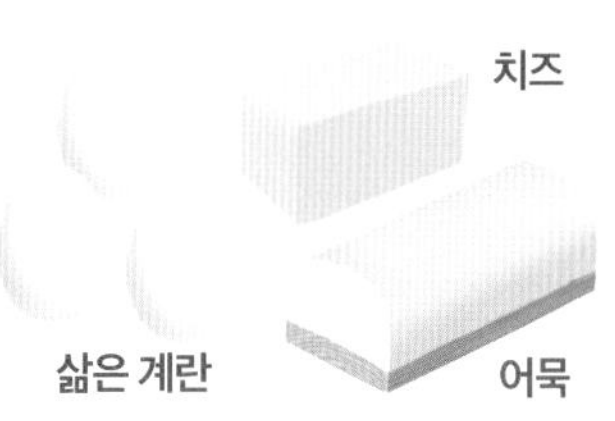

❶
석쇠를 일단 제거하고, 녹찻잎과 설탕을 섞은 것을 볼의 바닥에 깐 알루미늄 포일 위에 펼친다.

설탕을 넣으면 달콤한 향과 맛이 나고 색도 진해진다.

❷
석쇠를 올리고 휴대용 가스버너에 불을 붙인다. 처음에는 강불, 연기가 나면 약불~중간불로 맞춘다.

❸
석쇠 위에 어묵, 치즈, 삶은 계란을 올리고 볼을 뚜껑처럼 사용해 닫는다.

식재료에 수분이 있으면 쓴맛이 날 수 있으므로 수분을 닦아 제거하자.

❹
뚜껑을 닫은 채 10~15분 기다렸다가 불을 끈다.

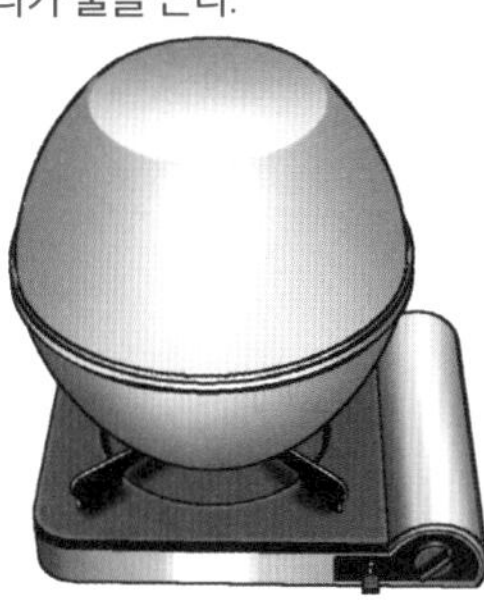

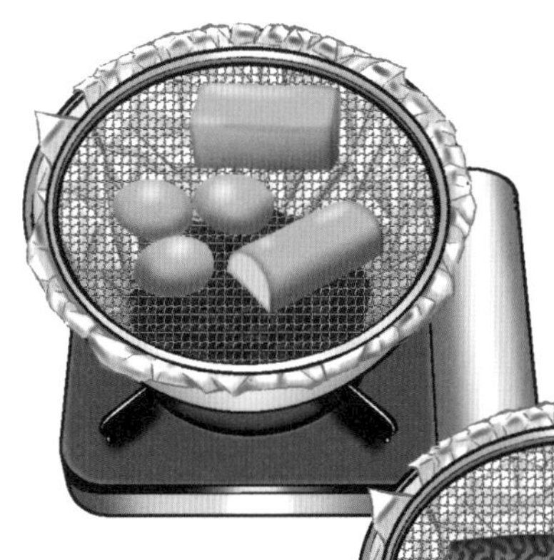

❺
뚜껑인 볼을 열어 식히면 완성이다.

바로 먹는 것보다 식혀서 열기를 완전히 뺀 다음에 먹는 것이 더 맛있다.

생선 훈제

반건조 생선은 염장해서 말린 것이다. 이는 생선을 훈제할 때 준비하는 과정과 동일하다. 즉 반건조 생선은 훈제에 적합한 식재료이다. 생선구이와 마찬가지로 고기에 충분히 열이 전달되도록 훈제 시간을 늘리면 아주 맛있는 훈제 요리가 완성된다.

비닐봉지로 중탕 조리법 도전하기

일종의 냄비 역할을 하는 비닐봉지에 재료를 넣어서 여러 가지를 한 번에 요리할 수 있는 편리한 조리법이다. 처음에는 재해 시 조리법으로 알려졌으나, 단시간에 간단하고 맛있는 음식을 친환경적으로 만들 수 있어 최근 일상 조리법으로도 주목을 받고 있다. 굽는 요리가 아니므로 실패도 적고 많이 삶아도 괜찮다. 재료를 비닐봉지에 넣어 조리하므로 빗물 등을 사용해도 좋다. 재해 시에는 물론이고 캠핑할 때도 맛있게 즐길 수 있다.

비닐봉지 요리 준비

모닥불을 이용할 때는 온도 조절이 쉽지 않아 고온에 비닐봉지가 망가질 수 있으므로 주의해야 한다. 또한 열탕을 취급할 때는 화상에도 주의하자.

재료

- 비닐봉지
- 중탕용 물
- 휴대용 가스버너
- 냄비(큰 것)
- 접시나 채반
- 젓가락이나 집게

비닐봉지 요리의 6가지 포인트

❶ 봉지 하나당 1~2인분이 기준. 비닐봉지에 재료를 너무 많이 넣지 않도록 한다.
❷ 재료를 넣은 비닐봉지는 공기를 빼낸다.
❸ 공기가 빠지면 봉지 입구를 묶는다.
❹ 열이 잘 전달되도록 봉지를 넓게 펼친다.
❺ 비닐봉지가 열로 망가지지 않도록 냄비 바닥에 접시 또는 채반을 둔다.
❻ 끓기 시작하면 약불로 줄여 가열한다.

밥 짓기

조리의 기본인 밥 짓기에 도전하자. 씻은 쌀이 편리하지만 보통 쌀도 약간의 냄새만 괜찮다면 사용해도 된다.

재료

- 쌀 : 약 150g
- 식수 : 1컵(200mL)

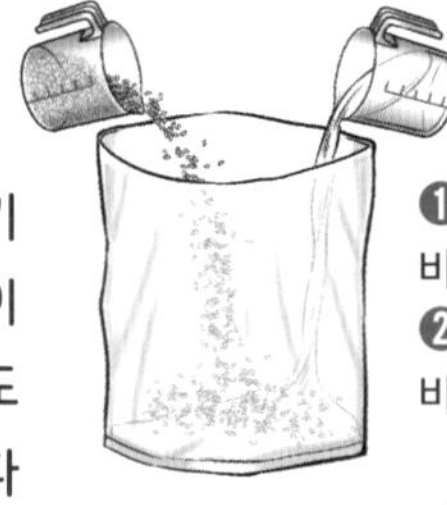

❶
비닐봉지에 쌀을 넣고 식수를 넣는다.

❷
비닐봉지의 공기를 빼고 입구를 묶어 30분가량 그대로 둔다.

❸
중탕용 물을 가열하고 끓기 시작하면 ❷를 넣고 30분 익힌다.
중탕용 물이 차가울 때 ❷를 넣고, 끓은 후 20분 더 익히면 더욱 맛있다.

❹
뜨거운 물에서 건져 10분 정도 기다리면 완성이다.

참치 통조림 카레

비축해 둔 통조림과 인스턴트 카레, 남는 채소로 만드는 카레다. 참치 통조림 이외에 고등어 통조림이나 장조림 통조림, 소시지 등을 넣어도 맛있다.

재료

- 참치 통조림 : 1/2캔
- 감자 : 80g
- 양파 : 80g
- 당근 : 30g
- 인스턴트 카레(고형) : 1개
- 식수 : 50mL

참치 통조림을 장조림으로, 카레를 스튜로 바꾸면 비프스튜가 된다.

계량컵이 없을 때는?

500mL 페트병을 5등분하면 거의 100mL이다. 페트병 뚜껑은 약 7.5mL이다. 이를 기억하여 물의 양을 재자.

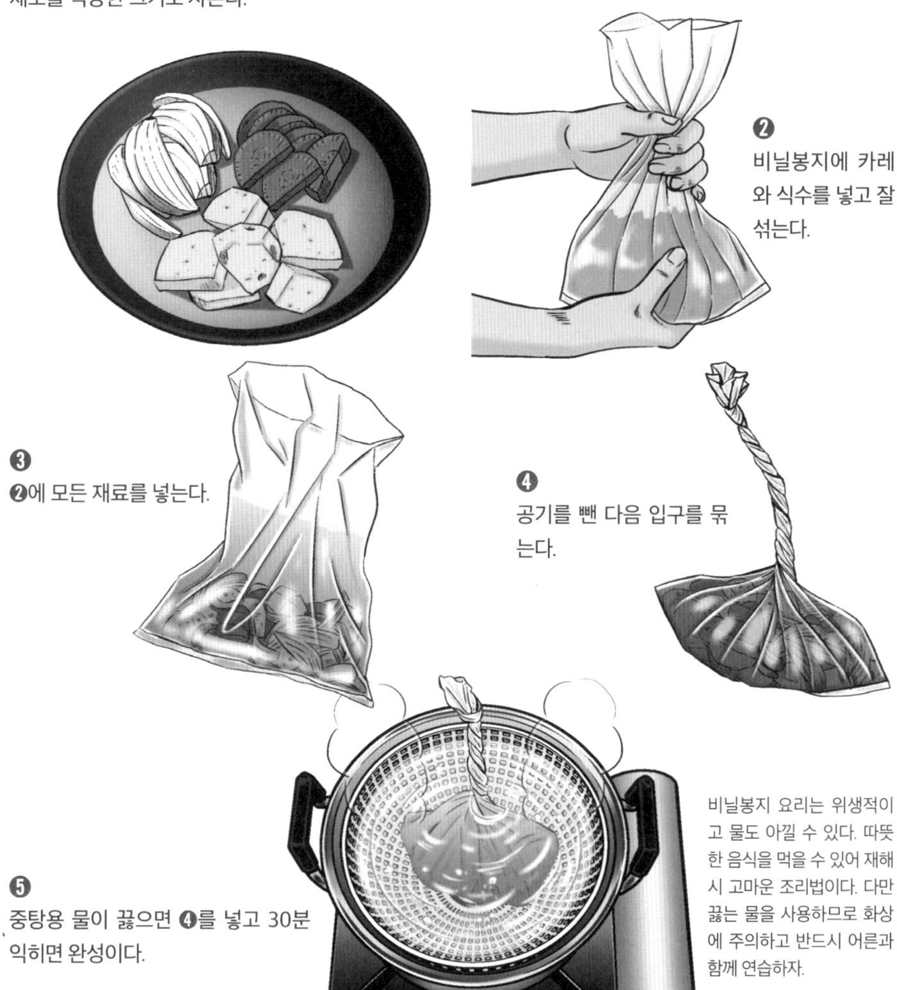

❶
채소를 적당한 크기로 자른다.

❷
비닐봉지에 카레와 식수를 넣고 잘 섞는다.

❸
❷에 모든 재료를 넣는다.

❹
공기를 뺀 다음 입구를 묶는다.

❺
중탕용 물이 끓으면 ❹를 넣고 30분 익히면 완성이다.

비닐봉지 요리는 위생적이고 물도 아낄 수 있다. 따뜻한 음식을 먹을 수 있어 재해 시 고마운 조리법이다. 다만 끓는 물을 사용하므로 화상에 주의하고 반드시 어른과 함께 연습하자.

찐빵풍 핫케이크

디저트나 주식 대용인 핫케이크도 비닐봉지로 만들 수 있다. 우유나 계란, 버터가 없으면 식수 100mL만 넣어도 된다.

재료

- 핫케이크 믹스 : 100g
- 우유 : 100mL
- 계란 : 1개
- 버터 : 1조각

❶ 비닐봉지에 버터를 넣고 잘 주물러서 녹인다.

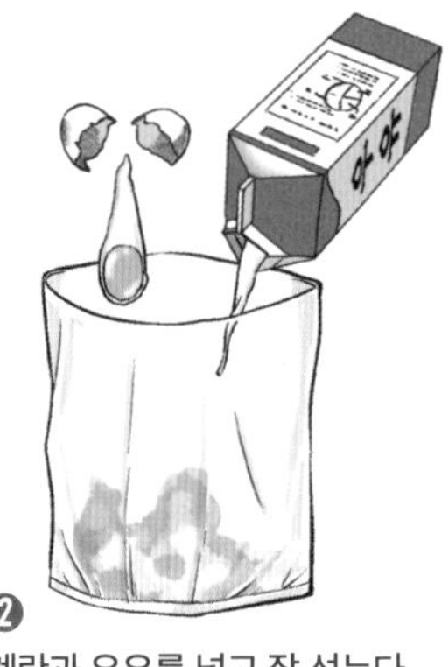

❷ 계란과 우유를 넣고 잘 섞는다.

❸ 핫케이크 믹스를 넣고 잘 섞는다.

❹ 공기를 빼고 입구를 묶는다.

❺ 중탕용 물을 가열하고 끓기 시작하면 ❹를 넣는다.

❻ 20분 지나면 위아래가 바뀌도록 뒤집는다.

❼ 추가로 20분 더 익히면 완성이다.

포토푀

'서양식 어묵탕'이다. 소시지나 베이컨을 끓인 국물이 전체적인 맛의 베이스가 된다. 고형 콩소메(일본의 조미료로 원래는 프랑스의 맑은 수프 요리에서 유래했다-옮긴이)가 없다면 소량의 간장과 소금을 넣어 조리해도 된다.

재료

- 소시지 : 3~5개
  (또는 베이컨 30g)
- 감자 : 50g
- 양파 : 50g
- 당근 : 30g
- 양배추 : 50g
- 고형 콩소메 : 1개
- 식수 : 150mL

❶
채소를 적당한 크기로 자른다.

❷
모든 재료를 비닐봉지에 넣는다.

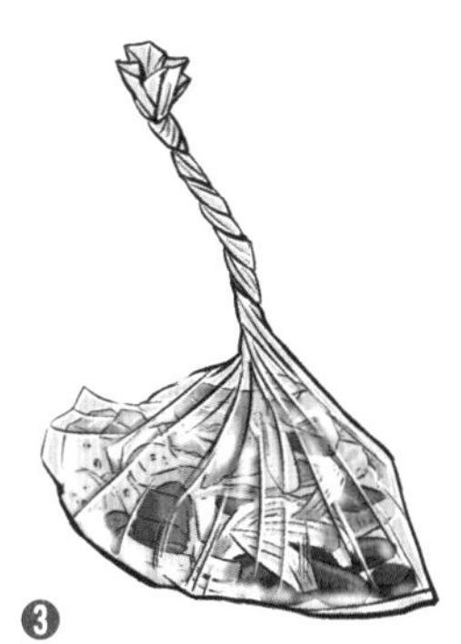

❸
공기를 빼고 입구를 묶는다.

❹
중탕용 물을 가열하고 끓기 시작하면 ❸을 넣는다.

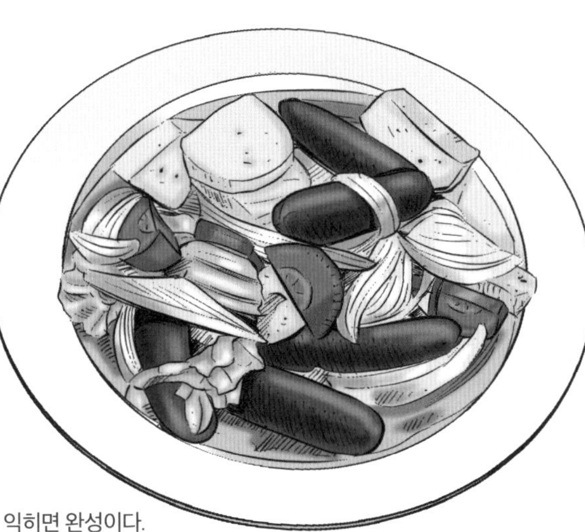

❺
30분 익히면 완성이다.

도구를 직접 만들자

서바이벌이란 '위기 상황을 극복하여 살아남는 것, 또는 이를 위한 방법이나 기술'을 의미한다. 재해가 일어난 후에 수도, 가스, 전기 등 일상생활에 필요한 기반 시설이 모두 파괴되고 대피소로 이동할 수도 없다면 여러분은 그 자리에서 바로 서바이벌 상황에 놓인다. 식수와 불을 확보하고 요리를 할 수 있는 능력이 있더라도 서바이벌을 위해서는 다양한 도구가 필요하다. 지금 가지고 있거나 주변에 있는 물건을 이용하여 스스로 만들어 보자.

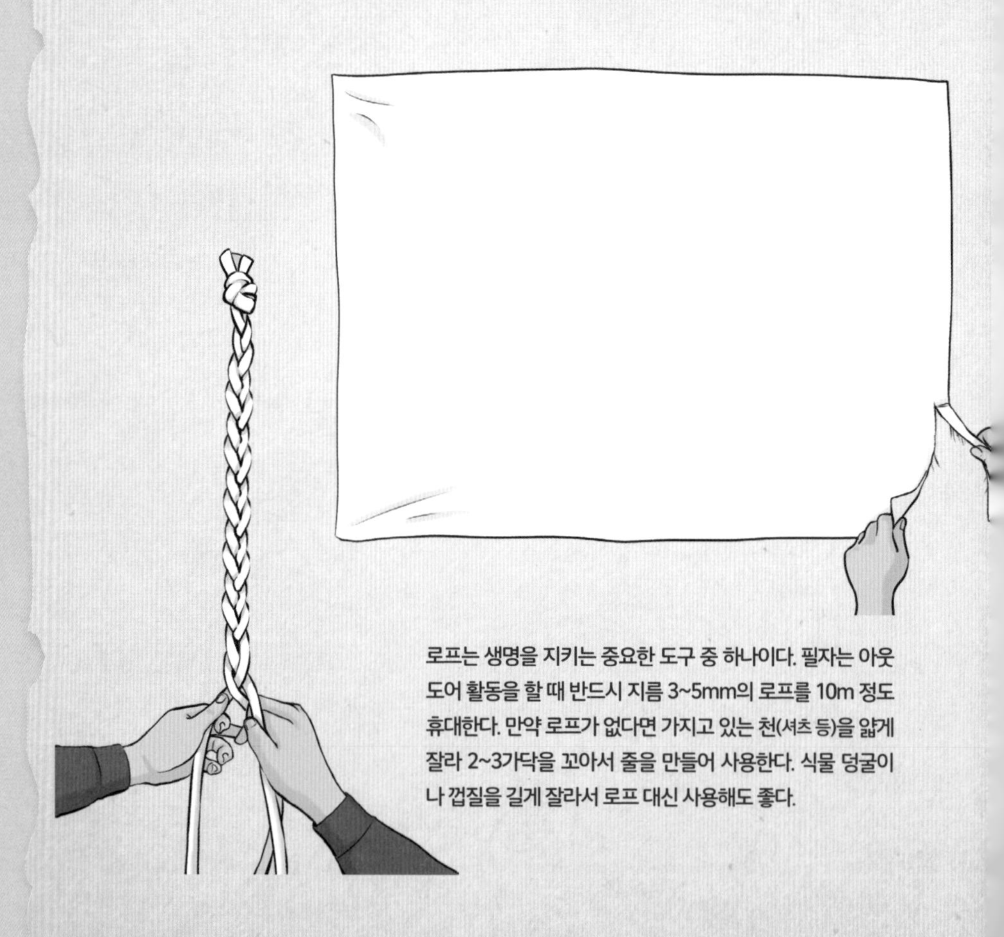

로프는 생명을 지키는 중요한 도구 중 하나이다. 필자는 아웃도어 활동을 할 때 반드시 지름 3~5mm의 로프를 10m 정도 휴대한다. 만약 로프가 없다면 가지고 있는 천(셔츠 등)을 얇게 잘라 2~3가닥을 꼬아서 줄을 만들어 사용한다. 식물 덩굴이나 껍질을 길게 잘라서 로프 대신 사용해도 좋다.

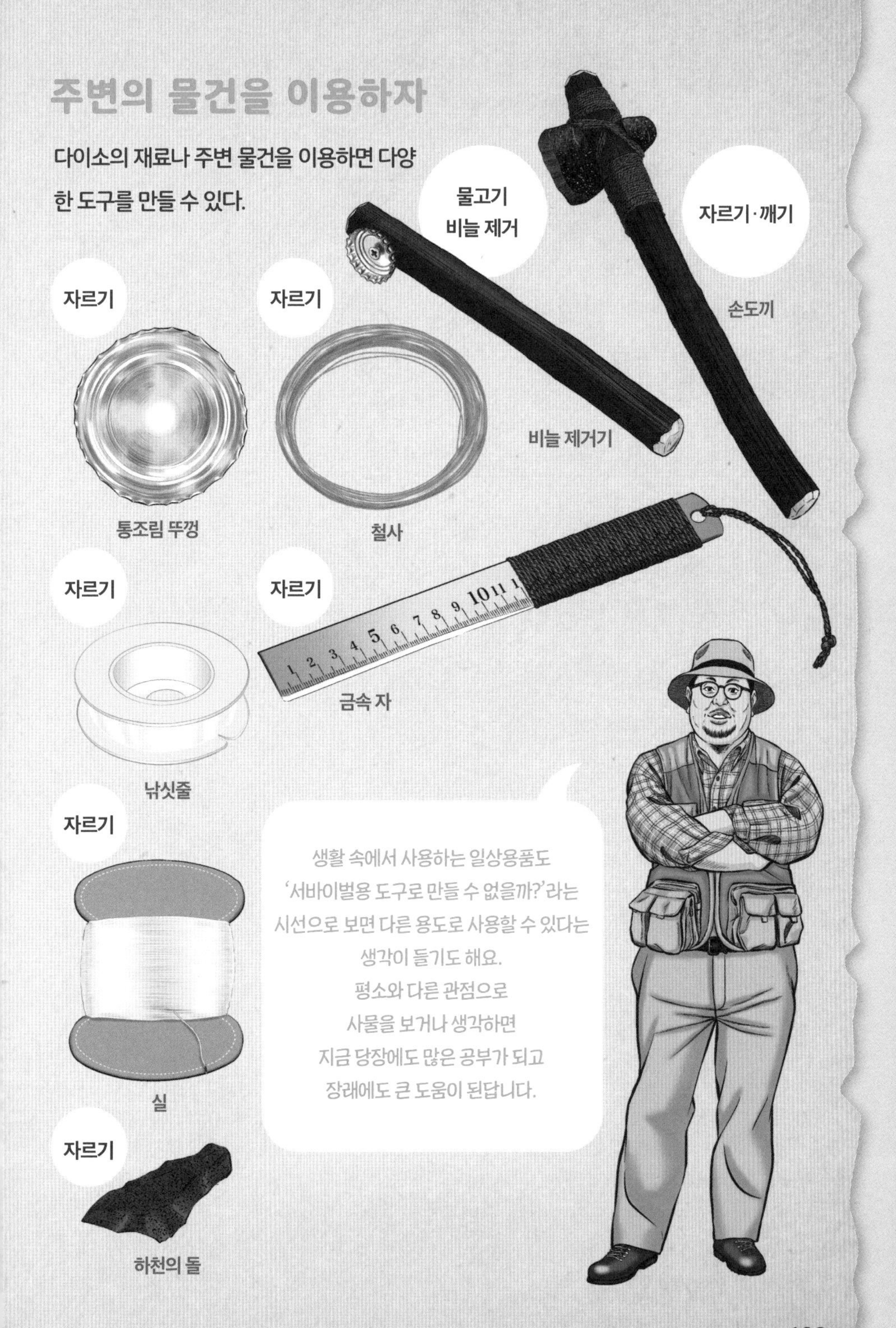
주변의 물건을 이용하자
다이소의 재료나 주변 물건을 이용하면 다양한 도구를 만들 수 있다.
물고기 비늘 제거
자르기·깨기
손도끼
자르기
자르기
비늘 제거기
통조림 뚜껑
철사
자르기
자르기
금속 자
낚싯줄
자르기
생활 속에서 사용하는 일상용품도 '서바이벌용 도구로 만들 수 없을까?'라는 시선으로 보면 다른 용도로 사용할 수 있다는 생각이 들기도 해요. 평소와 다른 관점으로 사물을 보거나 생각하면 지금 당장에도 많은 공부가 되고 장래에도 큰 도움이 된답니다.
실
자르기
하천의 돌

39

자르는 도구 만들기

잡은 물고기를 요리할 때도, 움막을 짓기 위해 나무나 로프를 자를 때도 자르는 도구가 필요하다. 자르는 도구는 칼이나 톱, 도끼와 같은 금속이 일반적이지만, 두꺼운 철 등을 가공해서 칼을 만들려면 고도의 기술과 시간이 필요하다. 그럼 어떻게 하면 좋을까? 주변의 물건을 이용해서 자르는 도구를 대신하면 된다. 필자가 자주 가는 라멘 가게의 기둥에는 못이 박혀 있고 거기에 실이 걸려 있다. 삶은 계란을 추가로 주문하면 그 실을 손가락으로 팽팽하게 당겨 싹둑 잘라 토핑해서 내준다. 이처럼 실은 자르는 도구를 대신할 수 있다.

실 사용하기

실을 가능한 한 팽팽하게 당겨서 자르는 것이 요령이다. 실의 한쪽 끝을 손가락에 감거나 무언가에 고정해 팽팽하게 당기면 좋다. 삶은 계란 이외에 오이나 토마토, 소시지 등도 자를 수 있다.
낚싯줄이나 철사로 자를 수 있는 것도 다양하다.

주의 일러스트는 설명을 위해 맨손으로 묘사했지만 실제 도구를 취급할 때는 손이 베이지 않도록 목장갑을 착용하자.

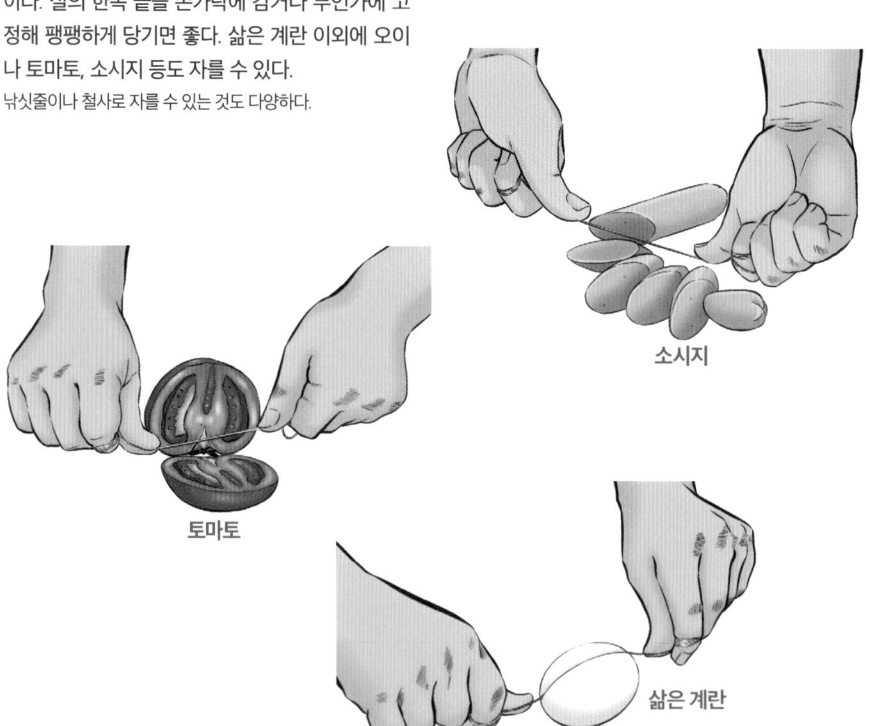

통조림 따개로 울퉁불퉁하게 자른 뚜껑 사용하기

통조림 따개로 자른 뚜껑은 톱처럼 사용
할 수 있다. 빵을 자를 때 편리하다.

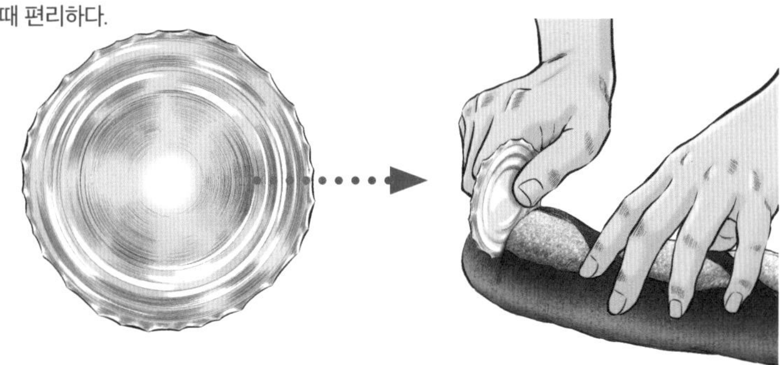

통조림 뚜껑으로 칼 만들기

통조림 따개가 필요 없는 일명 '원터치' 통조림의 뚜껑을 다
듬으면 테두리를 칼처럼 날카롭게 만들 수 있다. 고기나 생
선을 자를 때 편리하다.

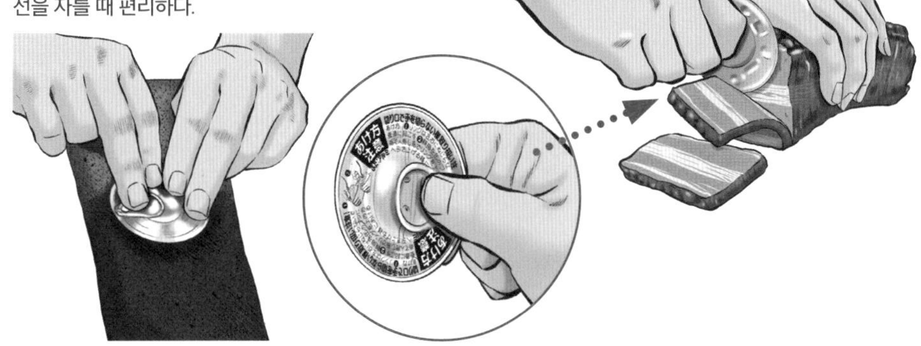

금속 자로 칼 만들기

다이소에서 구할 수 있는 20cm 금속 자를 숫돌 대신에 평평한
돌에 갈아 칼을 만든다. 가는 시간은 다소 오래 걸려도 제법 근사
한 칼을 만들 수 있다.

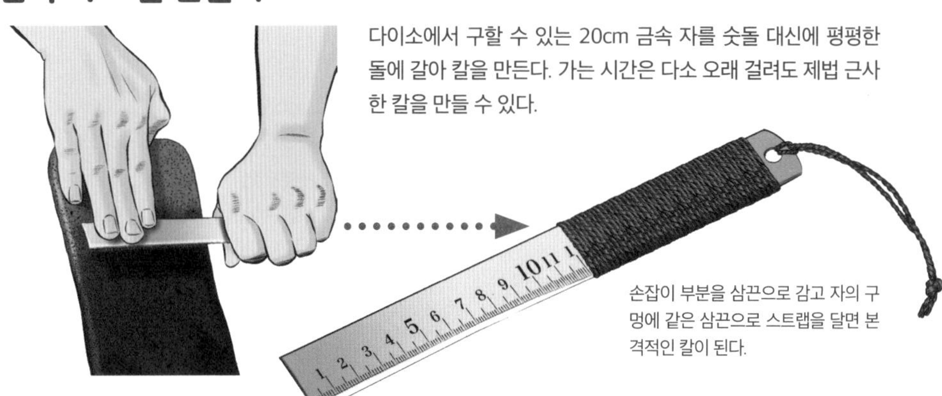

손잡이 부분을 삼끈으로 감고 자의 구
멍에 같은 삼끈으로 스트랩을 달면 본
격적인 칼이 된다.

병뚜껑 사용하기

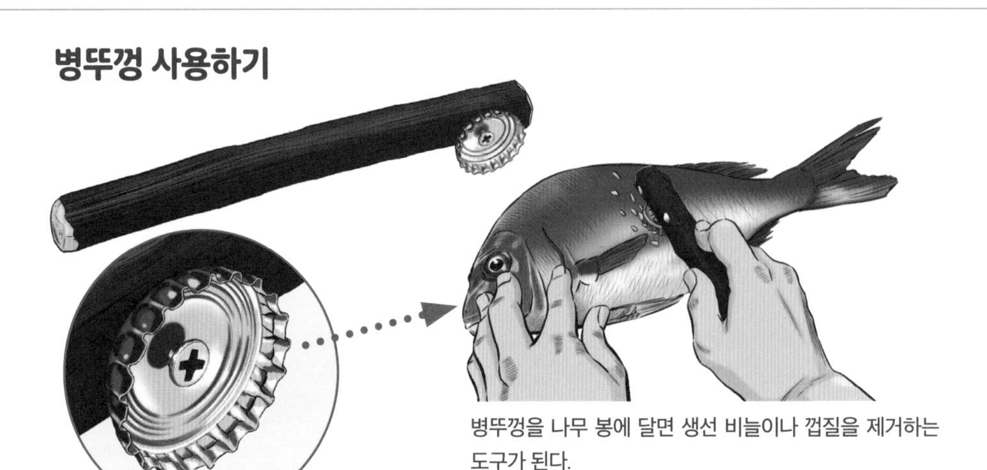

병뚜껑을 나무 봉에 달면 생선 비늘이나 껍질을 제거하는 도구가 된다.

하천의 돌로 손도끼 만들기

하천에서 도끼 모양을 한 검고 단단한 돌을 골라 거칠고 평평한 돌에 갈면 도끼날을 만들 수 있다. 그대로 사용해도 되지만 나무 봉의 끝을 쪼개고 사이에 돌을 끼워 끈으로 고정하면 손도끼가 된다.

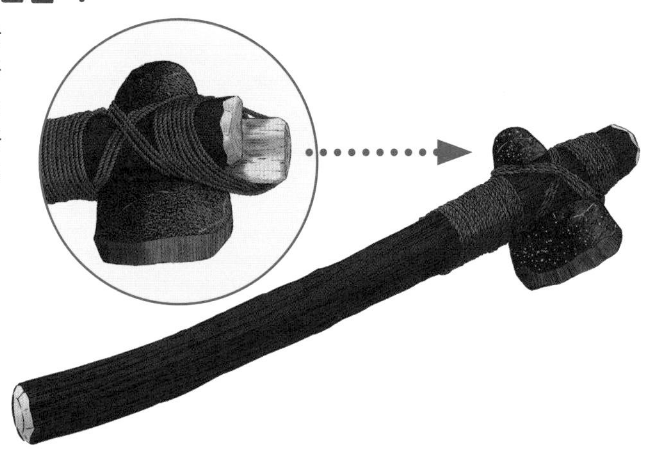

하천의 돌로 칼 만들기

하천에서 양갱처럼 다소 투명한 돌을 찾아 깨면 파편이 얇게 쪼개져서 칼날처럼 된다. 그대로 자르는 도구로 사용할 수 있다.

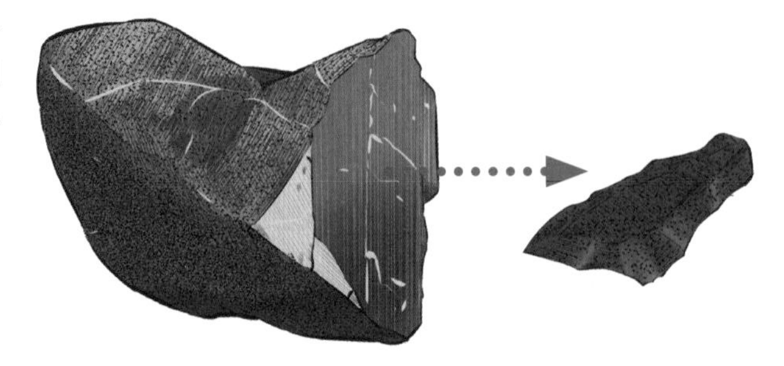

이동 도구 만들기

이동 시에는 위험에 노출될 가능성이 있다. 만약 여러분이 조난하거나 서바이벌 상황에 놓인다면 더욱 그렇다. 목적 없이 이동하기보다는 지금 장소가 안전하다면 움직이지 않는 편이 좋다. 그것이 구조대에게 발견될 가능성이 높기 때문이다. 하지만 추가로 재해가 일어나 지금의 장소가 안전하지 않다면 이동을 고민해야 한다. 물건을 들고 안전하게 이동하려면 가방이나 배낭이 필요하지만 적합한 가방이나 배낭이 없다면 주변의 물건으로 만들어야 한다. 생존을 위해 짐을 안전하게 옮길 수 있는 도구를 만들어 보자.

지게 만들기

지게는 큰 물건이나 상자 등을 짊어지고 옮길 수 있는 편리한 도구이다. 소개하는 도구는 아웃도어 활동 시 쉽게 만들 수 있다.

재료

- 장대 3개(좌우 : 겨드랑이 아래에서 손가락 끝까지의 길이로 2개 / 아래 : 팔꿈치에서 손가락 끝까지의 길이로 1개)
- 두꺼운 로프

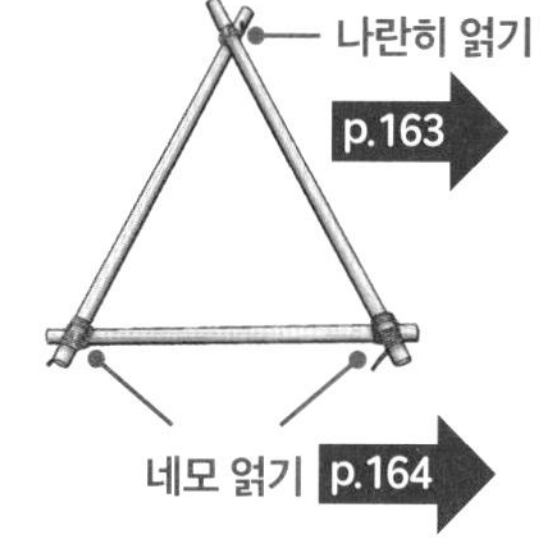

❶
좌우 2개의 나무 봉은 '나란히 얽기'로 고정하고, 아래쪽 장대와 연결되는 양쪽 끝은 각각 '네모 얽기'로 고정한다.

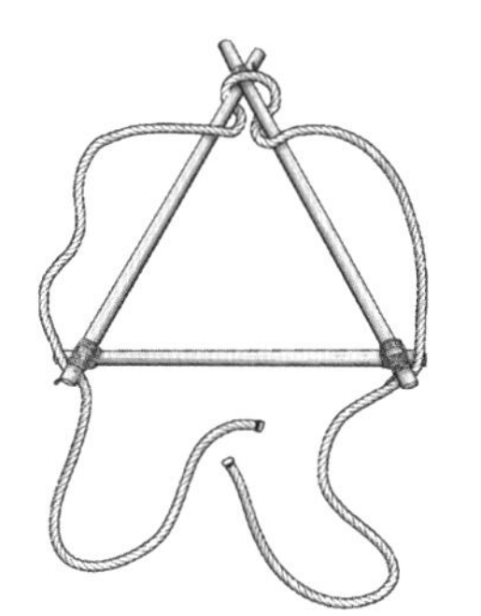

❷
지게를 짊어질 때는 두꺼운 로프를 먼저 삼각형 상단에 그림과 같이 엮고, 좌우 2개의 로프 각각에 겨드랑이를 넣을 수 있게 감은 다음, 남는 로프를 배 앞에서 묶으면 좋다.

짐은 아래의 나무 봉에 올리거나 동여맨 후 로프나 끈으로 떨어지지 않도록 고정한다.

트레보이 만들기

트레보이는 북미 원주민이 사용했던 운반 도구다. 우리도 옛날에 비슷한 도구를 사용했었다. 짐을 로프로 동여매고 스스로 끌거나 말이나 소가 끌도록 했다. 바퀴가 없어서 매우 힘들 것 같지만 의외로 크고 무거운 짐을 어렵지 않게 이동시킬 수 있다.

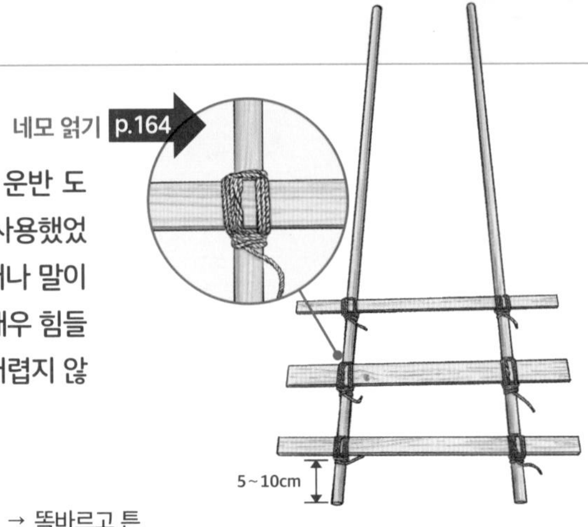

짐받이가 될 나무 봉이나 널빤지를 손잡이용 2개의 장대에 '네모 얽기'로 고정한다. 당길 때 2개의 장대 끝이 마모되므로 끝에 다는 짐받이용 나무 봉이나 널빤지는 끝에서 5~10cm 정도 높게 고정한다.

재료

- 장대(손잡이용. 길이 2m × 지름 3~5cm) : 2개 → 똑바르고 튼튼한 것. 짐받이가 올라갈 부분은 칼로 평평하게 깎아 둔다.
- 나무 봉이나 널빤지(짐받이용) : 3개
- 로프

1장의 천으로 배낭 만들기

방수포나 담요, 시트나 커튼 등 주변의 큰 사각형 천을 끈이나 로프로 묶어서 손쉽게 말굽 모양의 배낭을 만들 수 있다. 여러 물건을 한 번에 담아 이동할 수 있고, 어깨로 멜 수 있어서 양손이 자유롭다.

재료

- 천 또는 시트
- 끈 : 4개

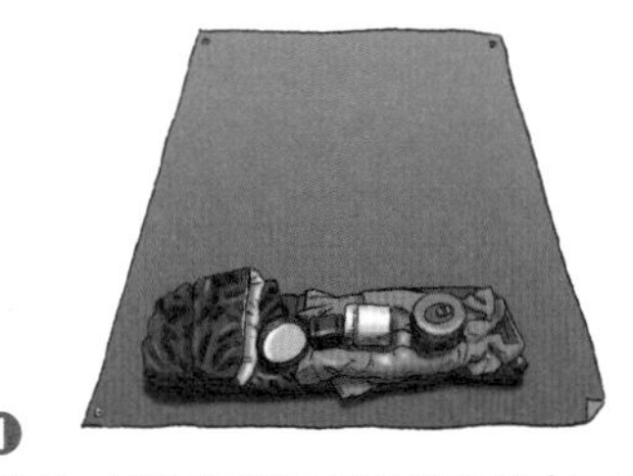

❶
천 또는 시트를 펼치고 짐을 한쪽 끝에 둔 뒤에 짐이 놓인 곳부터 천 또는 시트를 둘둘 만다.

❷
통 모양이 되었다면 양쪽 끝과 중앙의 2군데를 묶는다.

❸
양쪽 끝을 끈끼리 묶는다.

❹
한쪽 어깨로 둘러멘다.

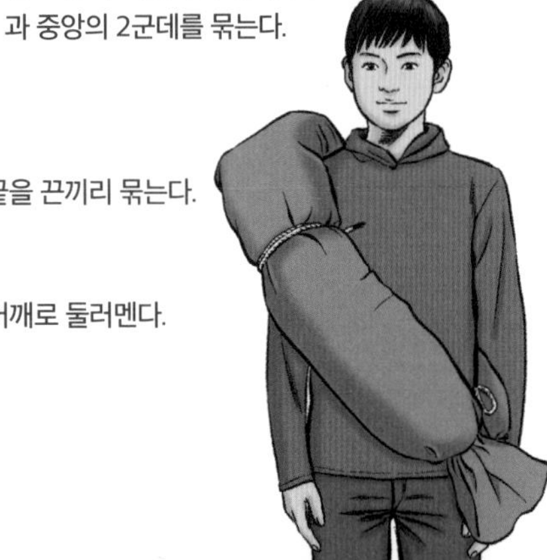

긴 바지로 배낭 만들기

긴 바지와 끈 또는 로프로 만드는 배낭이다. 어깨로 짊어지므로 양손이 자유롭고 무거운 짐도 운반하기 편리하다.

재료

- 긴 바지
- 끈 또는 로프 : 2개

❶
긴 바지의 양쪽 발목 부분을 끈이나 로프로 묶는다.

❷
끈이나 로프의 남는 부분을 바지의 벨트 넣는 부분에 통과시켜 묶으면 완성이다.

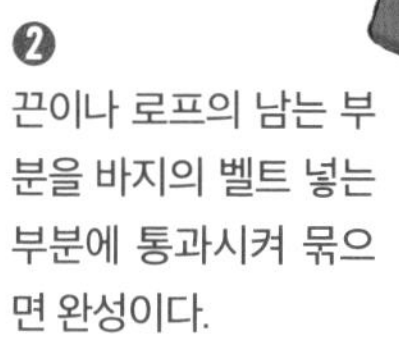

끈이나 로프의 길이를 조정하면 알맞은 사이즈를 만들 수 있다.

썰매 만들기

눈이나 빙판 위를 이동할 때는 '썰매'가 좋다. 짐은 판초 우의 등 방수 재질에 담고 짐받이에 단단히 묶자.

재료

- 2갈래로 나누어진 큰 나뭇가지
- 나무 봉 또는 널빤지(짐받이용) : 3개
- 끈 또는 로프

❶
2갈래로 나누어진 큰 나뭇가지 끝을 구부려서 전체가 휘도록 끈 또는 로프로 묶는다.

❷
짐받이용 나무 봉 또는 널빤지를 설치한다(휜 나뭇가지를 보강하는 역할도 한다).

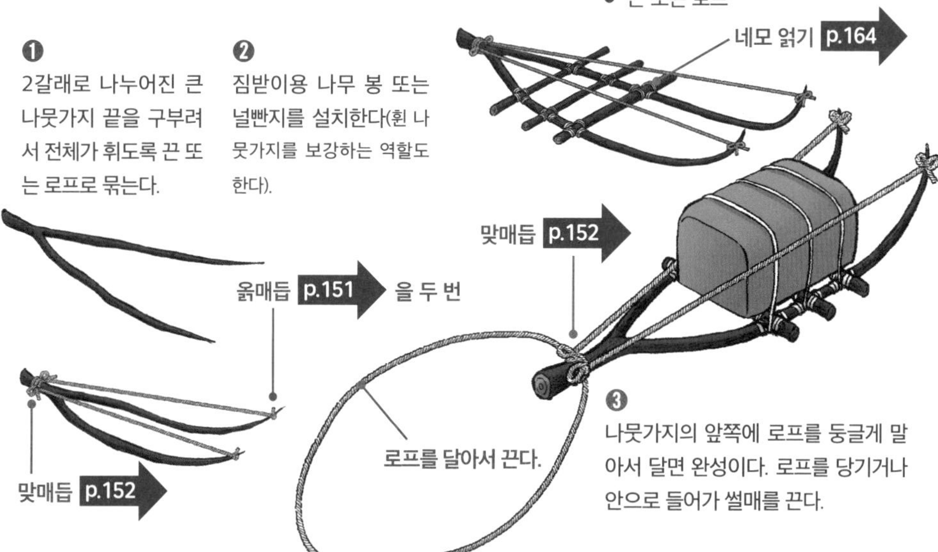

❸
나뭇가지의 앞쪽에 로프를 둥글게 말아서 달면 완성이다. 로프를 당기거나 안으로 들어가 썰매를 끈다.

재생종이밴드로 가방 만들기

재생종이밴드는 우유팩, 종이상자 등을 재가공해 색을 입혀 만든 밴드이다. '에코페이퍼아트'라고 해서 재활용품을 활용해 새로운 가치를 창출하는 업사이클링 공예의 재료로 사용된다. 수공예용품점 등에서 구할 수 있는 재생종이밴드로 가방을 만들어 보자.

재료 및 도구

- 재생종이밴드(이하 밴드, 폭 약 1.5cm) : A(길이 550cm), B(길이 405cm)
- 삼끈 : a(길이 120cm) 2개, b(길이 200cm) 3개
- 누름돌(무거운 책이나 병 등)
- 송곳
- 가위
- 자(30cm)
- 연필 또는 사인펜

일러스트에서는 밴드A의 가로·세로를 알기 쉽도록 파란색(6개)과 빨간색(4개)으로 구분했다.

1. 밴드 준비하기

❶ 밴드A는 55cm × 10개, 밴드B는 45cm × 9개로 자르고, 밴드A는 한쪽 끝에서 24cm 부분에 연필로 표시해 둔다.

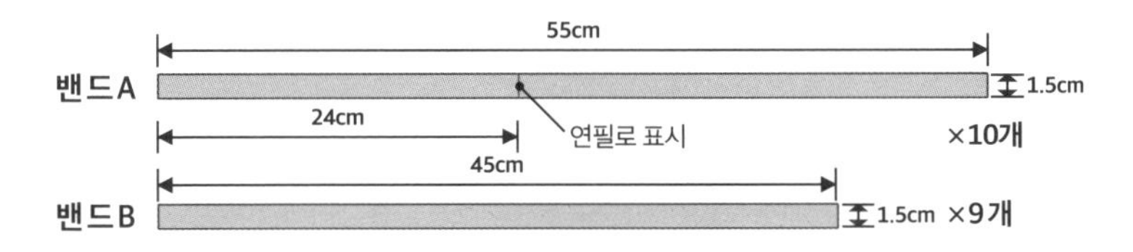

2. 바닥 짜기

❷ 밴드A 6개를 표시에 맞춰 세로로 늘어놓는다.

❸ 삼끈a 1개를 2가닥으로 접어 가운데를 왼쪽 끝의 밴드에 걸고, 표시한 위치에 맞춰 삼끈을 교대로 통과시킨 다음에 오른쪽 끝에서 묶는다.

6개가 어긋나지 않도록 누름돌을 가장자리에 올려 고정한다.

가능한 한 틈이 벌어지지 않도록 삼끈을 단단히 건다.

밴드 가장자리에 누름돌을 올려 둔다.

2개째 이후의 밴드는 세로 밴드 1개분씩 어긋나게 짠다.

세로 밴드의 표시를 가로 밴드의 왼쪽 끝에 맞춘다.

❹
남은 밴드A 4개를 세로 밴드에 2개 간격으로 통과시키며 짠다.

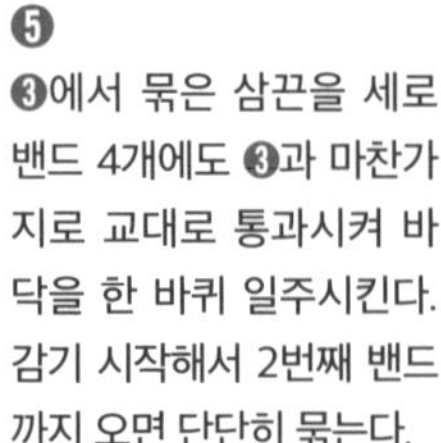

❺
❸에서 묶은 삼끈을 세로 밴드 4개에도 ❸과 마찬가지로 교대로 통과시켜 바닥을 한 바퀴 일주시킨다. 감기 시작해서 2번째 밴드까지 오면 단단히 묶는다.

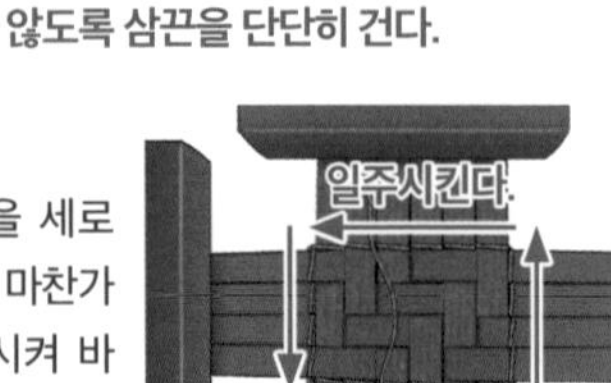

3. 옆면 세워 올리기

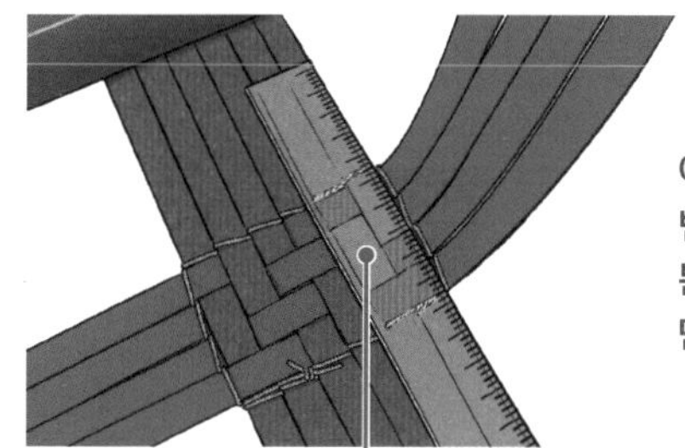

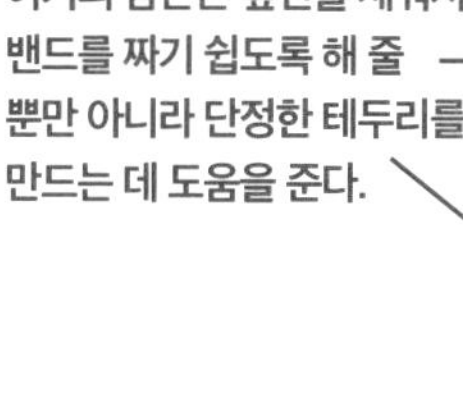

❻
한 바퀴 일주시킨 삼끈 부분을
접어 밴드를 세운다.

❼
밴드A 위에 다른 1개의 삼끈을 걸고 ❸, ❺와 마찬가지로 감기 시작해서 2번째 밴드까지 한 바퀴 일주시키고 묶는다. 단, 삼끈은 도중에 묶지 않는다.

4. 옆면 짜기

❽
45cm 밴드B를 아래에서 1단씩 짠다.

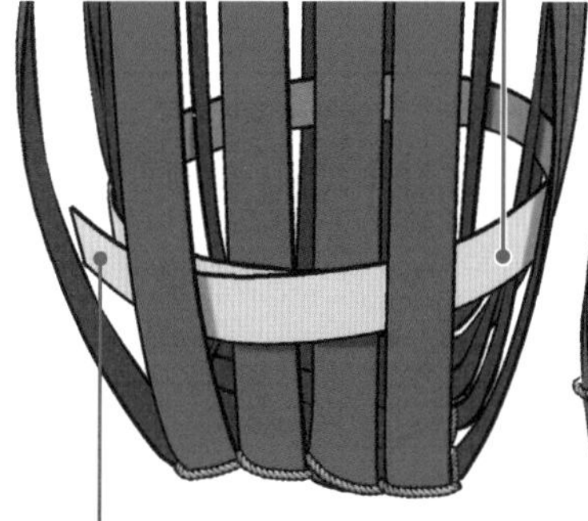

❾
2단 이후는 ❹와 같은 방식으로 시작점을 1개씩 어긋나도록 해서 8단까지 짠다.

옆면을 짤 때 1~3단까지는 흔들려서 짜는 데 애를 먹을 수 있지만 4단부터는 단단히 짤 수 있다. 가로, 그리고 상단과 하단의 틈이 벌어지지 않도록 꼼꼼하게 짜자.

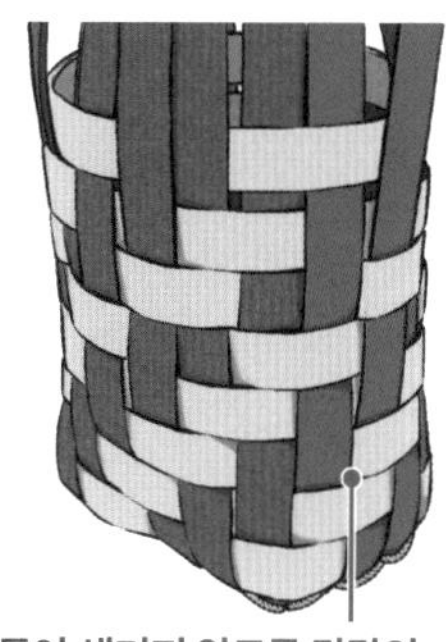

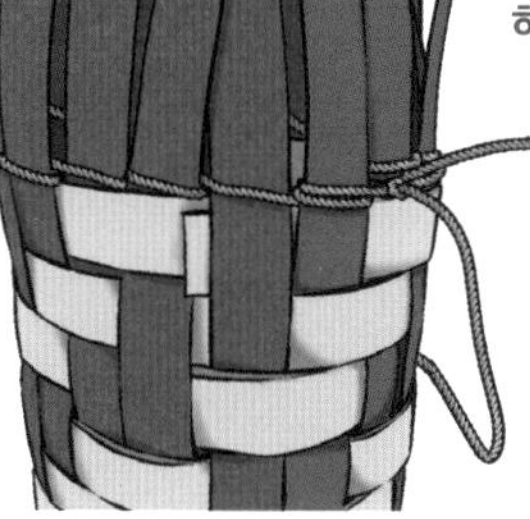

❿
❼의 삼끈을 8단의 위에 오도록 내리고 단단히 졸라맨 후에 안쪽에서 묶는다.

5. 테두리 정리하기

⑪
세로 밴드를 삼끈 위 6cm 지점에서 사선으로 자른다.

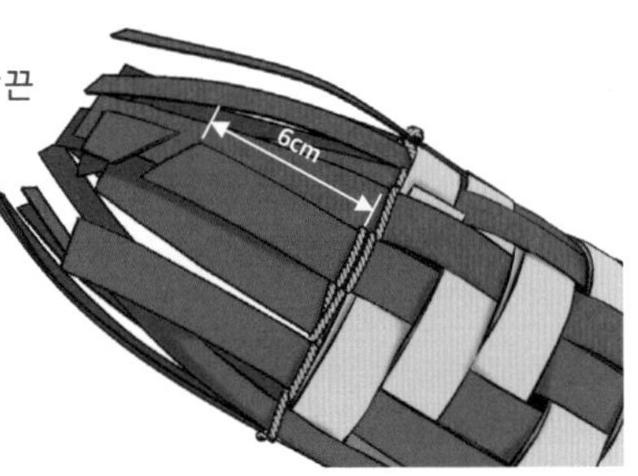

⑫
남은 밴드B 1개를 삼끈의 위, 세로 밴드의 바깥쪽에 감아 테두리의 심으로 삼는다.

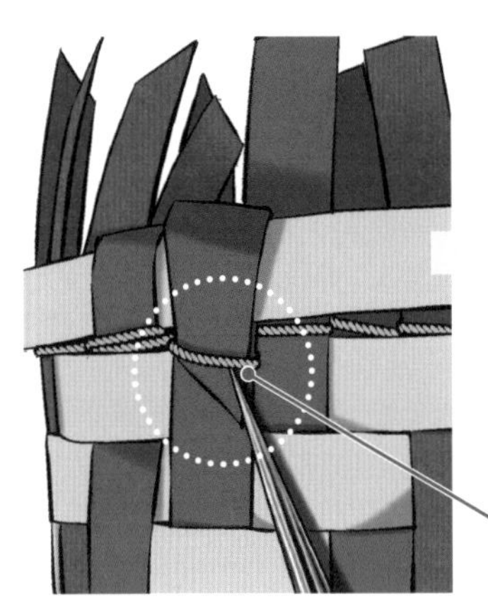

짠 밴드 전체가 헐렁하지 않도록 단단히 졸라맨다.

⑬
세로 밴드를 바깥쪽으로 접고 테두리의 심을 덮듯이 송곳으로 삼끈의 틈으로 넣는다.

6. 어깨끈을 달아서 완성하기

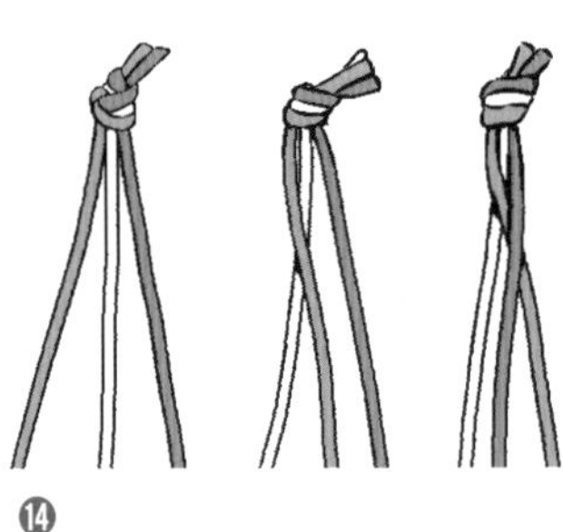

⑭
삼끈b 3개를 그림과 같이 3줄 땋기를 한다.

⑮
그림의 위치에 구멍을 뚫고 땋은 삼끈을 통과시켜 안쪽에서 매듭을 짓고 완성한다.

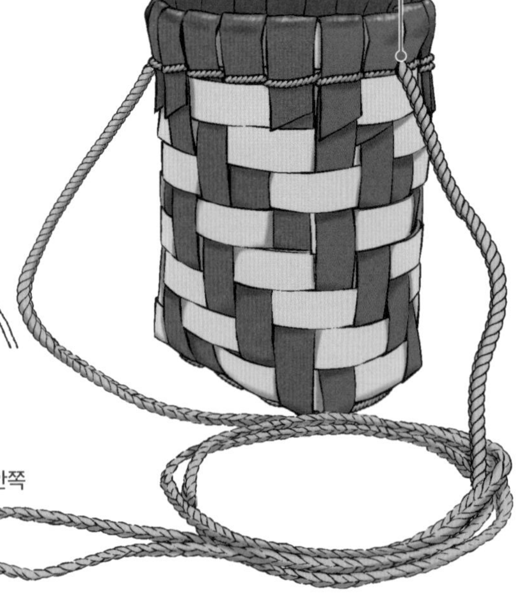

삼끈 위 틈새에 어깨끈이 통과할 구멍을 송곳으로 뚫는다.

신발이 망가졌을 때의 대처법

만약 이동 중에 신발이 망가지면 여러분은 어떻게 할 것인가? 잔디밭이라면 맨발로도 괜찮을지 몰라도, 자갈길이나 태양이 내리쬐는 사막을 맨발로 걷기는 힘들다. 상처라도 나면 목숨에도 영향을 미칠 수 있다. 주변의 재료를 이용하여 해결해 보자.

천으로 샌들 만들기

1장의 천으로 발을 감아 샌들을 만든다. 발바닥과 천 사이에 종이 박스나 스펀지, 풀 등을 넣으면 더 편하게 걸을 수 있다. 만약 신발을 사용할 수 있다면 신은 채 그대로 감아도 좋다.

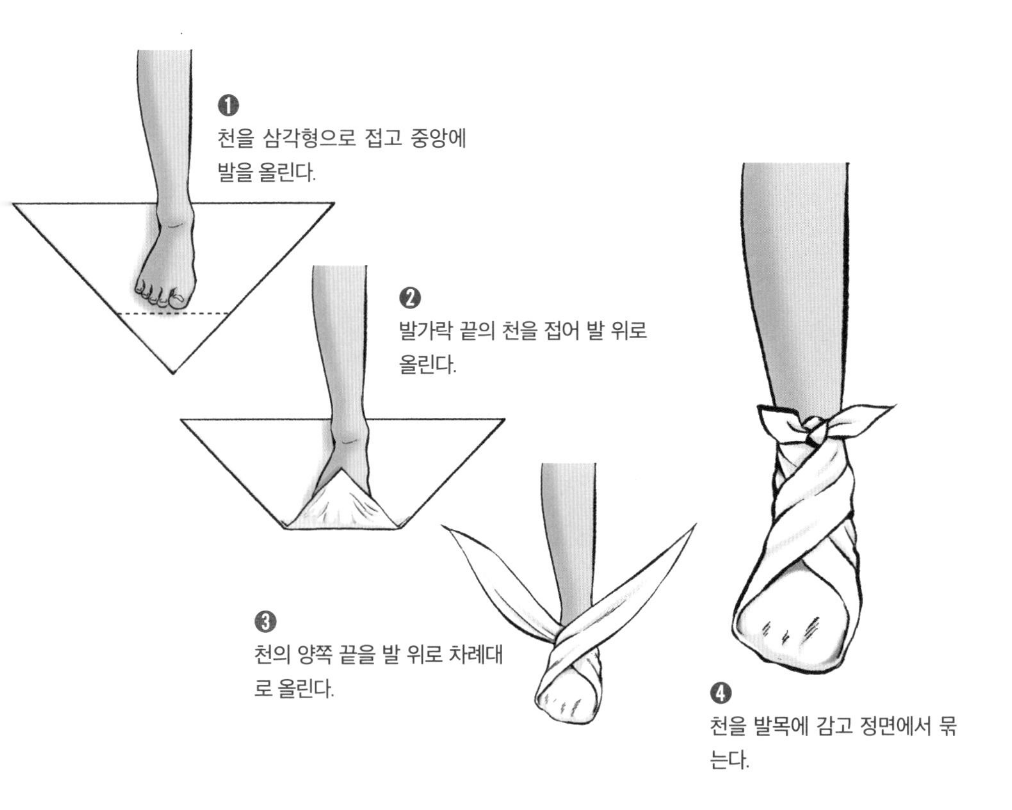

페트병으로 샌들 만들기

자갈길이나 열로부터 발을 보호할 수 있다.
신발 바닥이 망가졌을 때 이 방법을 응용해도 좋다.

❶
그림과 같이 페트병을 납작하게 구긴 후 입구 쪽 한 곳과 바닥 쪽 두 곳에 구멍을 뚫고 입구 쪽 구멍에 끈을 통과시킨다.

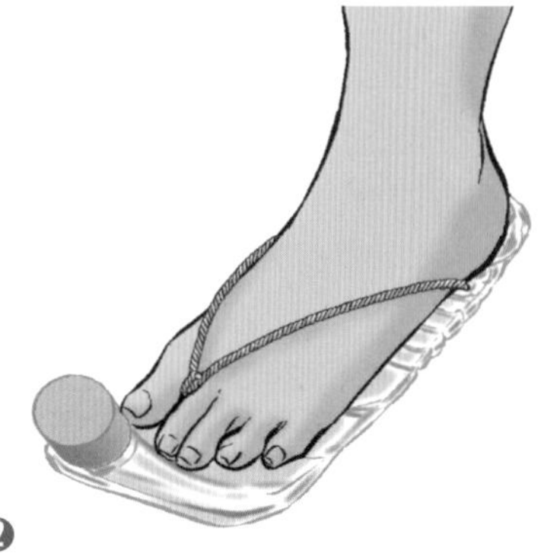

❷
발을 올리고 엄지와 검지 발가락 사이로 끈을 빼서 발이 고정되도록 바닥 부근 구멍에 넣어 묶는다.

설피 만들기

설피는 눈에 빠지지 않도록 신는 덧신이다. 여기서는 나뭇가지나 막대기를 사용해서 만들어 보자.

❶
나뭇가지를 천천히 구부려 그림과 같은 형태의 프레임을 만든다. 타원형으로 구부렸을 때의 앞뒤 길이는 신발보다 약 2배 큰 것이 좋다.

❷
나뭇가지의 양 끝을 그림과 같이 다듬고 끈으로 맞춰 묶는다(묶는 쪽이 뒤쪽이 된다).

❸
바닥에 깔 지지대(나뭇가지 2개를 그림과 같이 이어 묶는다)를 3세트 만들고 프레임에 꽂아 장착한다. 각각의 양쪽 끝을 프레임과 이어 묶어 고정한다.

❹
끈으로 가로 2줄, 세로 3줄을 보강하여 완성한다. 사용할 때는 그림과 같이 끈으로 신발에 묶는다.

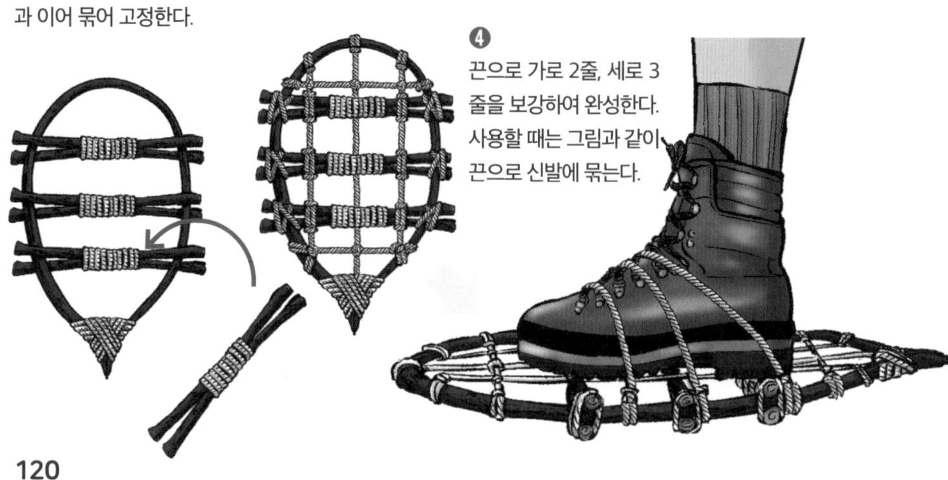

비상용 화장실 만들기

집의 화장실이 망가졌거나 대피소의 화장실을 사용할 수 없을 때 개인 전용 화장실이 있으면 안심이다. 그래서 재해 시 편리한 골판지 화장실을 소개하겠다. 여기서는 판매되고 있는 사이즈의 골판지 박스로 만들었지만, 집에 있는 것을 쓰거나 주변 가게 등에서 구해도 좋다. 앉아도 망가지지 않아야 하고 물이나 오염에 강해야 하며, 냄새 대비도 중요하다. "재해 시 가장 큰 문제는 화장실이다"라고 말할 정도니 같이 한번 만들어 보자.

재료 및 도구

- 골판지 박스A (배설물용, 32.3cm × 22.3cm × 17.6cm) : 1개
- 골판지 박스B (변기용, 38.3cm × 32.3cm × 29.6cm) : 1개
- 골판지C (틈새 메우기용, 32cm × 29cm) : 30장 전후
- 골판지D (변기 커버용, 22.3cm × 17.6cm) : 1장
- 비닐봉지a (전체 커버용) : 70L
- 비닐봉지b (배설물용) : 45L
- 면 테이프
- 신문지
- 고양이 모래
- 커터 칼

시판용 골판지 박스는 제조사마다 수치가 다를 수 있는데, 가능한 한 소개하는 수치에 근접한 것을 사용하면 좋다.

골판지 박스A

❶
골판지 박스A의 윗면과 바닥면에 면 테이프를 붙여서 박스 형태로 만든다. ㄷ면 (22.3cm × 17.6cm)의 중앙에 펜으로 그림과 같이 선을 긋는다.

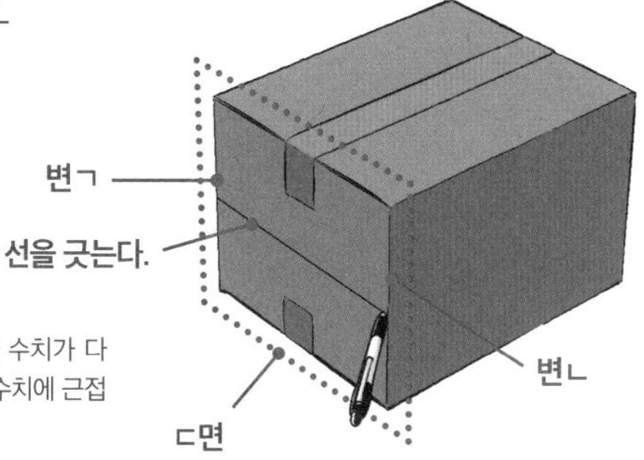

❷
ㄷ면이 위로 오도록 세워서 커터 칼로 ❶에서 그은 선과 변ㄱ·ㄴ을 자른다.

❸
날개 부분을 바깥쪽으로 접고 면 테이프로 그림과 같이 안쪽과 바깥쪽 모두 4군데를 붙인다.

바깥쪽으로 접어 면 테이프로 붙인다.

면 테이프로 붙인다.

면 테이프를 붙인다.
(안쪽에도 붙인다.)

골판지 박스B

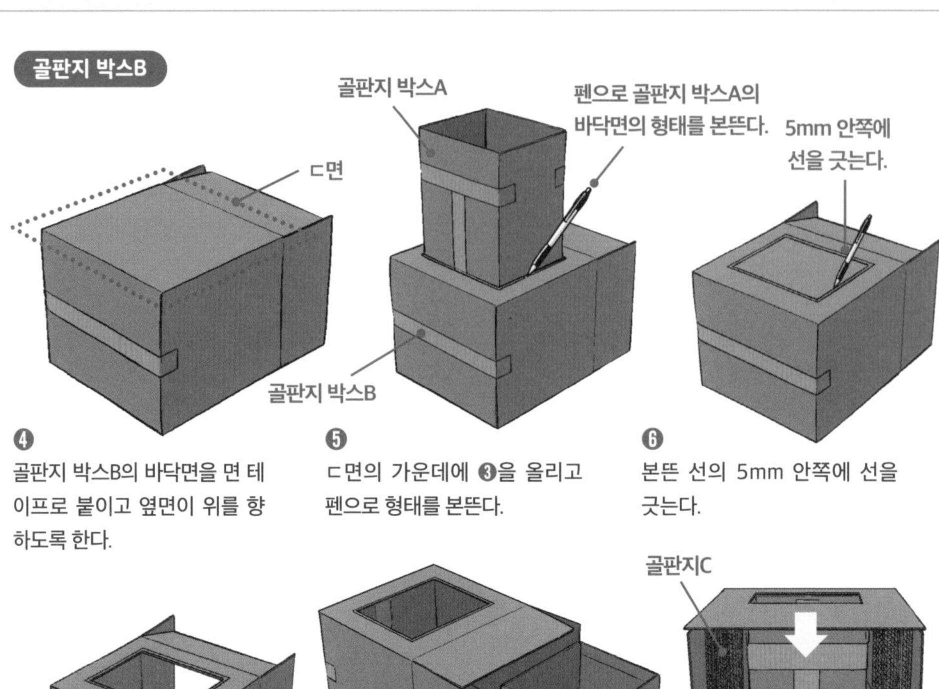

❹
골판지 박스B의 바닥면을 면 테이프로 붙이고 옆면이 위를 향하도록 한다.

❺
ㄷ면의 가운데에 ❸을 올리고 펜으로 형태를 본뜬다.

❻
본뜬 선의 5mm 안쪽에 선을 긋는다.

❼
안쪽 선을 따라 커터 칼로 잘라서 구멍을 낸다.

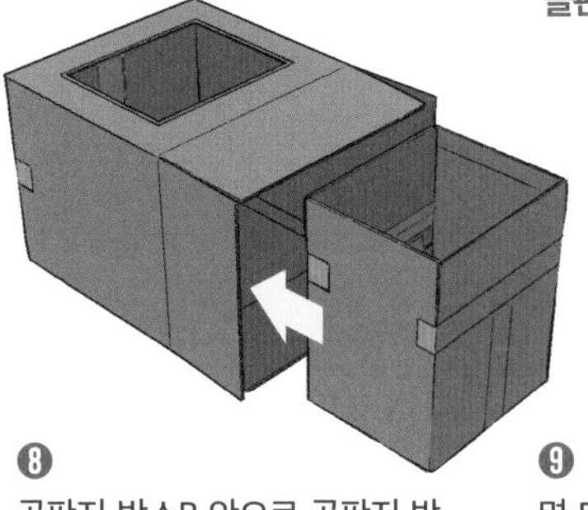

❽
골판지 박스B 안으로 골판지 박스A를 넣는다.

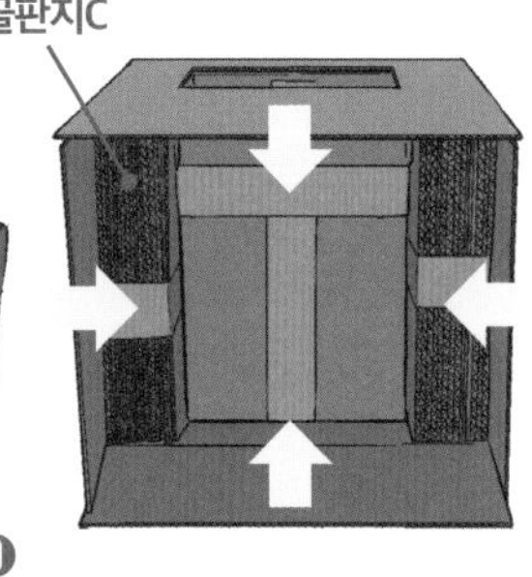

❾
면 테이프로 감은 골판지C로 틈새를 메우고 면 테이프로 봉인한다.

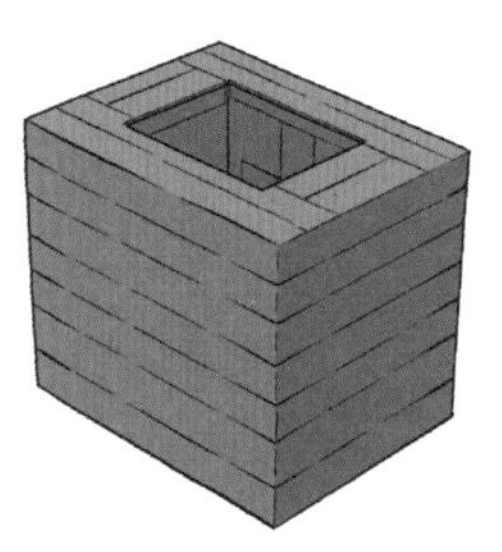

❿
물이나 오물이 스미는 것을 막기 위해서 면 테이프로 골판지 박스B 주변과 바닥 등을 전체적으로 감는다.

⓫
비닐봉지a를 중앙의 구멍에 넣은 다음 전체를 덮고 그 위로 중앙의 구멍에 비닐봉지b를 넣는다.

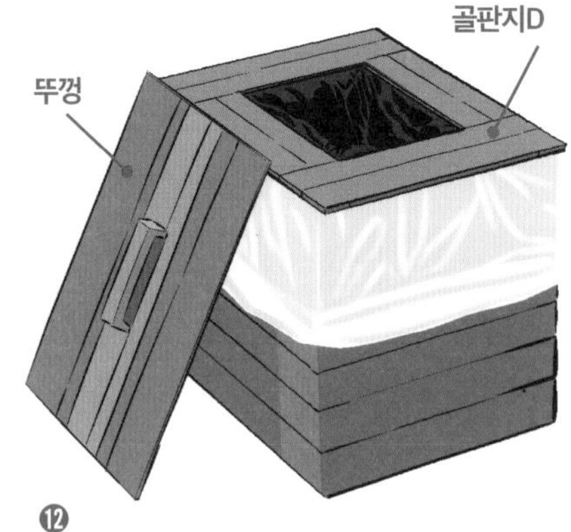

⓬
골판지D를 변좌 모양에 맞춰 자르고 면 테이프로 전체를 감아 변기 위에 올리면 완성이다. 뚜껑까지 만들면 제법 제대로 된 화장실이 된다.

골판지 화장실 사용법

❶
비닐봉지b 안에 잘게 자른 신문지나 고양이 모래를 넣는다. 냄새가 심하므로, 용변을 본 후에는 물기를 굳게 해 주고 냄새 제거 효과가 있는 고양이 모래를 봉지에 부으면 좋다.

❷
어느 정도 배설물이 모이면 비닐봉지b를 교체한다. 배설물 봉지는 다시 큰 비닐봉지에 넣어서 버리자.

❸
재해 시 쓰레기를 배출할 때는 각 지자체의 처리 방법에 따른다.

배설물을 넣은 비닐봉지는 냄새가 심하다. 냄새 차단 봉투도 판매하므로 그것을 사용하면 좋다.

변기 및 의자를 이용하는 방법

배설물 처리는 둘 다 골판지 화장실과 동일하다.

[변기]

수도가 끊겨 물을 내릴 수는 없지만 사용할 수 있는 변기가 있다면 비닐봉지(50L 정도)를 변기 안에 넣고 골판지 화장실처럼 사용하면 된다.

[의자]

의자의 착석하는 부분을 제거하고 아래에 비닐봉지(45L 정도)를 넣은 골판지 박스를 만들어 넣으면 즉석 화장실이 된다.

43

천 짜기

지금은 옷이나 천 제품을 당연한 듯 쉽게 구할 수 있지만, 만약에 입을 옷이 없다면 어떨까?

옛날 사람들은 직접 실을 만들고 천을 짰다. 기본적인 짜는 법은 동일한 간격으로 늘어놓은 날실의 위아래를 씨실로 교차하여 통과하는 것이다. 끝까지 통과하면 날실의 위아래가 반대가 되도록 다시 씨실로 교차하여 통과한다. 이를 반복하면 천을 만들 수 있다.

날실을 자동으로 위아래로 나누어 씨실이 통과하는 공간을 확보하는 도구가 '종광'이고, 그 공간을 씨실이 신속하게 통과하도록 도와주는 도구가 '북'이다. 이 2가지 도구를 활용한 간이 방직기를 만들어 천을 짜 보자.

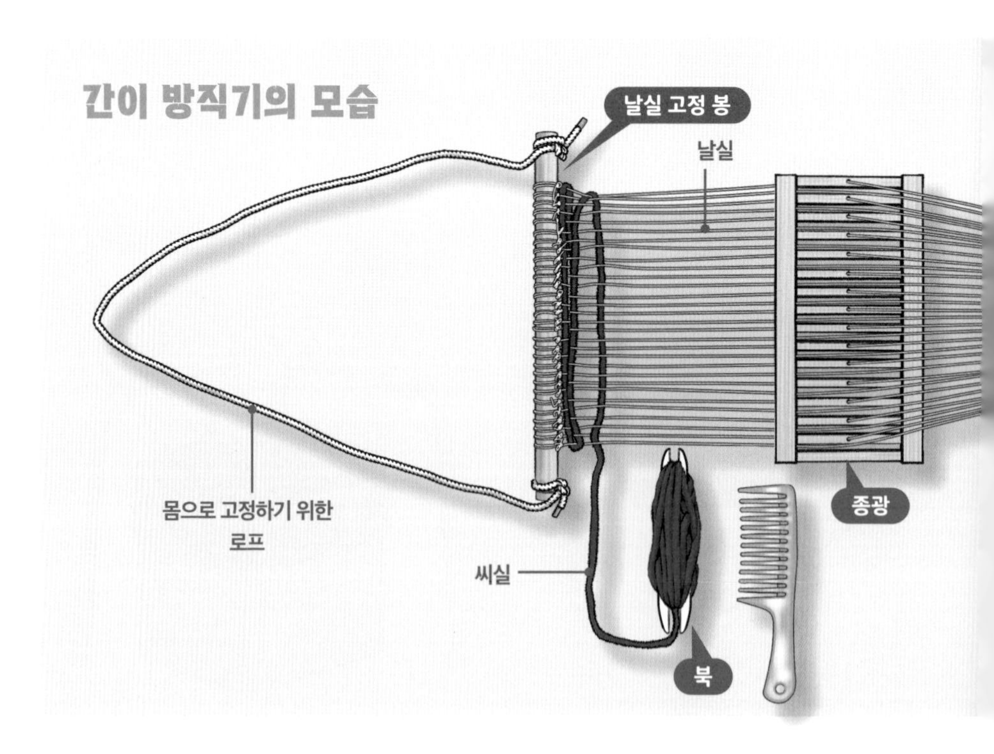

간이 방직기 만들기

재료 및 도구

- 판a(종광용 16cm × 1cm × 두께 3mm) : 16장
- 판b(테두리용 31cm × 2cm × 두께 4mm) : 4장
- 둥근 봉(지름 약 2.5 ~ 3cm × 두께 40 ~ 50cm)
- 로프(두께 5mm × 길이 100 ~ 150cm)
- 두꺼운 종이(북용 B5 ~ A4 사이즈) : 1장
- 드릴 비트 또는 핸드 드릴, 전동 드릴
- 송곳
- 톱
- 커터 칼
- 접착제
- 연필
- 자
- 사무용 집게

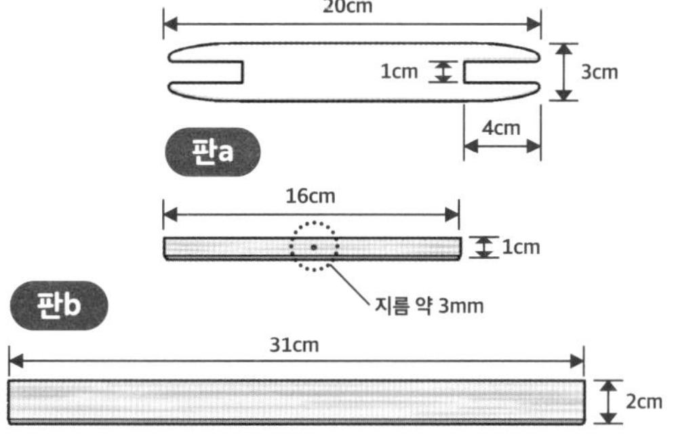

1. 종광 만들기

판a 16장 중 15장의 중앙에 지름 3mm 정도의 구멍을 뚫는다. 구멍 안쪽은 송곳으로 매끈하게 다듬는다.

접착제가 마를 때까지 사무용 집게로 고정한다.

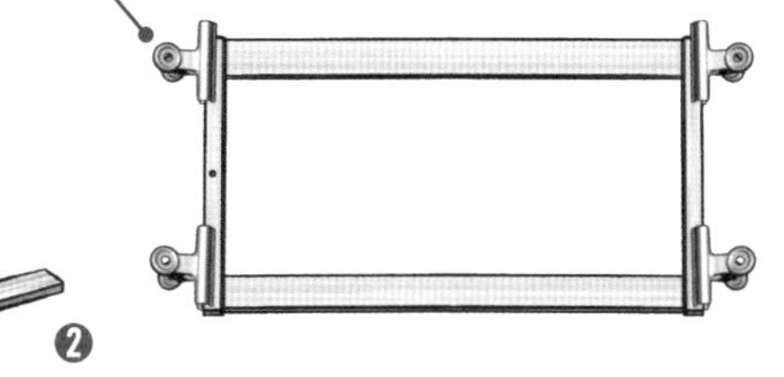

❷

판b 2장을 위아래에 두고 양쪽 끝에 판a 2장(1장은 구멍 없음)을 접착제로 붙인다.

❸

나머지 판a 14장을 1cm 간격으로 붙인다.

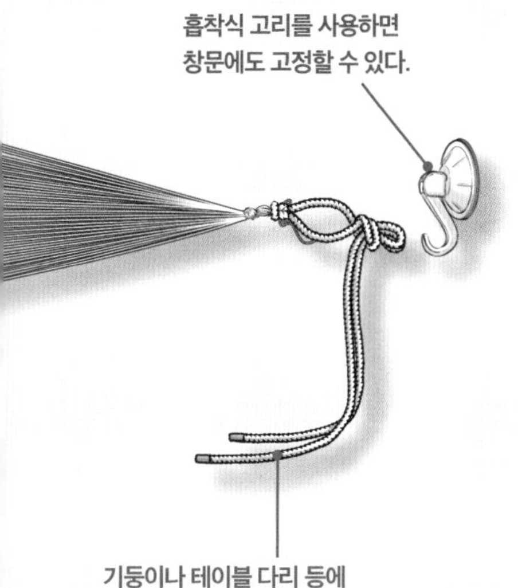

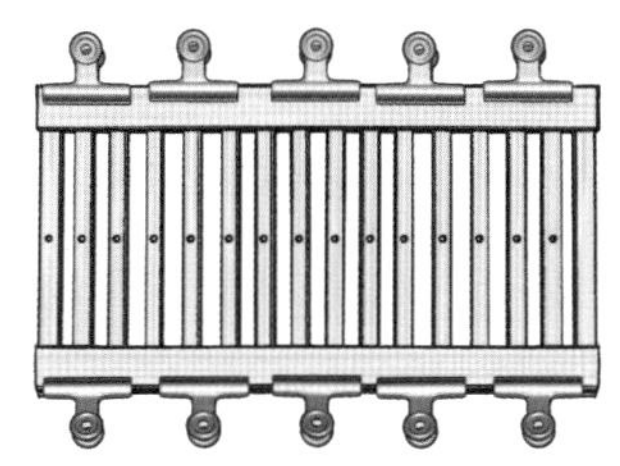

❹

나머지 판b 2장을 위로 오게 하여 접착제로 붙이고 고정한다.

2. 북 만들기

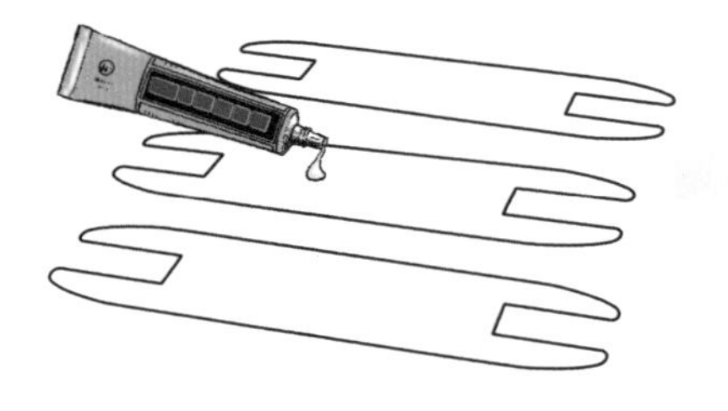

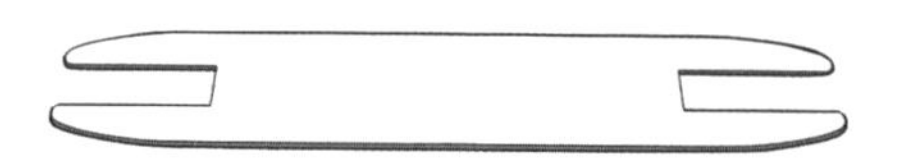

두꺼운 종이에 그림과 같이 3장을 잘라 접착제로 붙인다.

3. 날실 고정 봉 만들기

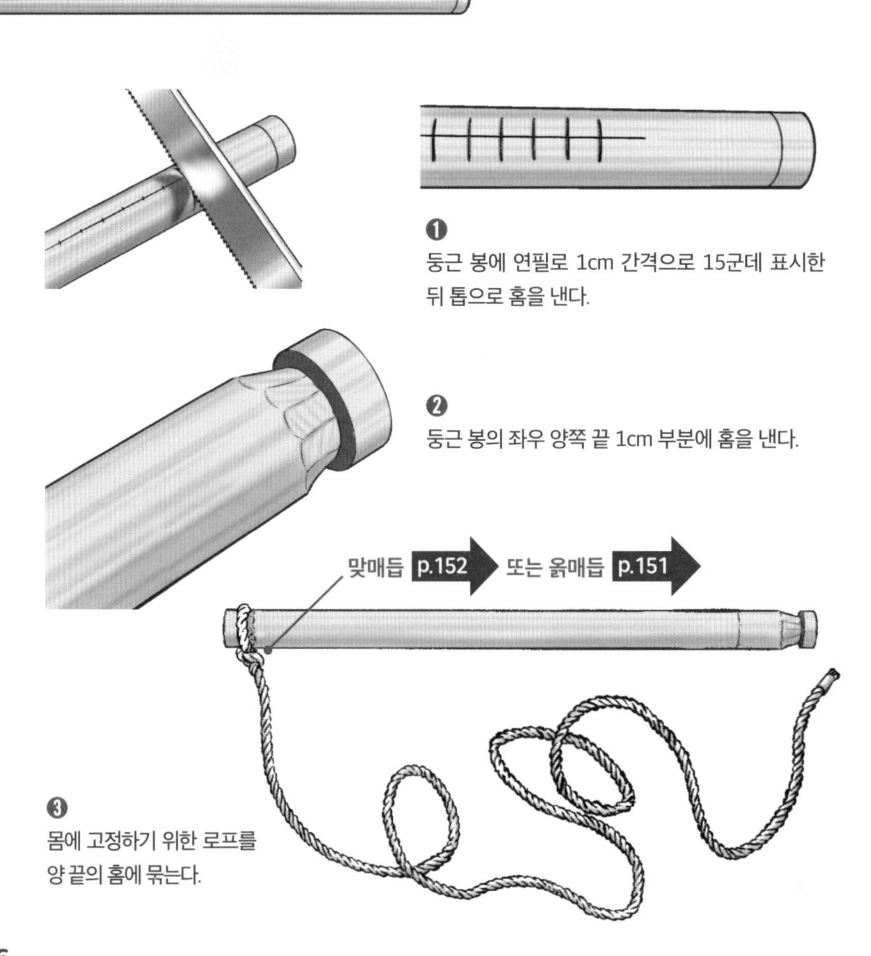

❶
둥근 봉에 연필로 1cm 간격으로 15군데 표시한 뒤 톱으로 홈을 낸다.

❷
둥근 봉의 좌우 양쪽 끝 1cm 부분에 홈을 낸다.

❸
몸에 고정하기 위한 로프를 양 끝의 홈에 묶는다.

방직기로 천 짜기

재료 및 도구

- 명주실(날실용 약 4m) : 15개
- 두꺼운 털실(씨실용)
- 로프 또는 끈(날실의 중간을 묶고 기둥 등에 고정한다) : 약 1m
- S자 고리 또는 흡착식 고리

1. 천 짤 준비하기

❶

'북'에 씨실을 감는다. 씨실이 부족하면 묶어서 보충한다.

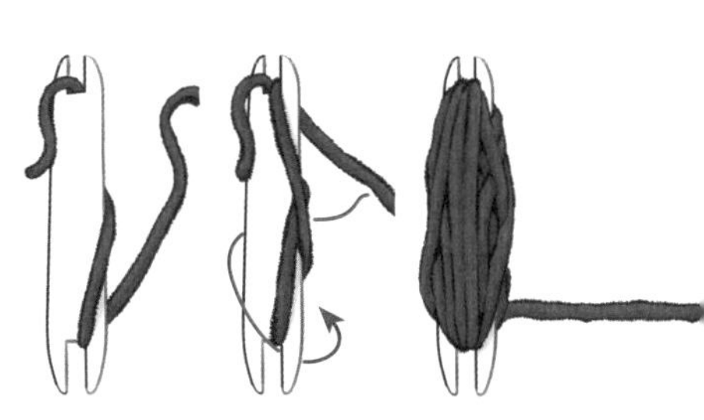

❷

날실 묶음의 절반 부분에 둥근 고리가 생기도록 묶는다.

매듭의 둥근 고리에 로프나 끈을 통과시켜 묶고 날실을 부채 모양으로 펼친다.

'종광'의 틈과 구멍에 날실을 통과시킨다.

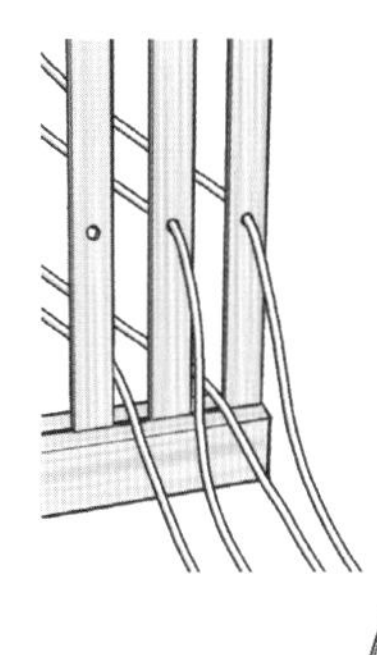

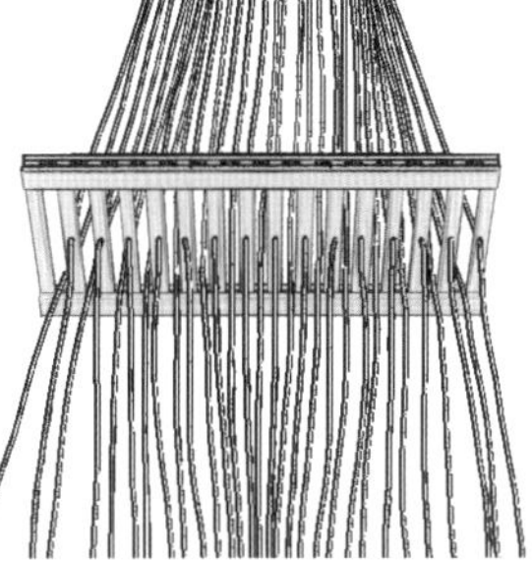

❸의 둥근 고리 매듭에 통과시킨 로프나 끈을 기둥이나 테이블, 책상의 다리 등에 고정한다. S자 고리나 흡착식 고리를 사용해 문고리나 창문 등에 고정해도 좋다. 날실 고정 봉의 로프를 허리에 감아 몸에 고정하면 준비 완료다.

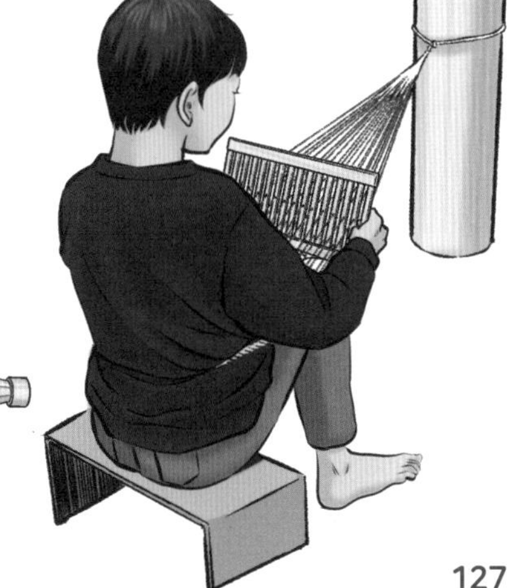

종광을 통과한 날실 끝을 '날실 고정 봉'의 홈에 나중에 풀 수 있도록 '클로브 히치'로 묶는다.

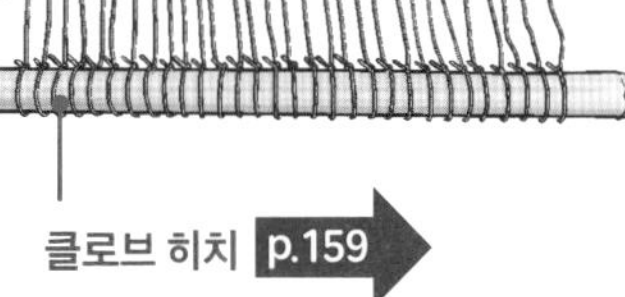

p.159

'종광' 사용법

종광을 들면 날실의 절반이 올라오고 틈(북이 지나는 길)이 생긴다. 종광을 아래로 내리면 올라와 있던 날실들이 아래로 내려와 또 하나의 틈이 생긴다. 이와 같이 위아래로 생기는 틈에 씨실의 북을 통과시켜 천을 짠다.

2. 천 짜기

❶
끈으로 몸에 고정한 날실 고정 봉을 당겨서 날실이 팽팽해지도록 한다.

❷
종광을 들어서 생긴 틈(그림Ⓐ)에 오른쪽부터 북을 통과시킨다. 통과하면 종광을 날실 고정 봉까지 당기고 가볍게 두드려 씨실이 일정하게 일직선이 되도록 만든다.

❸
종광을 내려서 생기는 다른 하나의 틈(그림Ⓑ)을 만든다. 왼쪽부터 북을 오른쪽으로 통과시켜 ❷와 동일하게 씨실이 일정하게 일직선이 되도록 만든다.

❹
❷와 ❸을 반복하여 원하는 길이의 천을 만든다. 천이 길어지면 날실 고정 봉에 감아서 작업을 이어 간다. 씨실이 부족하면 묶어서 보충하자.

❺
원하는 길이까지 짰다면 날실을 자르고 날실 고정 봉에 묶은 날실을 푼다. 이웃하는 실끼리 풀리지 않도록 묶으면 천이 완성된다.

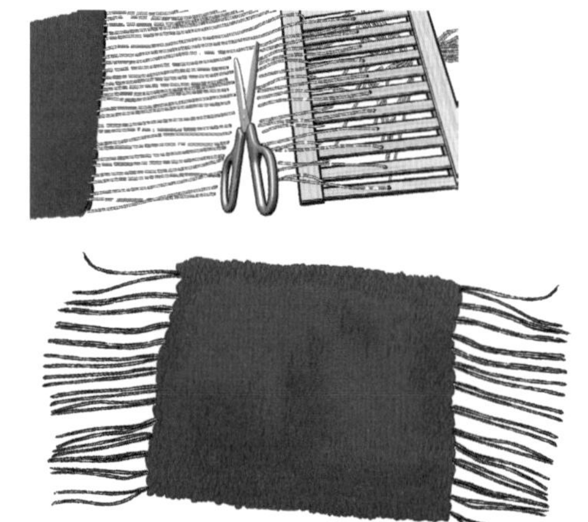

조명 만들기

갑자기 정전이 되었는데 성냥이나 라이터는 있지만 손전등이나 초가 없다면 어떡할까? 전기를 사용하기 전에는 석유 등 연료를 이용한 램프나 초를 사용했고, 석유 이전에는 기름을 이용한 '사방등'이 있었다. 사방등의 광원은 유채로 만든 유채 기름을 작은 종지에 넣고 불을 붙이는 천인 심지를 올린 등불이다. 사방등은 종이를 바른 나무틀에 등불을 넣어 바람으로부터 보호하는 도구다. 이와 같은 도구를 참고하여 재난 시에 도움이 되는 조명을 만들어 보자.

사방등의 구조

'사방등'의 광원에는 유채 기름 이외에 생선 기름도 사용되었다. 심지가 기름에 뜨지 않도록 심지를 고정하는 장치도 고안되었다. 나무틀 사방에 종이를 바르는 것은 바람을 막는 용도이기도 하고 불빛이 주변에 넓게 퍼지는 효과도 있다.

여기가 위아래로 움직인다.

나무틀에 종이를 둘러 발랐다.

안에 불을 다루는 도구가 들어 있다.

심지를 누르는 장치

심지는 천을 꼬아서 사용했고 등심초라는 풀도 사용했다.

종지에 기름이 들어 있다.

등불 만들기

종지로 만들기

옛날 등불을 재현해 보자. 심지는 굵은 명주실이나 못 쓰는 천을 사용하고 심지를 고정하는 장치는 작은 돌멩이로 대신했다. 심지 끝은 5mm 정도 종지 밖으로 내어 불을 붙인다.

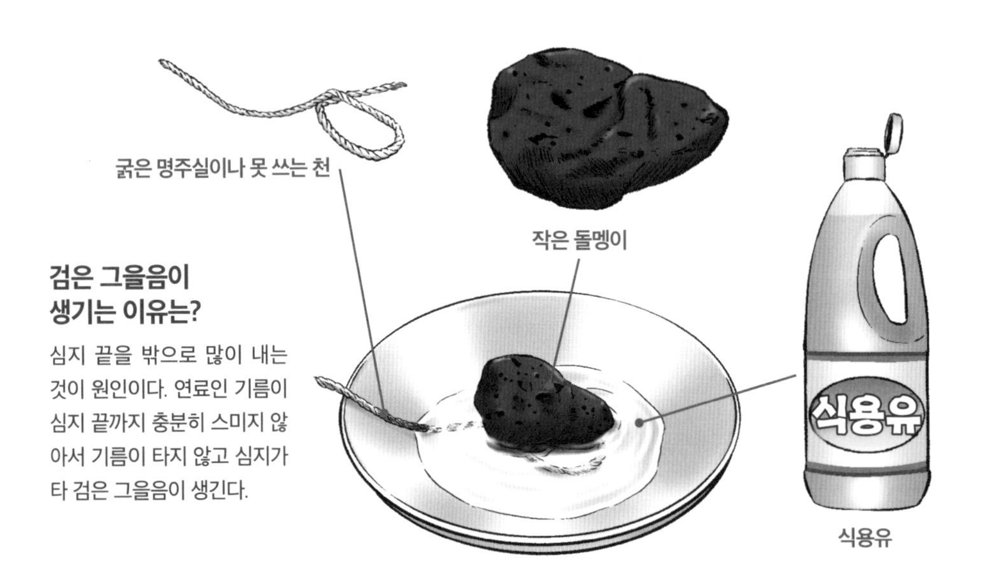

검은 그을음이 생기는 이유는?

심지 끝을 밖으로 많이 내는 것이 원인이다. 연료인 기름이 심지 끝까지 충분히 스미지 않아서 기름이 타지 않고 심지가 타 검은 그을음이 생긴다.

깡통으로 만들기

참치 캔 등으로 사용되는 키 작은 캔으로 만들 때는 캔 뚜껑이나 작은 돌멩이로 심지를 고정한다. 길쭉한 캔은 입구의 뚜껑에 심지를 고정한다. 심지 끝에 기름이 충분히 스미면 불을 붙인다.

식용유 랜턴 만들기

알루미늄 캔으로 만드는 랜턴이다. 심지가 캔 안에 있어 바람에 강하다. 화력도 강해서 3개 정도 만들고 그 위에 냄비를 올리면 물을 끓일 수도 있다. 단, 가벼워서 넘어지기 쉬우니 주의하자.

집에 있는 재료로 만드는 '식용유 랜턴'은 조명과 따뜻한 음식을 제공해 주므로 재해 시에도 도움이 된다.

재료 및 도구

- 350mL 알루미늄 캔
- 티슈
- 알루미늄 포일
- 풀
- 송곳
- 커터 칼
- 식용유

주의

식용유의 발화온도는 약 360℃다. 캔이 쓰러져서 식용유에 불이 붙지 않도록 충분히 주의하며 연습하자.

식용유 랜턴의 도안

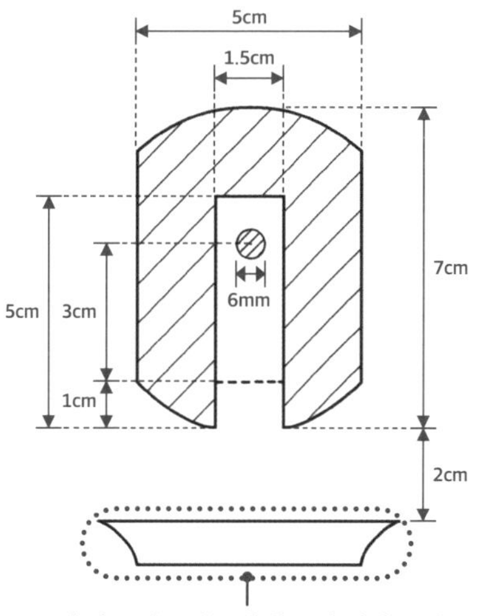

이 선은 알루미늄 캔에 붙일 때의 표시
(이 부분을 알루미늄 캔의 바닥에 맞춘다.)

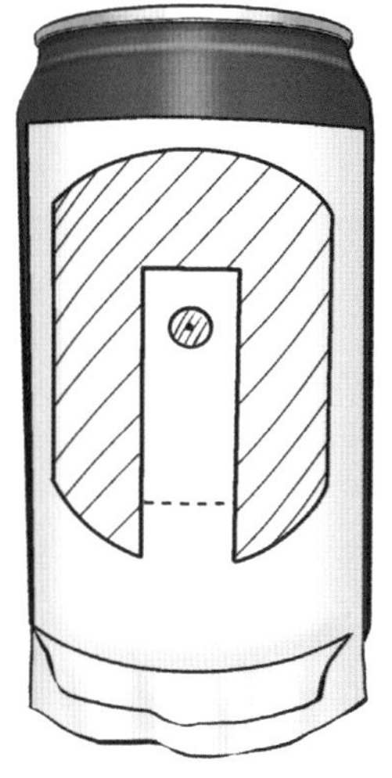

❶
종이에 그린 도안을 풀로 알루미늄 캔에 붙인다.

❷
지름 6mm 정도의 심지용 구멍을 송곳으로 뚫고 커터 칼로 자른다.
한 번에 자르려고 하지 말고 몇 번씩 선을 따라 칼집을 내면 쉽게 잘라 낼 수 있다.

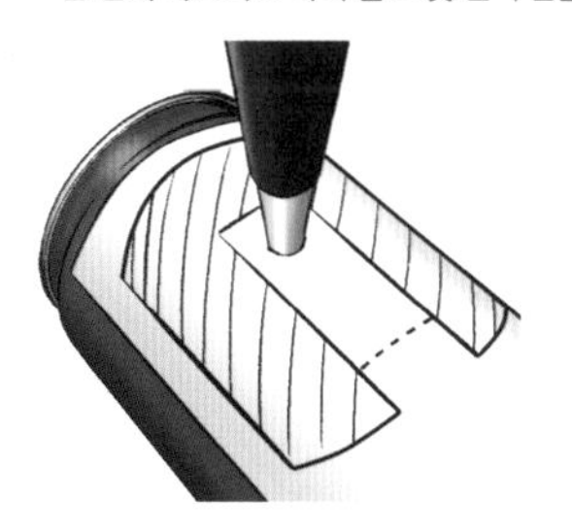

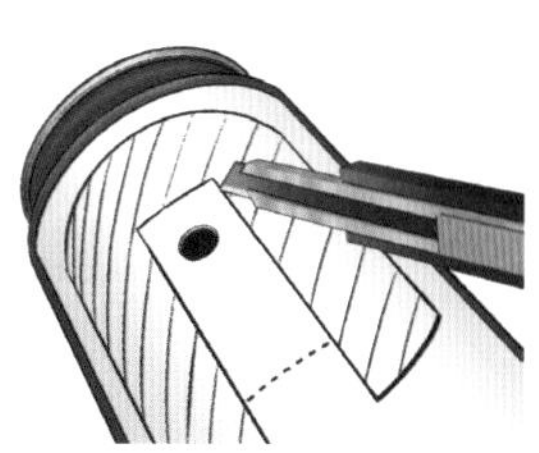

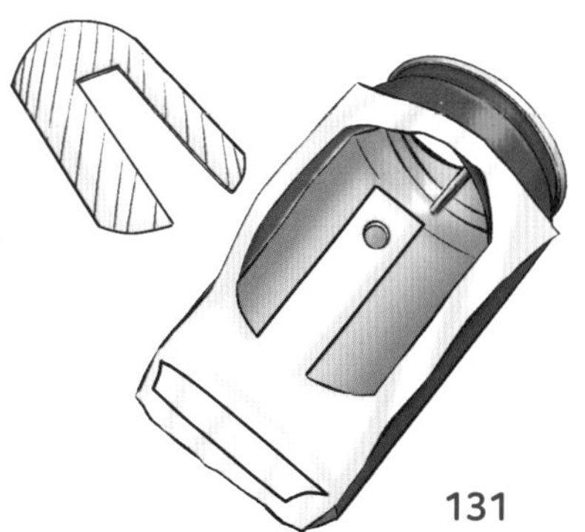

❸
심지를 넣는 구멍 부분을 접는 선에 맞춰서 안으로 접어 넣는다.

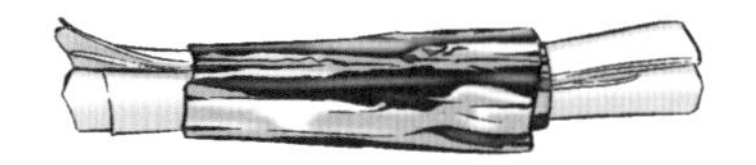

❹
티슈를 5cm 폭으로 자르고 지름 5mm 정도가 되도록 둥글게 만다. 폭 3cm 정도의 알루미늄 포일을 중앙에 2번 감으면 심지가 완성된다.

- 식용유가 심지 끝까지 잘 스미지 않으면 기름을 심지 끝에 묻혀 알루미늄 부분까지 스몄을 때 불을 붙이면 좋다.
- 심지 구멍 대신에 끝 쪽을 V자로 자르고 거기에 알루미늄 포일 부분을 끼워도 좋다.

❺
심지를 심지 구멍에 끼우고 식용유를 바닥에서 2cm 정도 차도록 붓는다. 심지의 위쪽까지 기름이 스미면 불을 붙인다.

다양한 랜턴 만들기

식용유 랜턴의 뒷부분에 그림을 그리고 그 선을 따라 압핀 등으로 구멍을 뚫으면 분위기 좋은 아트 조명이 된다. 또, 병 모양의 알루미늄 캔으로 랜턴 부분을 만들고 컵라면 용기를 받침대로 삼아 철사로 손잡이를 만들면 캠핑용 랜턴이 된다. 컵라면 용기에 무거운 물건을 넣으면 잘 넘어지지도 않는다.

크리스마스트리 아트 조명

캠핑용 랜턴

버터, 참치 캔으로 비상용 램프 만들기

가정에 있는 버터나 참치 캔으로도 초를 대신한 비상용 램프를 만들 수 있다.

❶
티슈를 두께 5mm 정도의 길쭉한 막대기 모양으로 말아 심지를 만든다.

❷
사각형 버터를 접시에 올리고 윗부분의 포장지를 뜯는다.

❸
꼬챙이로 버터의 바닥까지 구멍을 뚫은 후 꼬챙이를 이용해서 심지를 바닥 근처까지 끼워 넣는다.

❹
버터 위로 나온 심지는 1.5cm 정도 남겨서 자르고, 뚫린 구멍을 메워 심지에 버터가 스미면 불을 붙인다.

버터

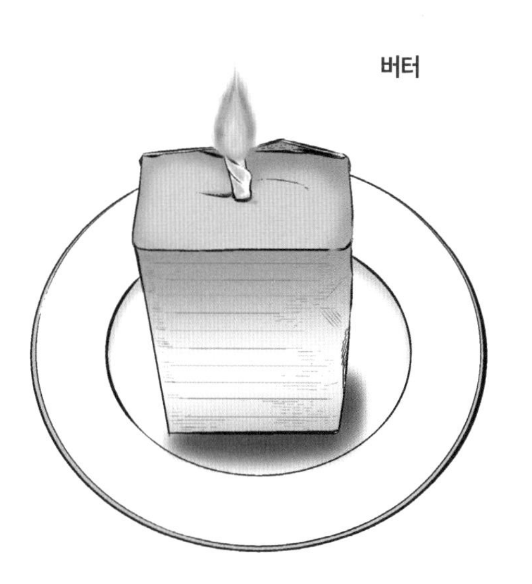

참치 캔

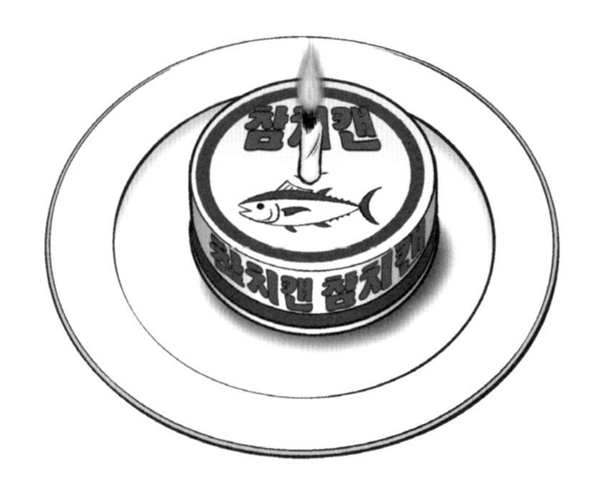

❶
티슈를 폭 4cm 정도로 자르고 두께 5~8mm 정도의 길쭉한 막대기 모양으로 말아 심지를 만든다.

❷
캔 뚜껑 따개가 없는 부분의 중앙에 송곳 등으로 심지를 넣는 구멍을 뚫는다.

❸
심지를 구멍에 넣고 캔의 기름이 심지에 스미면 불을 붙인다.

❹
약 1시간 사용할 수 있다. 캔에 든 참치는 다소 훈제 향이 배어서 맛있으므로 마요네즈로 버무려 샌드위치를 만들어 먹으면 좋다.

구명 용품 만들기

집중호우로 대피해야 하는 상황이지만 집 앞의 도로는 이미 물바다이며 물이 계속 차는 상황이라면, 여러분은 어떻게 할 것인가?

2L의 빈 페트병은 약 2kg의 부력을 가진다. 일반적으로 수중에서 필요한 부력은 체중의 10분의 1이라고 한다. 2L의 빈 페트병은 약 20kg의 체중을 띄울 수 있는 부력이 있는 셈이다. 2개면 40kg, 3개면 60kg의 체중을 띄울 수 있으므로 이 부력을 잘 활용하면 구명조끼를 대신하는 도구를 만들 수 있다.

그럼 함께 욕조에서 연습해 보고 만일에 대비하자.

페트병 4개와 로프로 만든 구명 용품.
체중이 약 60kg인 사람에게 필요한 부력을 제공한다.

페트병 4개로 구명 용품 만들기

3개의 페트병을 연결하여 만들면 구명조끼와 비슷한 '최소 부력※'을 가진다. 로프를 사용하면 만일에 대비할 수 있는 구명튜브가 된다.

※ 최소 부력 : 사람을 물에 띄우기 위해 필요한 최소한의 부력을 말한다. 일반적으로 성인용 스포츠형 구명조끼의 최소 부력은 7.5kg(75N)으로 설정되어 있다.

재료 및 도구

- 2L짜리 각형 페트병(가능한 단단한 것) : 4개
- 로프(지름 3~4mm) : 길이 10m 정도
- 모래 : 200g(또는 물 200mL)
- 드릴 비트, 또는 핸드 드릴, 전동 드릴 등
- 셀로판테이프
- 면 테이프

❶
셀로판테이프로 3개의 페트병을 임시로 접착한다.

맞매듭 p.152

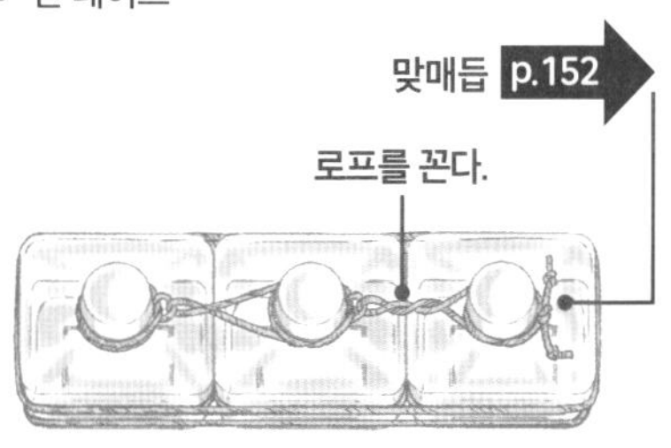

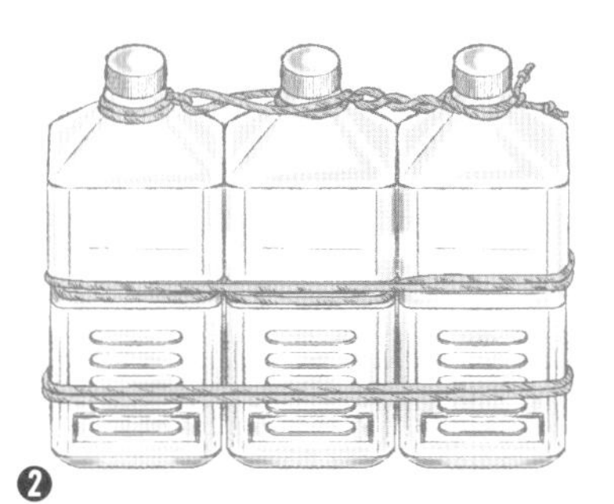

❷
로프를 적당한 길이로 잘라 몸통 부분 2곳과 입구 아래를 묶어 3개를 연결한다.

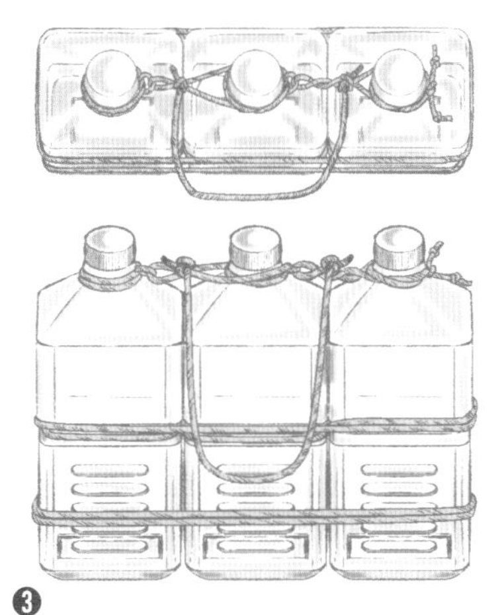

❸
로프를 60cm 정도 잘라서 ❷에서 입구 아래를 묶은 로프 2곳에 묶어 고정한다.

❹
드릴 비트나 드릴로 남은 페트병 1개의 뚜껑과 바닥에 로프가 통과할 구멍을 뚫는다.

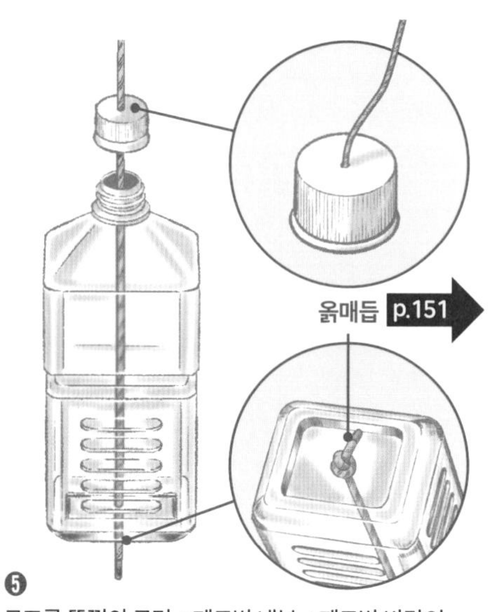

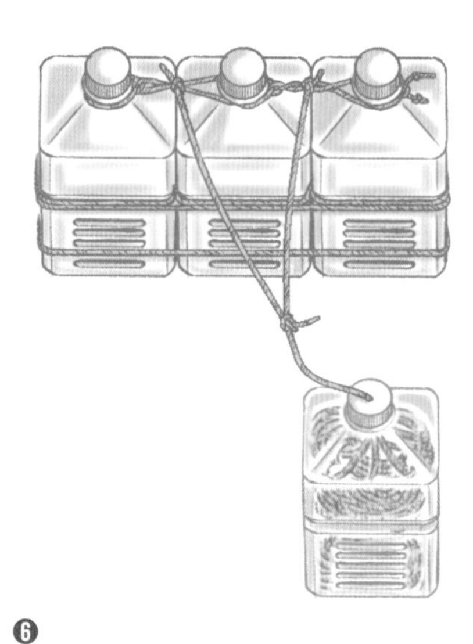

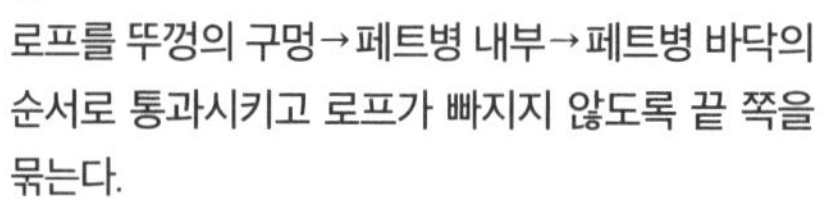

❺
로프를 뚜껑의 구멍→페트병 내부→페트병 바닥의 순서로 통과시키고 로프가 빠지지 않도록 끝 쪽을 묶는다.

❻
뚜껑 쪽 로프를 ❸에서 고정한 로프에 묶는다. 남은 로프를 ❹의 페트병 안에 넣어 둔다(p.134 참조).

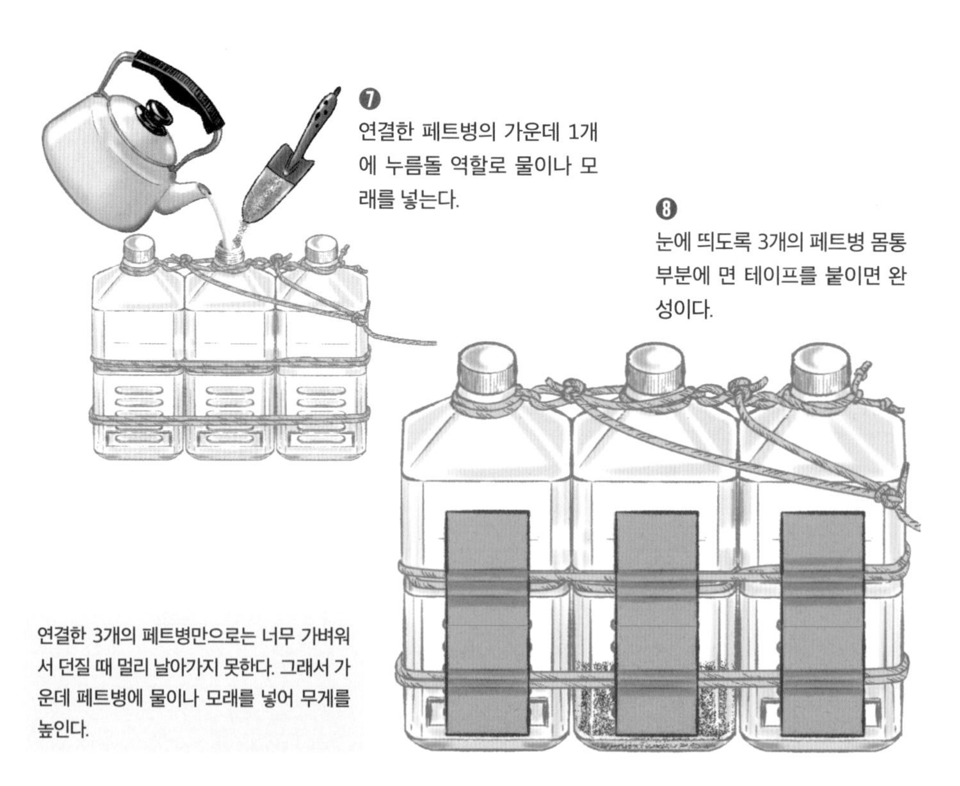

❼
연결한 페트병의 가운데 1개에 누름돌 역할로 물이나 모래를 넣는다.

❽
눈에 띄도록 3개의 페트병 몸통 부분에 면 테이프를 붙이면 완성이다.

연결한 3개의 페트병만으로는 너무 가벼워서 던질 때 멀리 날아가지 못한다. 그래서 가운데 페트병에 물이나 모래를 넣어 무게를 높인다.

페트병과 주변의 물건으로 구명 용품 만들기

빈 페트병이 있으면 긴급 시 도움이 되는 구명 용품을 만들 수 있다.

페트병과 배낭

배낭 안에 빈 페트병을 넣는다. 체중이 가벼운 사람은 배낭을 등으로 메지 말고 앞으로 멘다. 그리고 양쪽 어깨 벨트를 연결하는 스트랩을 반드시 체결한다(스트랩이 없다면 끈이나 타월을 이용하여 고정한다).

페트병과 에코백 또는 스타킹

배낭이 없다면 큰 에코백(비닐봉지도 좋다)에 페트병을 넣고 손잡이 부분을 묶어 구명 용품을 만들 수 있다. 또 페트병을 넣은 스타킹을 허리나 가슴에 동여매도 훌륭한 구명 용품이 된다.

페트병과 옷

아무것도 없다면 겨드랑이 사이에 페트병을 넣어 구명 용품으로 사용한다.

날씨와 방위를 읽자

갑자기 퍼붓는 호우나 재해로부터 몸을 보호하려면 '관천망기'가 필요하다. '관천망기'는 '하늘(자연)을 보고 기운(대기의 상태)을 예측한다'는 의미다. 즉 하늘과 구름, 바람의 움직임 등 자연현상과 동물의 행동, 식물의 모습을 보고 날씨 변화를 예측하는 능력을 말한다.

또 긴급 대피 경로 등 피난 시 지도는 있지만 나침반이 없을 때 안전한 장소까지 탈출 및 대피하려면 '동서남북'을 파악할 수 있는 능력도 중요하다.

자기 몸을 보호하기 위해서라도 날씨와 방위를 읽을 수 있는 능력을 기르자.

날씨를 예측할 때 도움이 되는 대표 구름 10가지

권층운

고도 약 9,000m 상층을 덮고 있는 옅은 흰 구름

고층운

고도 2,000~7,000m 중층에 생기며 하늘 전체에 펼쳐진 회색 구름

권운

고도 5,000~1만 3,000m 상층에 생기며 힘줄 모양이 특징인 구름

권적운

고도 5,000~1만 3,000m 상층에 생기며 작은 구름 덩어리가 많이 떠 있는 모양

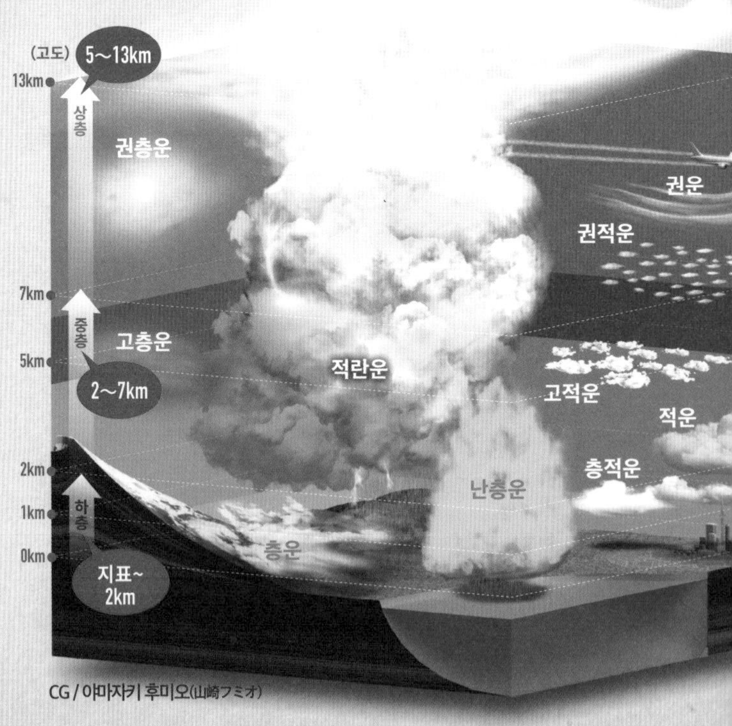

CG / 야마자키 후미오(山崎フミオ)

주변의 사물로 방위를 알자

여러분은 "북쪽은 어디인가요?"라는 물음에 "이쪽이요" 하고 바로 답할 수 있는가? 실은 나침반이 없어도 주변을 둘러보면 대략적인 동서남북을 알 수 있다. 예를 들어 사찰의 대부분은 북쪽을 뒤로하고 남쪽이나 동쪽으로 세워져 있다.

우리는 태양이 떠오르는 방향은 동쪽이고 지는 방향은 서쪽임을 알고 있다. 양팔을 수평으로 올리고 오른손은 동쪽, 왼손은 서쪽을 가리키면 얼굴은 북쪽, 등은 남쪽을 향하게 되어 대략적인 방향을 알 수 있다.

학교 운동장은 남쪽인 경우가 많다. 지붕의 접시형 안테나는 남서 방향, 오후 2시경 태양이 보이는 방향으로 설치하는 경우가 많으므로 이를 지표로 동서남북을 판단할 수 있다.

날씨는 상공 편서풍의 영향으로 서쪽부터 바뀝니다. 기억해 두면 좋아요.

46

하늘과 구름으로 날씨 읽기

세계 최초의 날씨 예보는 1861년 8월 1일 영국 「더 타임스」에서의 예보였다(우리나라 정부는 1908년 7월 11일부로 예보 관련 규정을 공포하고 공식적인 일기예보 업무를 시작했다-옮긴이). 이전의 날씨 예보는 '저녁노을 다음 날은 맑다'라는 식의 '관천망기'였다. 현재 날씨 예보의 적중률이 80% 정도라고 하는데 '관천망기'의 적중률도 70%나 된다고 한다. 슈퍼컴퓨터를 사용한 현대의 예보와 비교해도 크게 떨어지지 않는 확률이다. 이처럼 하늘과 구름의 움직임으로 날씨를 읽는 선조들의 지혜를 알아보자.

저녁노을은 맑음, 아침노을은 비

우리나라는 지구의 자전과 편서풍에 의해 서쪽에서 날씨가 이동해서 오므로, 서쪽 하늘이 맑아서 저녁노을이 보이면 다음 날은 맑을 확률이 높다. 반면에 아침에 나타나는 노을은 공기 중의 온도가 올라가 수증기가 많다는 의미로, 빛이 산란하여 하늘이 붉거나 보라색으로 보이는 현상이다. 수증기가 많으므로 비가 내릴 확률이 높다.

뭉게구름이 보이면 소나기

기온이 올라가면 수분이 증발하여 구름이 발달한다. 적란운은 편평적운→중간적운→웅대적운(뭉게구름)→(뭉게구름의 위로)두건운→농밀권운이 되고 유방운(구름 바닥에서 수많은 유방이 드리워진 듯이 보이는 구름)의 순으로 변한다. 유방운은 적란운의 본체가 모습을 보이기 전에 나타나므로 회오리바람이나 천둥이 치는 비가 내릴 전조라고 한다.

햇무리나 달무리가 지면 비

태양이나 달 주변에 보이는 밝은 원형 띠를 무리라고 한다. 날씨 변화를 일으기는 한랭전선이나 온난전선, 정체전선의 높은 곳에는 권운층이 있는데 그것이 무리를 발생시킨다. 전선이 이동하면 구름이 낮고 무거워지며 고층운에서 난층운(비구름)으로 변해 비가 내린다.

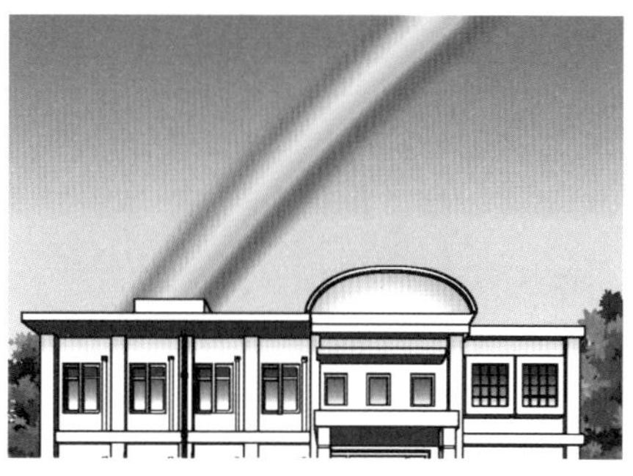

아침 무지개는 비, 저녁 무지개는 맑음

아침 무지개는 태양과 반대인 서쪽에서 보인다. 즉 서쪽에 비구름이 있어서 그것이 이동해 와 비가 된다. 반대로 저녁 무지개는 동쪽에서 보인다. 즉 서쪽은 맑으므로 점차 맑아진다.

비행운이 곧장 사라지면 맑음

상공의 공기가 습하고 차며 기류가 안정적이지 않으면 비행운이 잘 발달한다. 곧장 사라지면 맑을 가능성이 높다.

아침 이슬은 맑음

고기압이 발달하여 맑을 때는 지면이 방사열로 차가워지기 쉽다. 그래서 공기가 아래부터 식어서 공기 중의 수분으로 이슬이 생기기 쉬워진다.

새털구름은 점점 흐려짐

하늘 높은 곳에 보이는 권운(새털구름)은 저기압의 가장 가장자리의 구름이다. 이 구름이 나타나면 다음 날이나 그다음 날에 비가 내릴 확률이 높다.

양떼구름은 비

권적운(양떼구름)도 저기압이 다가오기 전에 자주 나타나며 약 12시간 후부터 비가 올 가능성이 높다.

생물의 행동으로 날씨 읽기

날씨는 생물의 행동을 보고도 알 수 있다. 주변 생물의 행동을 주의 깊게 살펴보자. 날씨 예보로는 다 알 수 없는, 여러분이 지금 있는 장소에서 일어날 날씨 변화를 예측할 수 있다. 평소에 아무렇지 않게 봐 왔던 여러 가지 모습을 통해 날씨를 예측할 수 있다니 굉장한 일이다. 자연을 보는 눈을 키워 보자.

고양이가 세수하면 비

고양이는 습기가 많아지면 수염의 탄성이 줄어들어(감도가 떨어져) 사냥에 성공할 확률이 떨어진다. 그래서 습기가 싫어서 얼굴을 씻는 듯한 행동을 보인다.

참새가 목욕하면 맑음

새털을 물에 적시면 젖을 수밖에 없다. 빨리 말리지 않으면 다른 짐승에게 공격받을 수도 있다. 그래서 맑은 날에는 목욕하는 듯한 행동을 보인다.

거미줄에 물방울이 맺히면 맑음

이슬이 내리면 거미줄에 물방울이 맺힌다. 이슬은 고기압이 발달해서 맑을 때 생긴다. '거미가 줄을 치면 다음 날 날씨가 좋다'는 말도 있다.

개구리가 울면 비

개구리의 피부는 늘 젖어 있어야 한다. 그래서 공기가 건조한 맑은 날은 조용히 있다가 공기가 습해져 비가 올 듯하면 울면서 활발하게 활동하는 것이다.

나침반 없이 북쪽 찾기

자오선(지구의 남극과 북극을 잇는 선)을 기준으로 남·북을 정하고 그와 수직인 직선을 기준으로 동·서를 정한 것이 동서남북의 4방위다. 그것을 다시 절반씩 나누면 8방위이며, 또 절반씩 나누면 16방위가 되어 바람의 방향을 이야기할 때 사용한다.

p.139에서 방위를 아는 방법을 간단히 살펴봤지만 좀 더 정확하게 동서남북을 알 수 있는 다양한 방법을 소개하겠다.

방위 알기

많은 지도에서 위를 북쪽, 아래를 남쪽으로 표시한다. 지도상에 바둑판 모양의 칸이 그려져 있으면 상하의 선이 북쪽과 남쪽이고 좌우의 선은 동쪽과 서쪽이다. 지도에서 북쪽은 반쪽 화살표와 같은 모양의 기호로 표시되어 있다.

시계로 방위 알기

단침과 장침이 달린 손목시계와 태양으로 방위를 찾는 방법이다. 시계의 문자판을 수평으로 들고 단침 끝을 태양에 맞춘다. 이 상태는 단침과 문자판 12시의 중간이 거의 남쪽이 되며, 그 반대가 북쪽이다. 낮 12시 정각이면 단침과 12시의 방위가 동일하며 태양의 방향이 남쪽이다.

별을 보고 방위 알기

북반구에서는 북두칠성이나 카시오페이아자리로 북극성을 찾을 수 있고 그 방향이 북쪽이다. 뱃사람이나 탐험가가 북쪽을 찾을 때 사용하는 오래된 방법이다. 1:5의 거리로 가늠하자.

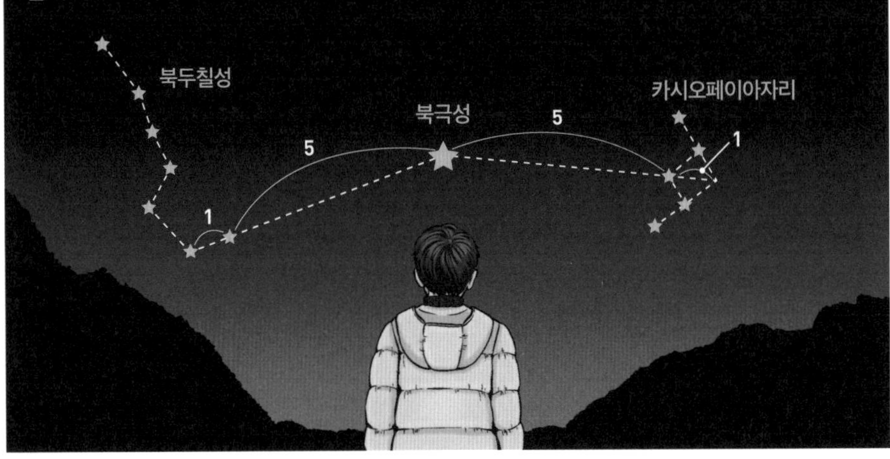

달을 보고 방위 알기

초승달의 양쪽 끝을 이은 선을 연장하여 수평선까지 내린다. 북반구에서는 그것이 지면이나 수면에 접하는 지점이 대략 남쪽이다.

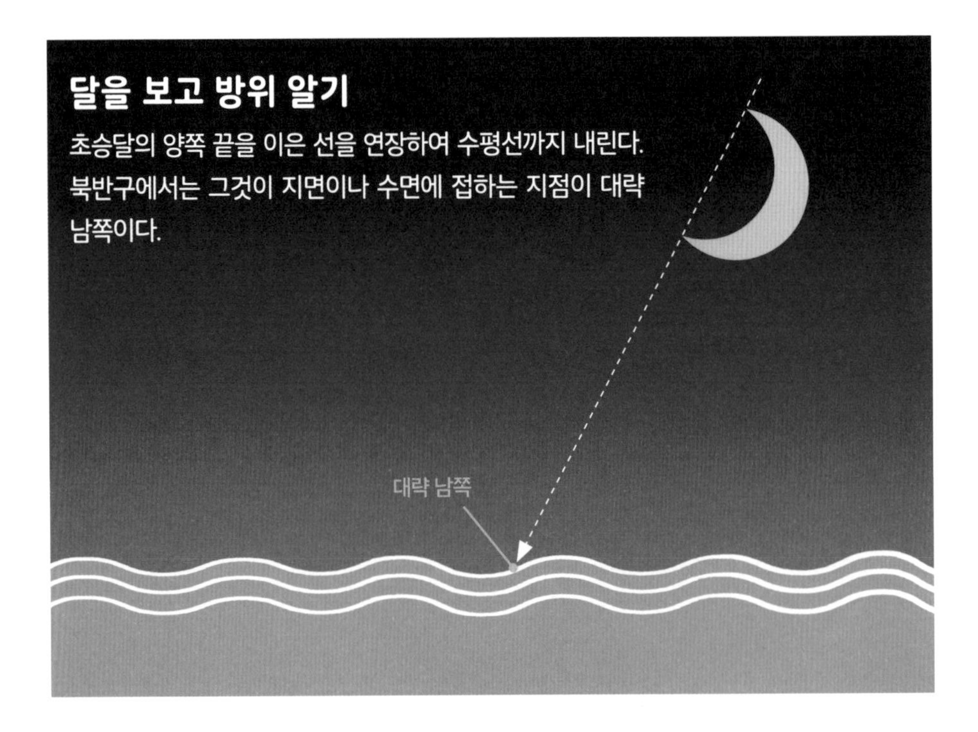

바늘을 컴퍼스로 사용하여 방위 알기

천(가능하면 비단)으로 바늘을 한쪽으로만 50회 정도 문지르면 바늘에 정전기가 생기면서 자기장을 띤다. 이것을 물을 담은 컵에 띄우면 표면장력으로 바늘이 뜨고 바늘이 남북을 가리킨다. 지금까지 알아본 방법으로 대략의 남북 방향을 알았다면 바늘 끝 방향과 바늘구멍 방향 중 어느 쪽이 북쪽인지 알 수 있다.

물에 띄울 때 바늘을 머리카락으로 여러 차례 문질러 머릿기름을 바르거나 식용유를 전체적으로 바르면 잘 뜬다.

태양과 막대기 그림자를 이용하여 방위 알기

지면에 수직으로 막대기를 세우고 지면에 드리우는 막대기 그림자의 이동으로 방위를 찾는 방법이다.

❶
지면에 막대기를 수직으로 세우고 막대기 그림자 끝에 돌멩이를 두거나 표시를 해 둔다.

❷
20분 정도 흐른 뒤 생긴 그림자 끝에도 돌멩이를 두거나 표시를 한다. 이 2번째 돌멩이나 표시가 1번째 돌멩이나 표시보다 동쪽을 가리킨다.

❸
1번째와 2번째를 선으로 이으면 동서의 선이 된다(2번째가 동쪽). 이 막대기에 수직으로 선을 그으면 북쪽과 남쪽을 알 수 있다.

1
2
동쪽
2
1
서쪽

자연을 관찰하여 방위 알기

북반구에서는 나무나 큰 바위 밑에 이끼가 많은 쪽이 북쪽이다.

양지바른 북쪽에 이끼가 자라고 있다.

일상용품으로 서바이벌 도구를 만들자

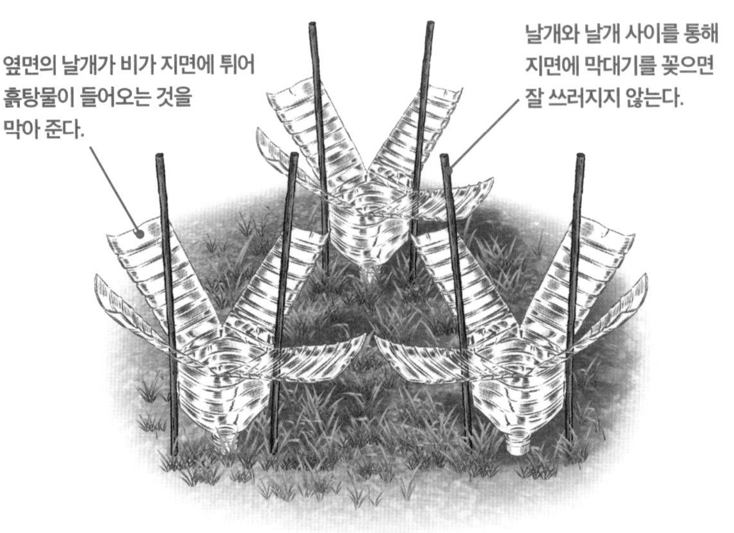

페트병으로 빗물 채집기 만들기

2L짜리 페트병의 바닥과 옆면을 잘라 옆면을 날개 모양으로 벌리면 빗물을 모으는 장치가 된다. 많이 만들어 설치하면 빗물을 다량으로 모을 수 있다.

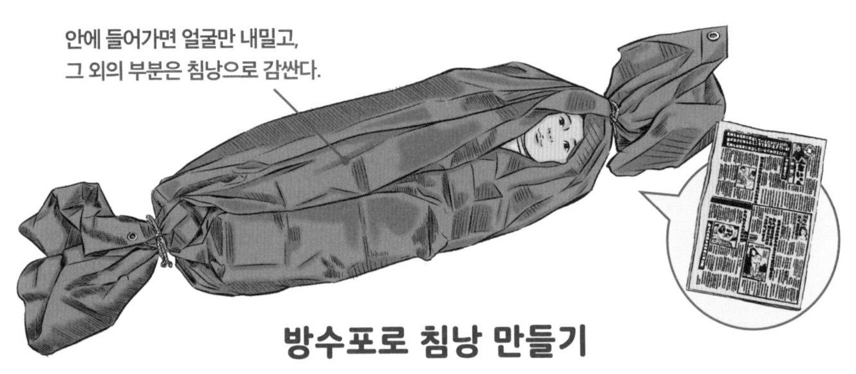

방수포로 침낭 만들기

다이소 등에서 구할 수 있는 1.8m × 2.7m 방수포와 신문지로 침낭을 만들 수 있다. 2.7m 쪽의 양 끝을 감아 방수포를 원통 모양으로 만들고 양 끝을 테이프나 끈 등으로 묶어 사탕 포장지 모양으로 만든다. 그 안에 신문지를 깔면 침낭이 완성된다.

제 3 장

매일 연습하는 기본 기술

제1장과 제2장에서 소개한 기술에는 로프나 칼을 다루는 부분이 있다.
여기서는 이와 관련된 기본 기술을 소개하겠다.
나무와 나무를 고정하거나 나무를 가공하는 등
익혀 두면 생존에 큰 도움이 되는 기술이다.
매일 연습해 두면 만일의 사태가 발생해도 걱정 없다.

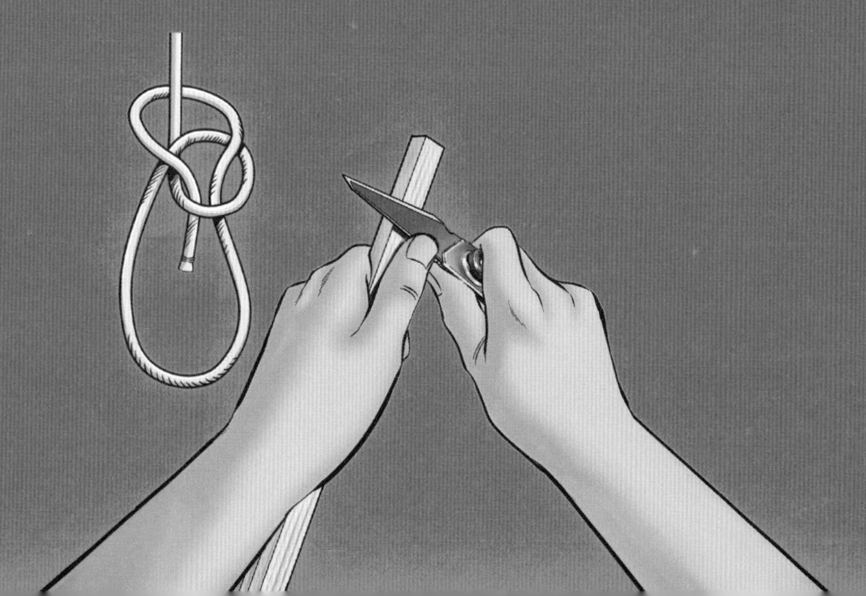

9 로프 다루는 법을 익히자

'로프 다루기'라고 하면 뭔가 어렵다고 생각할지 모른다. 하지만 신발끈이나 넥타이를 묶는 것도 로프 다루기의 일종이다.

로프 다루기가 재미있는 이유는 목적에 맞게 묶는 법을 달리할 수 있고 '묶을 때와 풀 때는 편하고 묶어 두면 잘 풀리지 않는다'는 점이다. 우리의 선조들은 로프나 밧줄 하나로 집을 짓고 다리를 연결하는 등 다양한 도구를 만들어 왔을 뿐만 아니라 옷에도 활용했다. 즉 로프 다루기는 사람이 살면서 불을 다루는 것과 마찬가지로 중요한 기술인 것이다.

로프 다루기의 기본은 '연결하기', '고리 만들기', '묶어서 고정하기', '얽어서 고정하기' 이 4가지다. 그럼 여러분도 만일의 사태를 대비해 로프 다루기의 기본을 익혀 보자.

'나무 의자'도 만들 수 있다!

그림은 숲속에 널린 지름 3~4cm 정도의 나무를 이용해 만든 의자이다. 사용된 매듭법은 '네모 얽기'이며 앉는 부분은 의자의 양쪽 옆을 로프로 감기만 했다. 일정한 굵기의 나무를 고르는 것과 다리는 살짝 '八(팔)'자로 벌려서 안정감을 주는 것이 요령이다. 나무를 구할 수 있다면 꼭 만들어 보자.

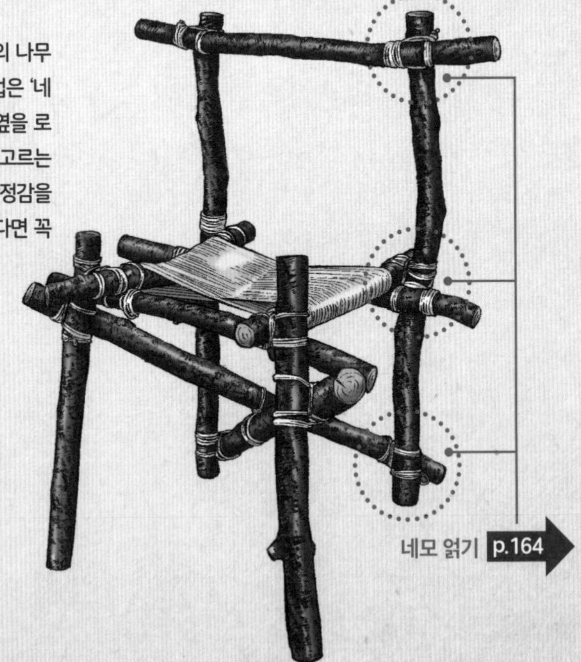

시판되는 로프의 소재는?

로프의 소재는 삼이나 면 등 천연섬유와 나일론, 폴리에스터, 비닐 등 화학섬유로 나눌 수 있다. 각각의 특징을 비교하여 사용할 로프를 선택하자.

천연섬유 소재

잘 늘어나지 않으며 잡았을 때 미끄럽지 않아 묶으면 잘 풀리지 않는다. 반면에 수분을 흡수하면 오그라들어 딱딱해지고 무거워지며 젖은 채로 두면 썩을 수도 있다.

화학섬유 소재

지름 10mm의 로프로 2t의 하중도 견딜 수 있고, 나일론 소재는 같은 굵기의 천연섬유 소재에 비해 3배 이상 강하다. 또한 유연하고 비교적 부드러워 두꺼운 로프도 손쉽게 묶을 수 있다. 썩을 걱정도 없다. 늘어나기 쉽지만 산행 중 추락했을 때 충격을 흡수해 주기도 한다. 단, 열에 약해서 자외선을 많이 받아 열화되면 미끄럽다.

대표적인 로프 두 종류의 구조

49

로프 끝단이 풀리지 않도록 처리하기

구매한 로프는 끝단 마감이 되어 있지 않아 그대로 사용하면 가닥이 잘 풀린다. 그래서 끝단이 잘 풀리지 않도록 처리해 주면 좋다. 방법은 여러 가지가 있지만 여기서는 명주실 등을 이용한 '휘핑'이라는 매듭법을 소개하겠다.

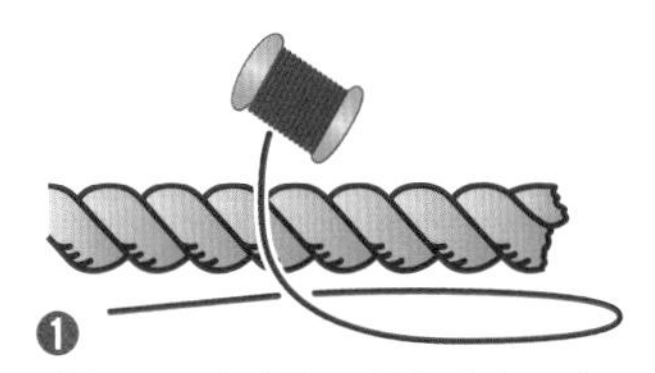

❶ 실을 로프에 맞춰 그림과 같이 고리를 만든다.

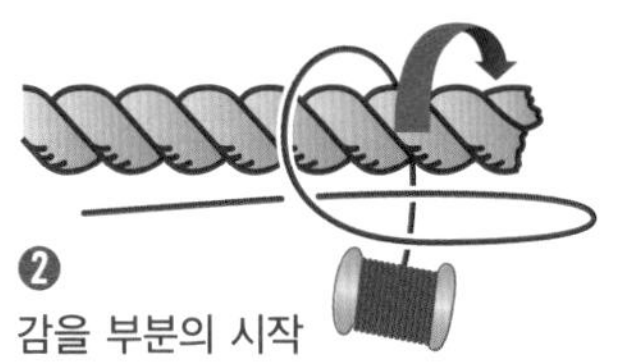

❷ 감을 부분의 시작점을 손가락으로 눌러 그림의 화살표 방향으로 단단히 감는다.

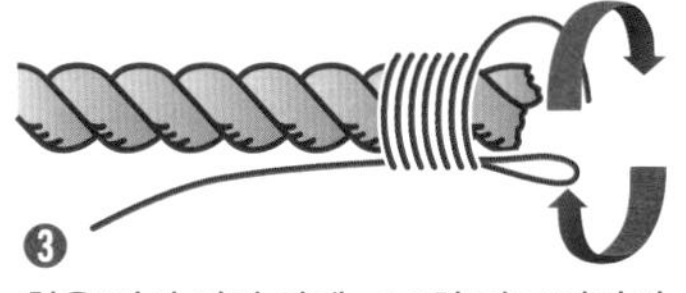

❸ 힘을 줘서 여러 차례~10회 정도 단단히 감는다.

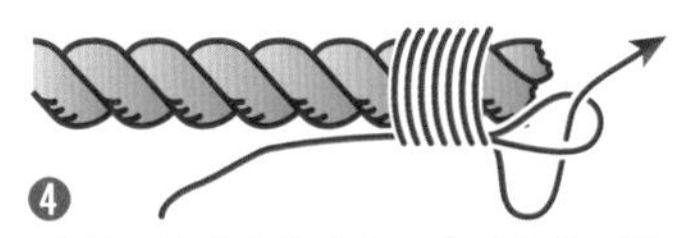

❹ 원하는 위치까지 감았다면 처음에 만들어 둔 고리에 실을 통과시킨다.

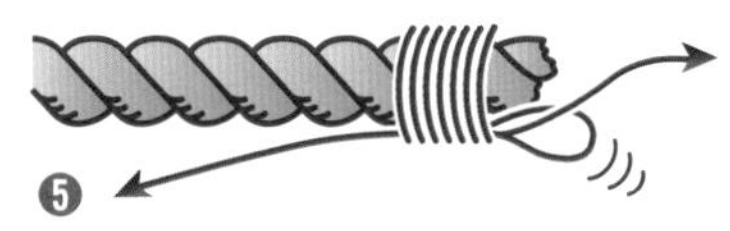

❺ 고리를 통과한 실의 끝단과 반대편 실의 끝단을 강하게 당긴다.

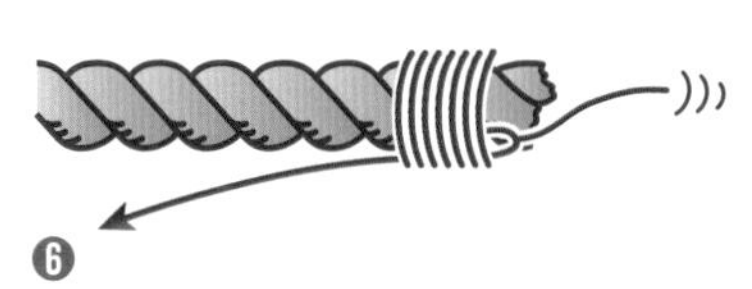

❻ 실의 양 끝단을 단단히 당긴다.

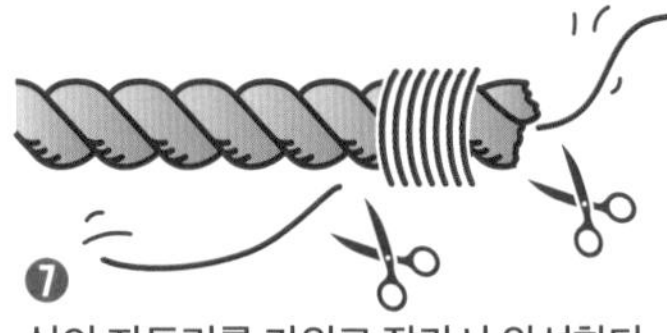

❼ 실의 자투리를 가위로 잘라서 완성한다.

[로프에 매듭짓기]

옭매듭 / 8자 매듭
Overhand knot / Eight knot

옭매듭은 로프 다루기의 기본 중의 기본이다. 구멍을 통과한 로프가 빠지지 않도록 스토퍼 역할을 하거나, 로프를 잡을 때 미끄러짐 방지에 사용한다. 8자 매듭은 큰 매듭이 생기므로 여러 번 매듭지어 '줄사다리'도 만들 수 있다.

옭매듭

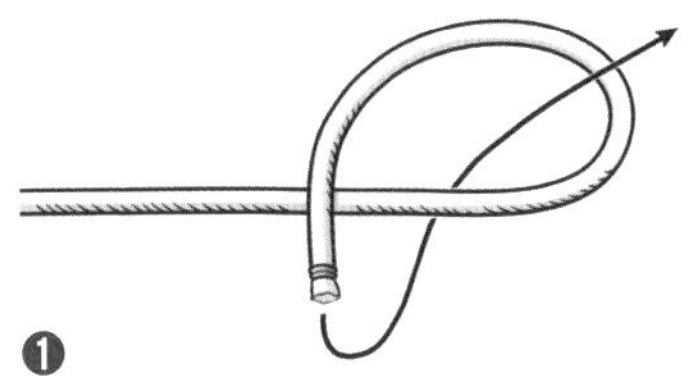

❶ 로프의 끝단을 고리처럼 교차시킨다.

❷ 그림과 같이 로프의 끝단을 통과시킨다.

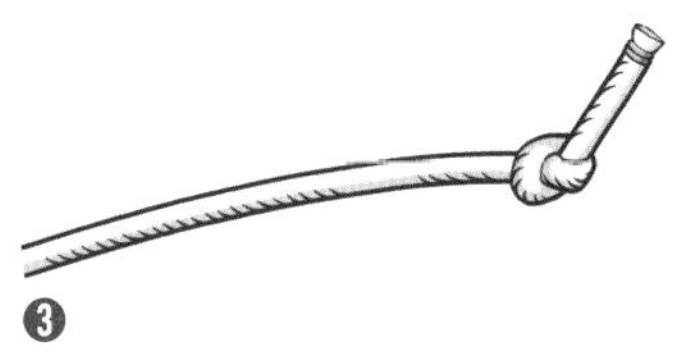

❸ 매듭을 짓는다.

8자 매듭

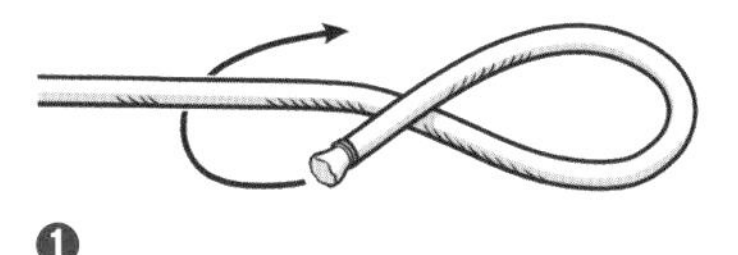

❶ 로프의 끝단에 고리를 만든다.

❷ 고리 안으로 로프의 끝단을 통과시킨다.

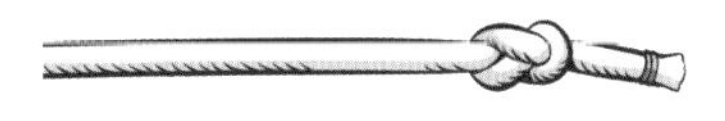

❸ 매듭을 짓는다.

[로프 연결하기]

맞매듭

Reef knot(Square knot)

1개의 로프로 물건을 묶을 때나 같은 굵기의 로프끼리 연결할 때 사용한다. '사각매듭'이라고도 한다. 단단히 묶어도 한쪽 끝단을 반대 방향으로 힘껏 당기면 쉽게 풀 수 있다.

❶
왼쪽의 로프를 위로 올리고 그림과 같이 로프의 끝단을 교차한다.

❷
고리를 만들면서 이번에는 오른쪽 로프를 위로 올려 다시 교차한다.

❸
교차한 로프의 끝단을 고리에서 빼내어 그림과 같은 모양이 되게 한다.

❹
매듭을 지어서 완성한다.

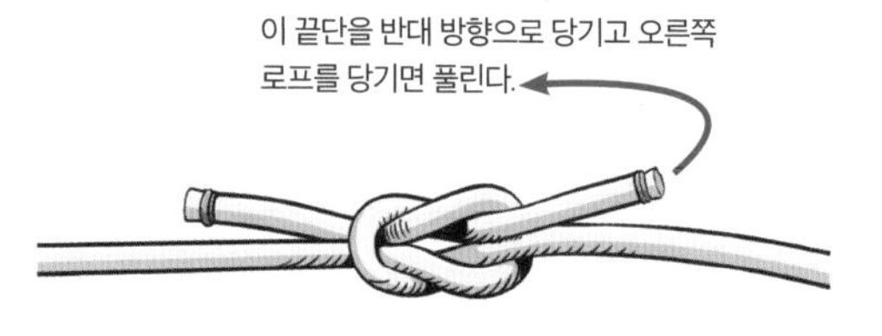

[로프 연결하기]

접친매듭
Sheet bend

두께나 소재가 다른 로프끼리 또는 미끄러지기 쉬운 로프를 연결할 때 사용하는 매듭법이다. 두께가 다를 때는 두꺼운 쪽을 접어서 묶으면 좋다. 묶는 것도 푸는 것도 쉬운 매듭법이다.

❶
한쪽 로프의 끝단을 접는다.

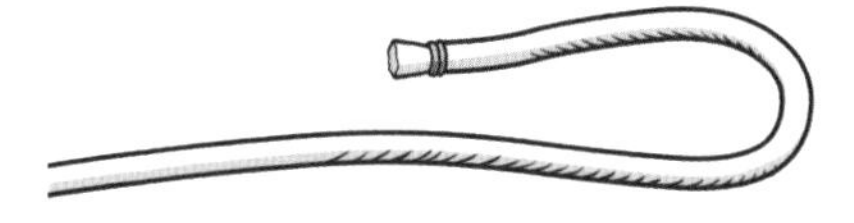

❷
다른 한쪽 로프를 그림과 같이 아래로 통과시킨다.

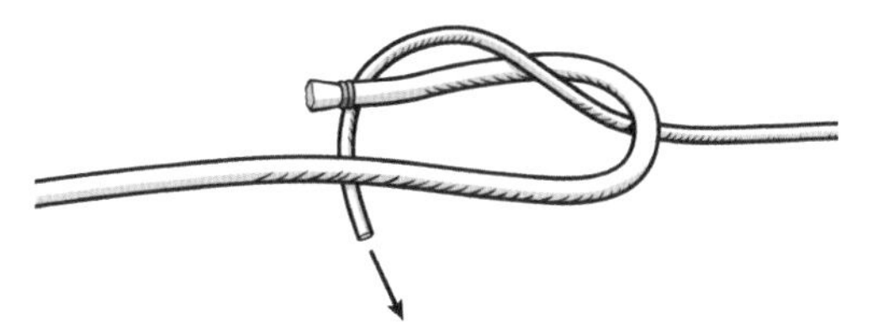

❸
처음에 접은 로프에 한 번 감아 그림과 같이 통과시킨다.

❹
매듭을 단단하게 짓는다.

[로프 연결하기]

피셔맨 매듭
Fisherman's knot

낚싯줄을 묶을 때 자주 사용해서 붙은 이름이다. 각각의 로프 끝단을 옭매듭으로 서로 묶는다. 두께가 다른 로프끼리도 연결할 수 있다.

❶
2개의 로프 끝단을 그림과 같이 나란히 맞춘다.

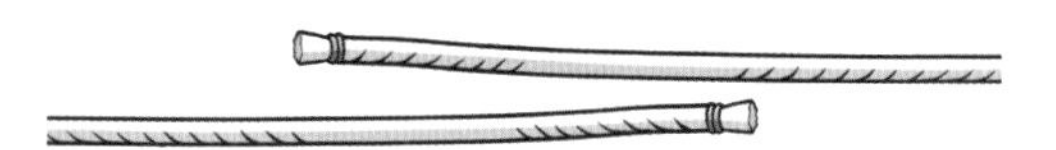

❷
한쪽의 끝단을 감듯이 '옭매듭'(p.151)으로 고리를 만든다.

❸
다른 한쪽의 끝단도 마찬가지로 옭매듭으로 고리를 만든다.

❹
각각 매듭을 짓고 로프를 화살표 방향으로 당긴다.

❺
2개의 매듭이 합쳐지면서 완성된다.

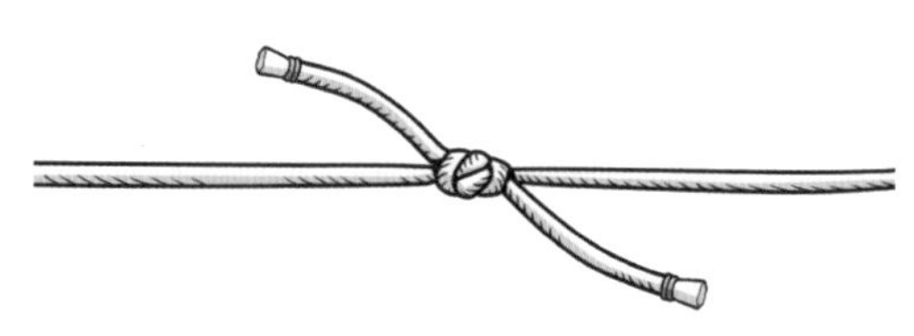

[고리 만들기]

보라인 매듭
Bowline knot

'매듭의 왕'이라고 불리는 매듭법이다. 원래는 배를 말뚝에 매어 고정할 때 사용했다. 당겨도 만든 고리의 크기가 변하지 않아서 구조 시에도 사용된다. 몸을 활용한 매듭법(p.156)도 익혀 두자.

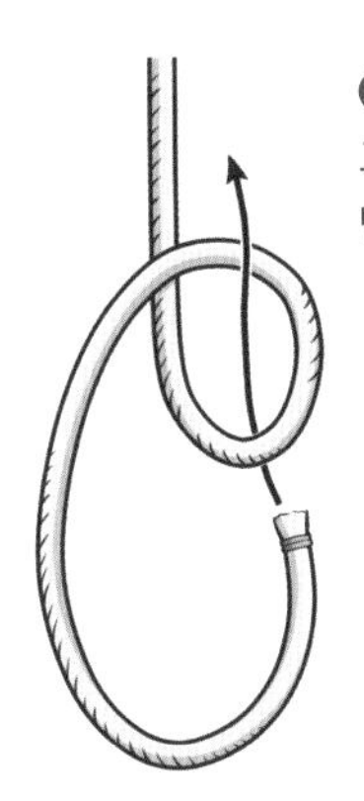

❶
그림과 같이 로프에 고리를 만든다.

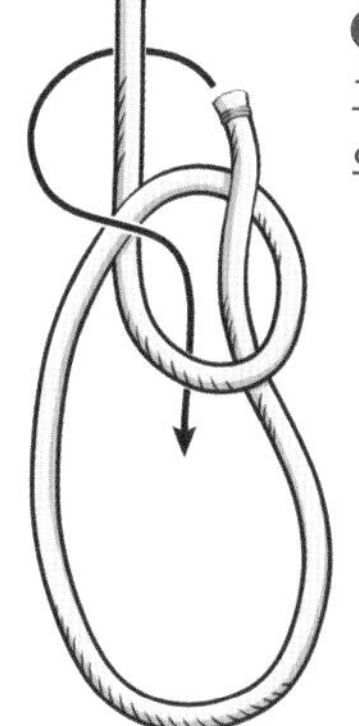

❷
고리 안으로 아래에서 로프의 끝단을 통과시킨다.

❸
그림과 같이 로프 뒤로 감아서 로프의 끝단을 고리 위로 넣어 통과시킨다.

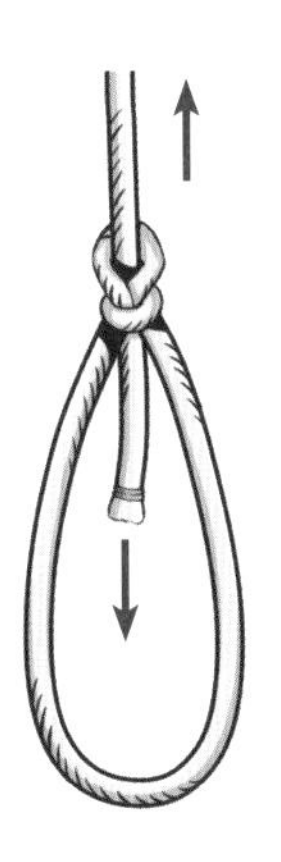

❹
로프를 당겨서 매듭을 완성한다.

몸을 활용한 보라인 매듭

구조용 로프를 자기 몸에 체결할 때 도움이 되는 매듭법이다. 이 매듭법을 모르고 무작정 몸에 로프를 묶으면 당겼을 때 로프가 풀리거나 몸이 심하게 죄여 위험할 수 있으므로 반드시 익혀 두자.

❶
로프를 몸통에 감는다. 로프의 끝단을 오른손으로 20cm 정도 남기고 잡는다.

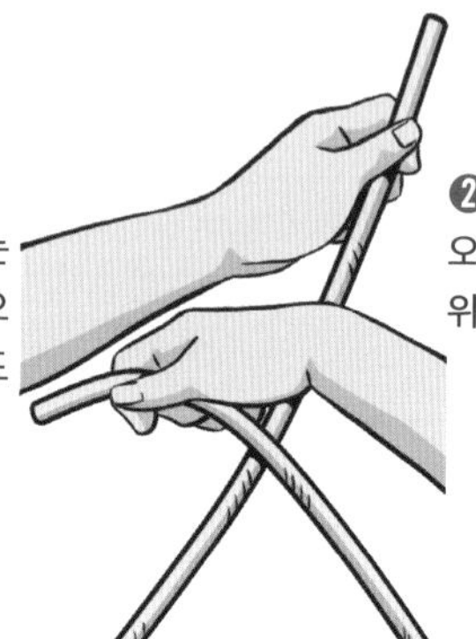

❷
오른손 손목을 왼쪽 로프의 위에 올린다.

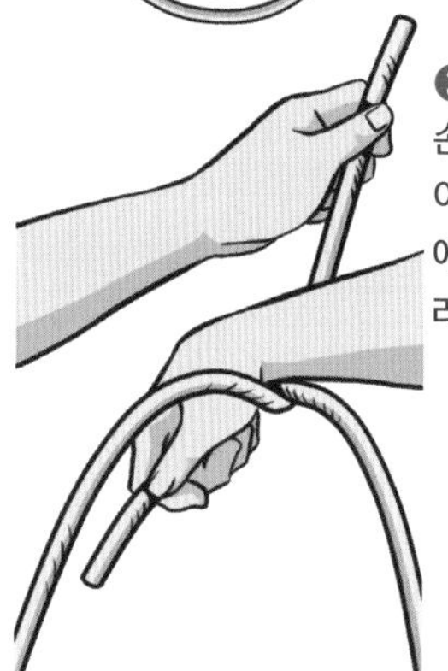

❸
손목을 돌려서 감듯이 왼쪽 로프의 아래에서 위로 손목을 돌려 넣는다.

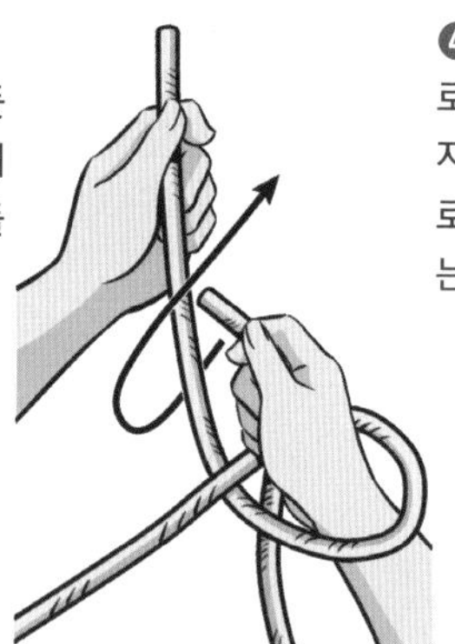

❹
로프를 쥔 채로 오른손 엄지를 살짝 놓아 왼손에 쥔 로프의 뒤쪽으로 로프를 감는다.

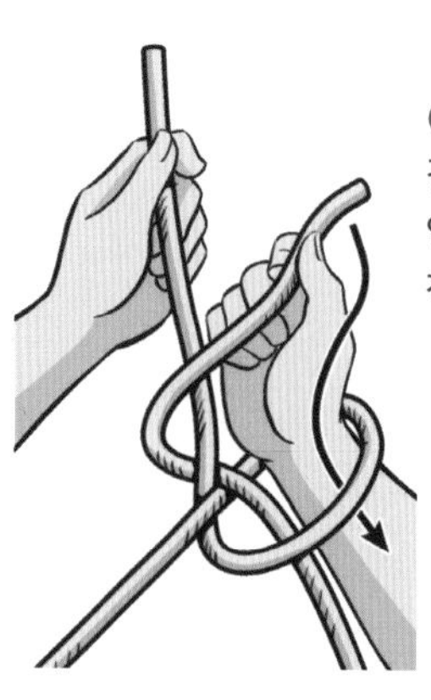

❺
감은 로프를 오른손 엄지와 검지로 순간적으로 고쳐 잡는다.

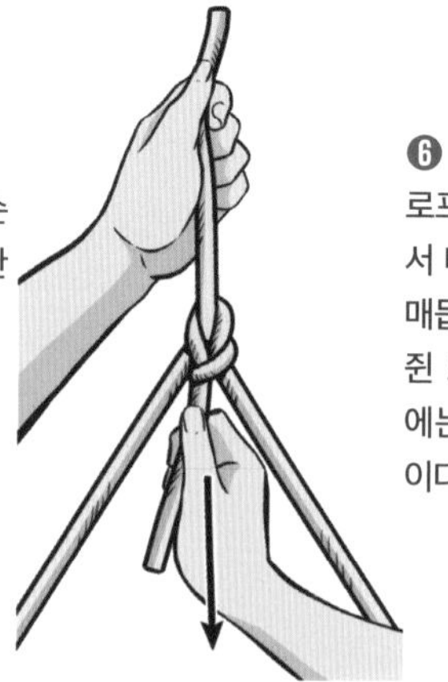

❻
로프를 쥔 오른손을 고리에서 빼내며 아래쪽으로 당겨 매듭을 짓는다. 오른손으로 쥔 로프의 끝단을 ❹ 이외에는 놓지 않는 것이 요령이다.

[사물에 로프를 묶어서 고정하기]

투 하프 히치
Two half hitches

하프 히치의 매듭을 2회 연속으로 묶는 매듭법이다. 묶기도 쉽고 풀기도 쉽지만 로프가 당기고 있는 한 풀리지 않아 편리하고 강력한 매듭법이다.

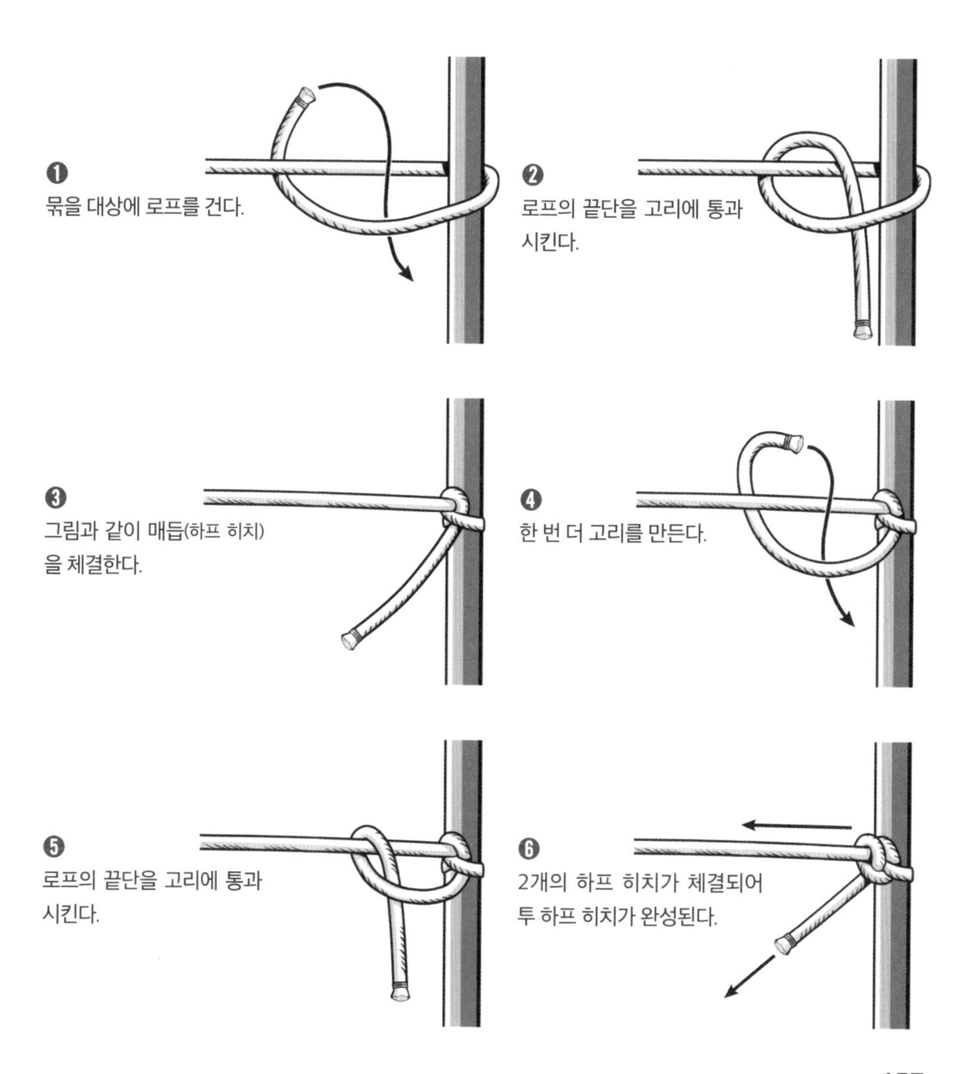

56

[사물에 로프를 묶어서 고정하기]

토트라인 히치
Tautline hitch

텐트나 나무에 묶은 로프의 장력을 조절할 수 있다. 매듭을 자유롭게 슬라이드할 수 있어 길이 조절이 쉽다. 캠핑 시 자주 사용하는 매듭법이다.

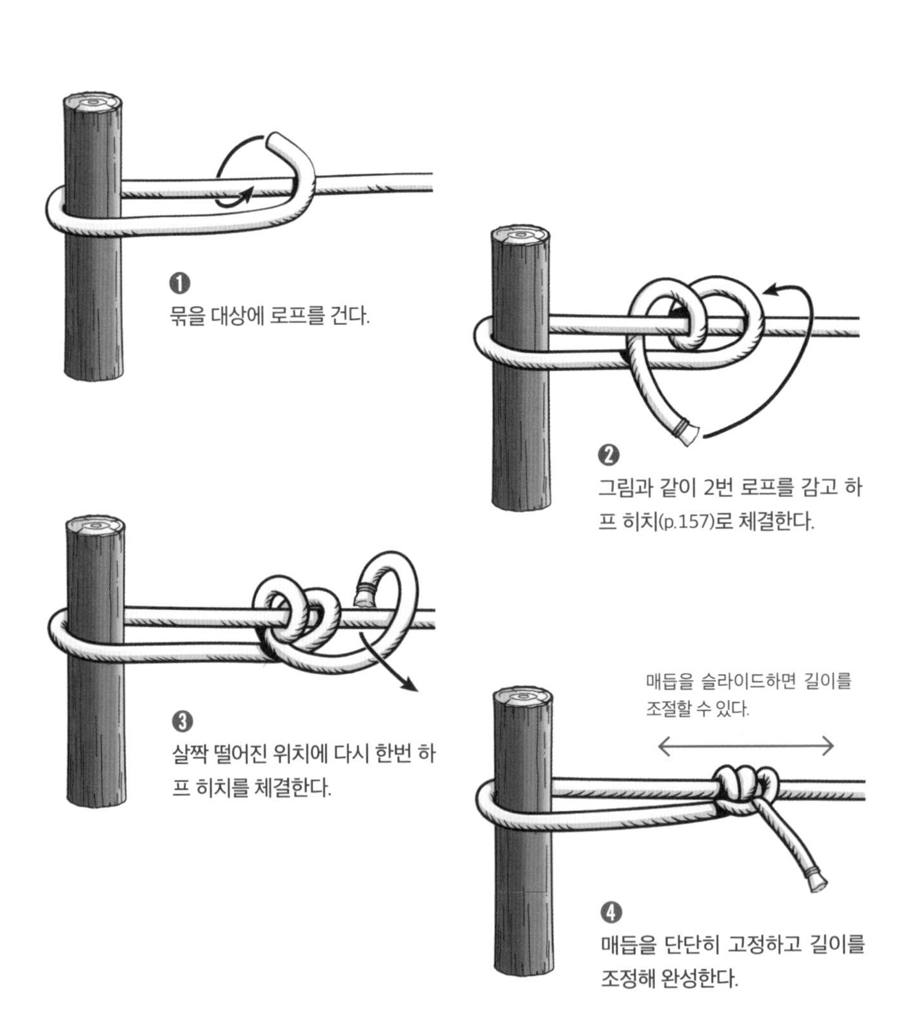

[사물에 로프를 묶어서 고정하기]

클로브 히치
Clove hitch

나무나 사물에 로프를 쉽게 묶을 수 있는 매듭법이다. 나무와 로프로 여러 가지 도구를 만들 때나 매듭의 시작과 끝을 고정할 때 사용한다.

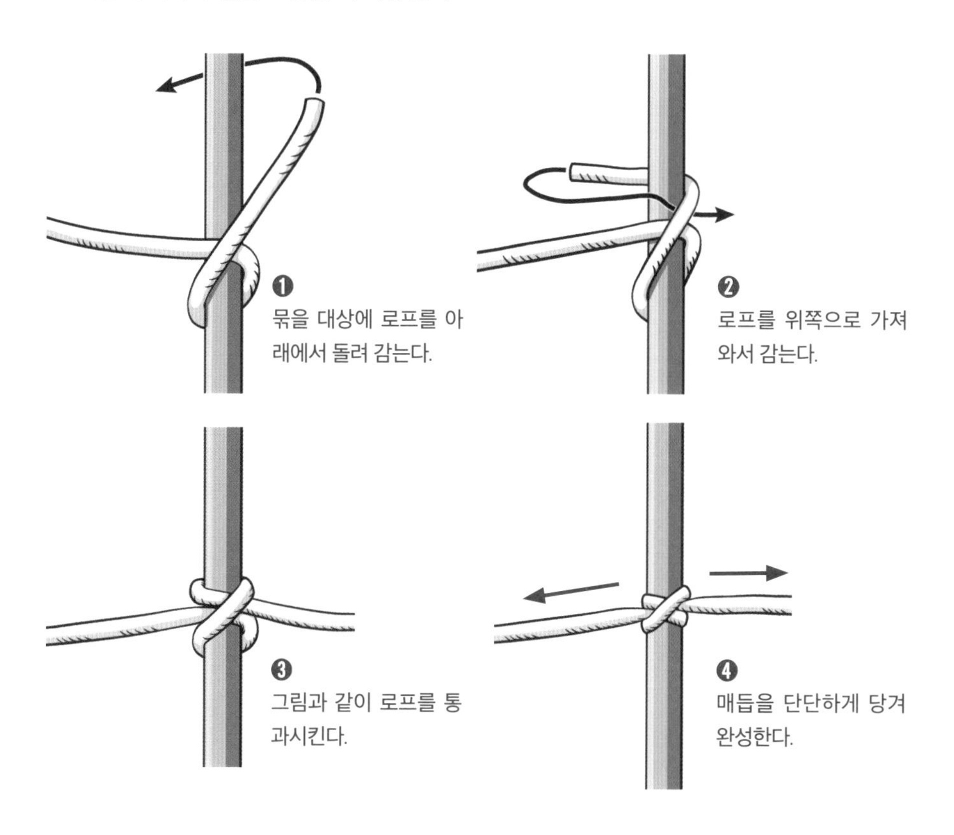

린페이 선생님의 한마디!

클로브 히치는 도구 만들기에 없어서는 안 될 매듭법이다. 반드시 익혀 두자.

58

푸르직 매듭
Prusik knot

나무 등에 로프를 체결하는 매듭법이다. 나무에 감은 로프에 하중을 걸면 단단히 고정되고 하중을 줄이면 로프를 위아래로 자유롭게 움직일 수 있는 재미있는 매듭법이다. p.180에 사용법을 소개했으니 참고하자.

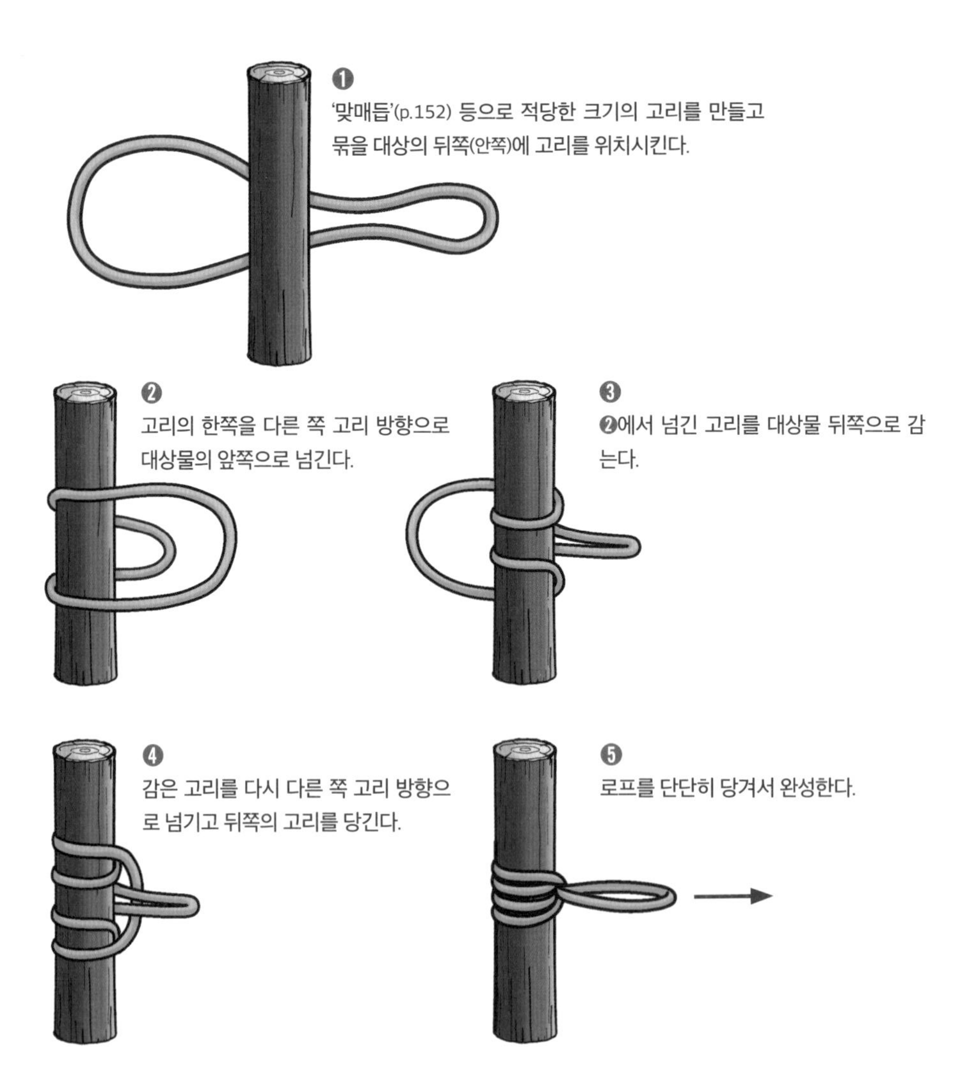

맨 하네스 매듭
Man harness knot

로프에 고리를 만들 수 있는 매듭법이다. 캠핑할 때 S자 고리로 랜턴을 매달거나 로프를 팽팽하게 고정할 때(p.178 참조) 도움을 준다.

❶
그림과 같이 로프로 고리를 만들고 고리의 왼쪽 아래를 직선 부분에 걸친다.

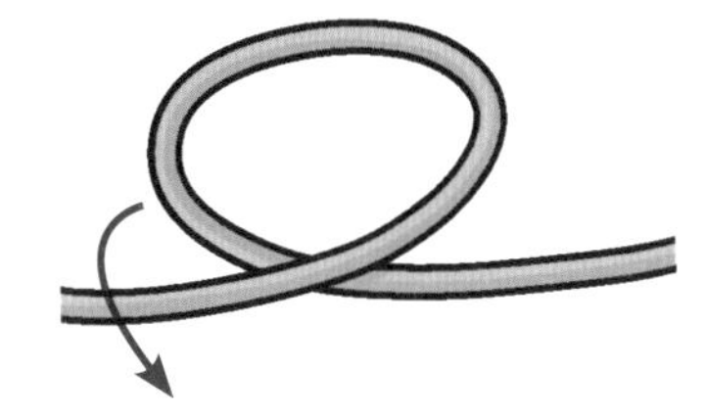

❷
고리의 윗부분을 그림과 같이 틈에 통과시킨다.

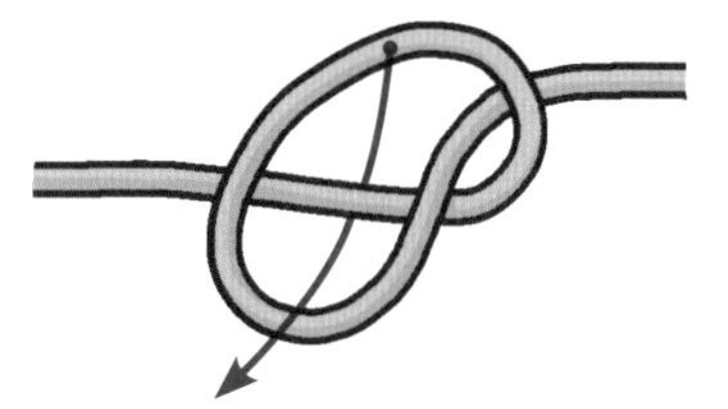

❸
틈을 통과한 부분을 왼쪽 아래로 끄집어내고 로프의 오른쪽 끝단을 당긴다.

❹
매듭을 단단히 고정하면 완성이다.

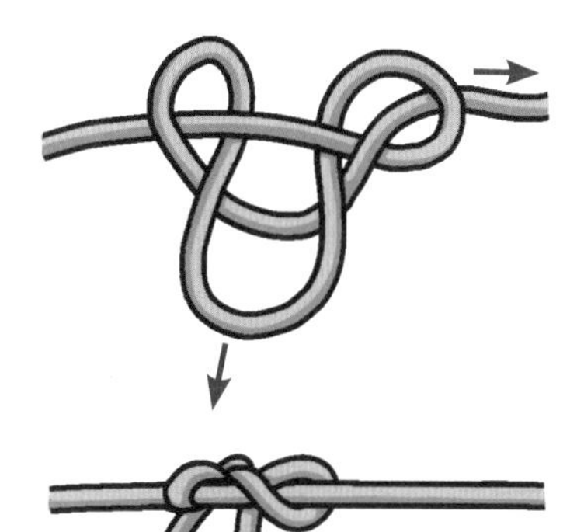

풀매듭
Slip knot

이름 그대로 로프의 한쪽을 당기면 쉽게 풀리는 매듭이다. 여기서는 풀매듭을 이용하여 사다리 만드는 법을 소개하겠다. 그네도 같은 방법으로 만들 수 있다.

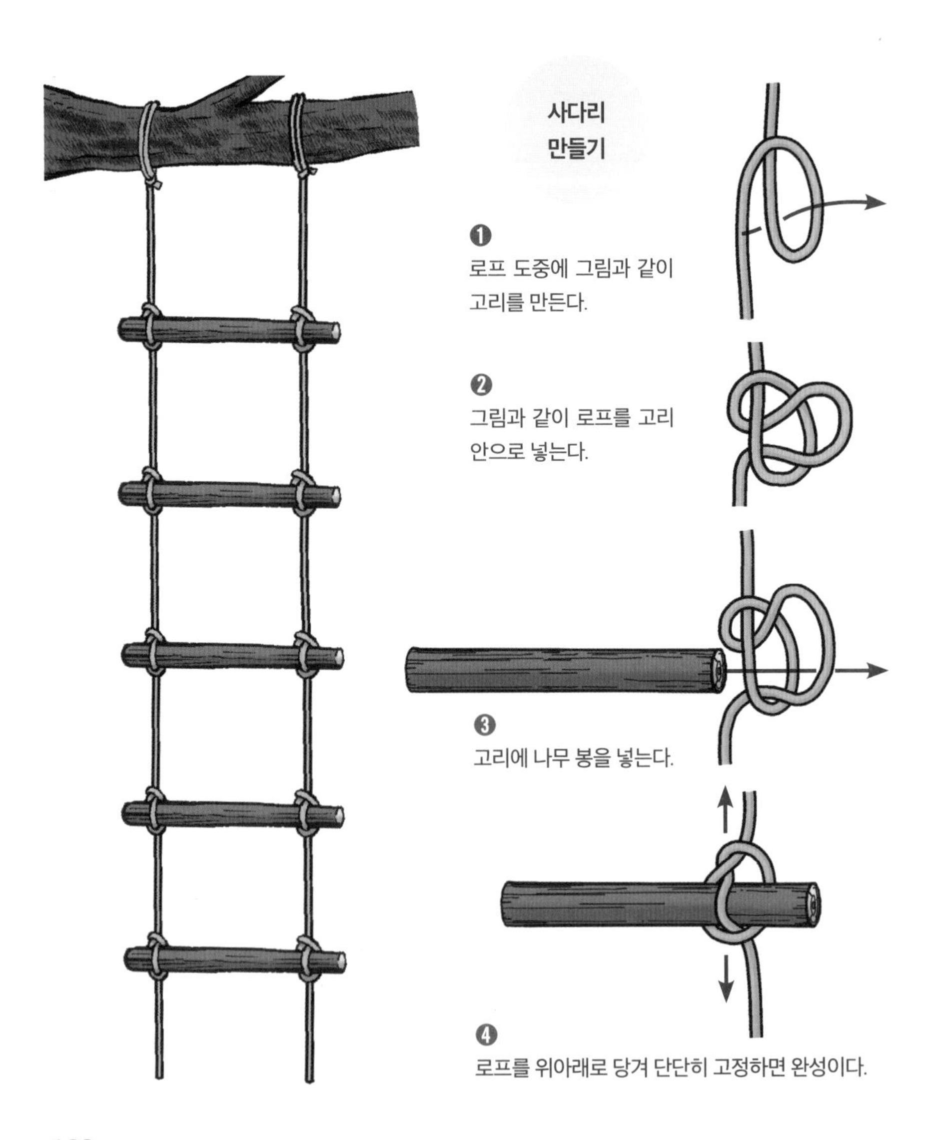

[나무 등을 얽어 고정하기]

나란히 얽기
Shear lashing

장대 2개 또는 3개로 다리가 달린 도구를 만들 때 편리한 매듭법이다. 장대와 장대 사이를 단단히 묶는 것이 중요하다.

2개의 장대를 교차하여 다리 만들기

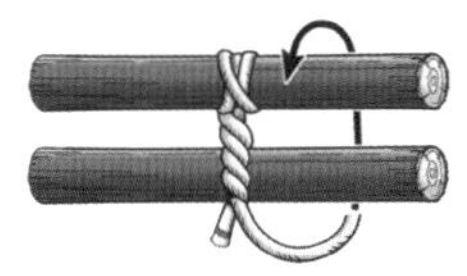

❶
한쪽 장대에 로프를 '클로브 히치'(p.159)로 묶고 남은 끝단은 긴 쪽 로프에 꼬아 감는다. 긴 쪽 로프를 화살표 방향으로 두른다.

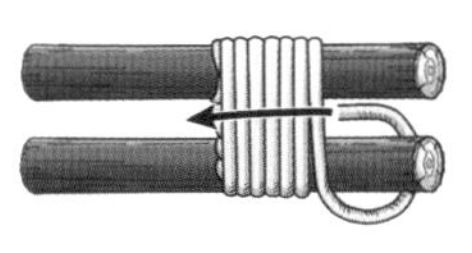

❷
다른 한쪽의 장대와 함께 겹쳐서 여러 차례 감는다.

❸
로프를 장대 사이로 넣고 직각 방향으로 강하게 감는다.

❹
마지막으로 장대 한쪽에 '클로브 히치'로 묶어 완성한다.

3개의 장대로 삼각 다리 만들기

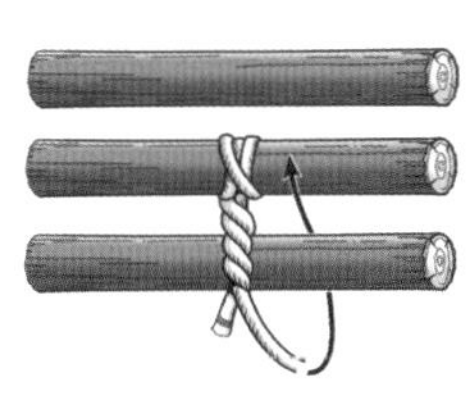

❶
중간 장대부터 '클로브 히치'(p.159)로 묶고 감기 시작한다. 로프의 남은 끝단은 긴 쪽 로프에 꼬아 감는다. 긴 쪽 로프를 화살표 방향으로 두른다.

❷
로프를 그림과 같이 장대 사이를 드나들도록 통과시킨다.

❸
계속해서 여러 차례 장대 사이를 드나들도록 로프를 통과시킨다.

❹
각각의 장대 사이에 로프를 넣어 직각 방향으로 강하게 감고 어느 한쪽의 장대에 '클로브 히치'로 묶어 완성한다.

62

[나무 등을 얽어 고정하기]

네모 얽기
Square lashing

직각으로 교차한 장대를 고정하는 매듭법이다. 야외에서 의자나 테이블 등 다양한 도구를 만들 때 유용하므로 반드시 익혀 두자. 장대 사이를 단단히 감아 묶으면 뒤틀리지 않고 튼튼한 도구를 만들 수 있다.

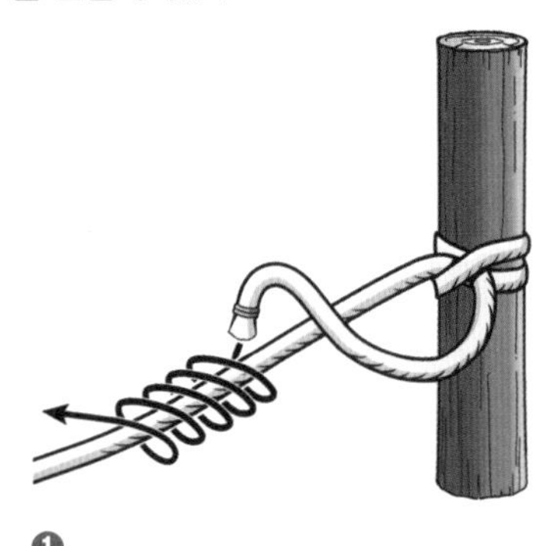

❶
기둥이 되는 장대에 로프를 '클로브 히치'(p.159)로 묶는다. 남은 로프의 끝단을 화살표 방향으로 꼬아 감는다.

❷
그림과 같이 로프의 끝단을 긴 쪽 로프에 감는다.

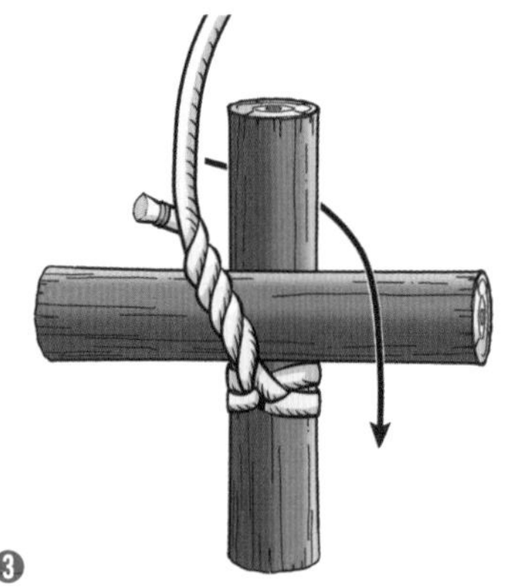

❸
감기 시작한 부분 위로 다른 장대를 올리고 로프를 화살표 방향으로 두른다.

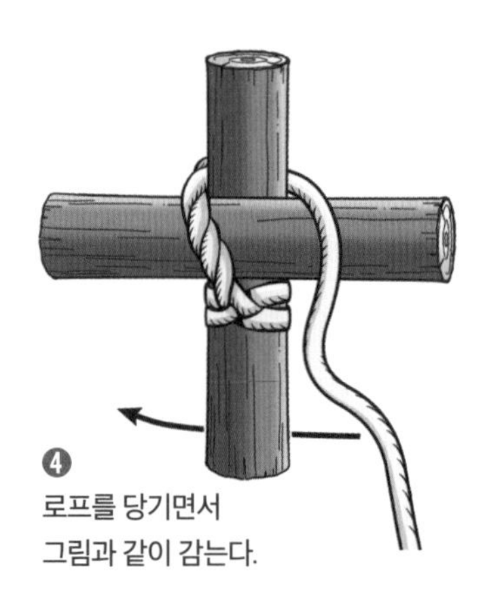

❹
로프를 당기면서
그림과 같이 감는다.

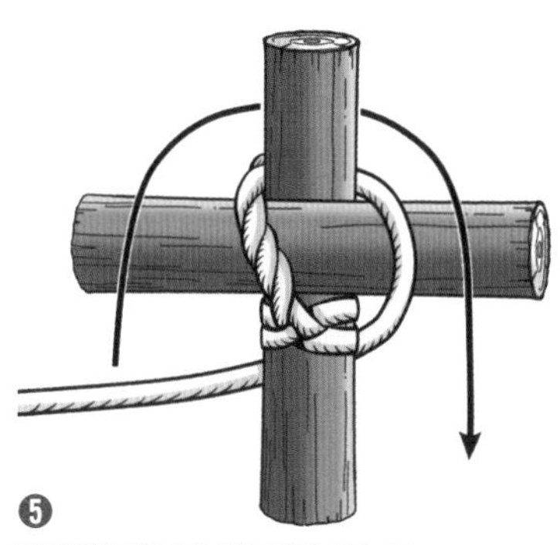

❺
장대의 교차 부분을 죄며 감는다.

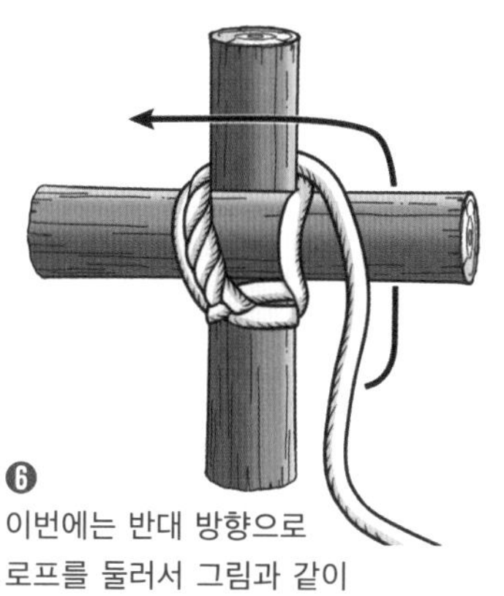

❻
이번에는 반대 방향으로
로프를 둘러서 그림과 같이
로프를 죄며 2~3회 감는다.
장대가 두껍다면 감는 횟수를 늘린다.

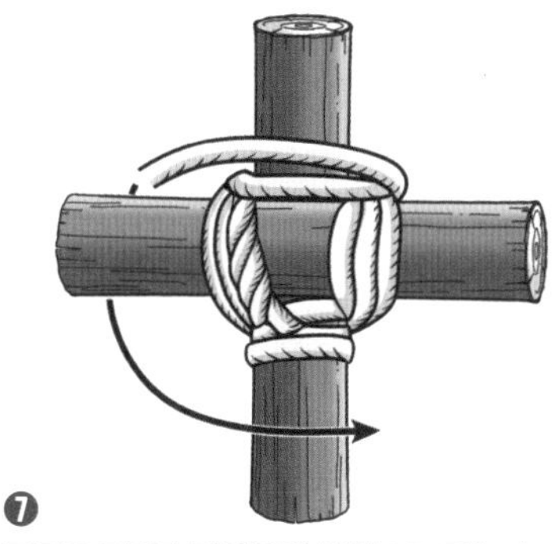

❼
로프를 그림과 같이 직각 방향으로 감는다.

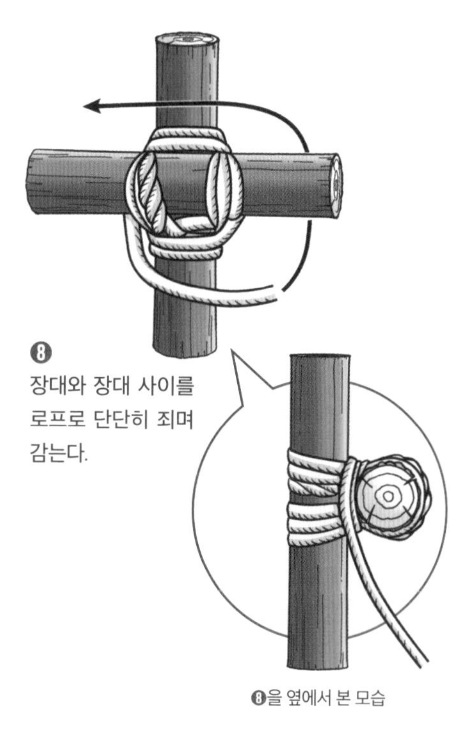

❽
장대와 장대 사이를
로프로 단단히 죄며
감는다.

❽을 옆에서 본 모습

❾
마지막으로 '클로브 히치'로 묶어 완성한다.

맞모금 얽기
Diagonal lashing

사각 구조물은 대각선 방향으로 망가지기 쉬워 보강재를 설치하면 좋은데 이때 사용하는 매듭법이다. 흔들리지 않는 의자나 테이블을 만들어 보자.

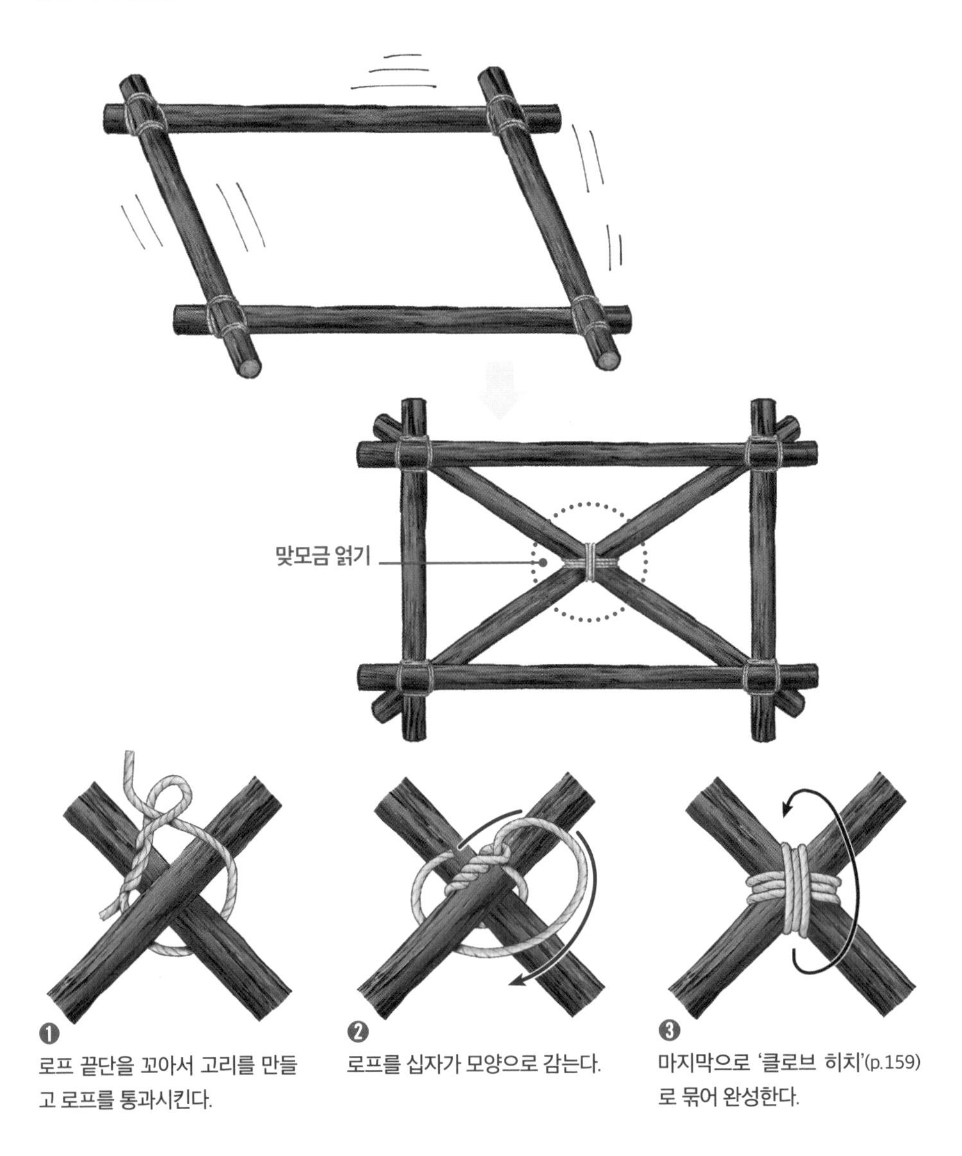

❶ 로프 끝단을 꼬아서 고리를 만들고 로프를 통과시킨다.

❷ 로프를 십자가 모양으로 감는다.

❸ 마지막으로 '클로브 히치'(p.159)로 묶어 완성한다.

발판 얽기
Floor lashing

가로로 나란히 장대나 통나무를 고정하는 매듭법이다. 합판이 없을 때 장대를 판 모양으로 만들 수 있다. 묶을 때 나무 하나하나에 힘을 넣어 단단히 죄야 하므로 꼼꼼하게 얽어 고정하자. 테이블은 물론이고 뗏목도 만들 수 있다.

❶
'클로브 히치'(p.159)로 시작 부분을 고정하고 남은 로프를 여러 차례 꼬아 감는다.

❷
로프가 장대 사이를 드나들도록 감고 단단히 죈다.

❸
마지막에도 '클로브 히치'로 고정해 완성한다.

의자 만들기

'네모 얽기'(p.164)는 장대나 통나무를 직각으로 고정할 수 있다. 이런 특징을 이용하면 장대로 사각형 골조를 만들어 의자나 테이블, 야외 화장실의 변기 등도 만들 수 있다.

'네모 얽기'로 만드는 의자

로프를 감는 시작점과 끝점은 '클로브 히치'(p.159)를 사용한다. 로프가 헐거워져 만든 도구가 망가지지 않도록 해 줄 뿐만 아니라 매듭이 깔끔하고 만든 도구도 튼튼하게 보이기 때문이다.

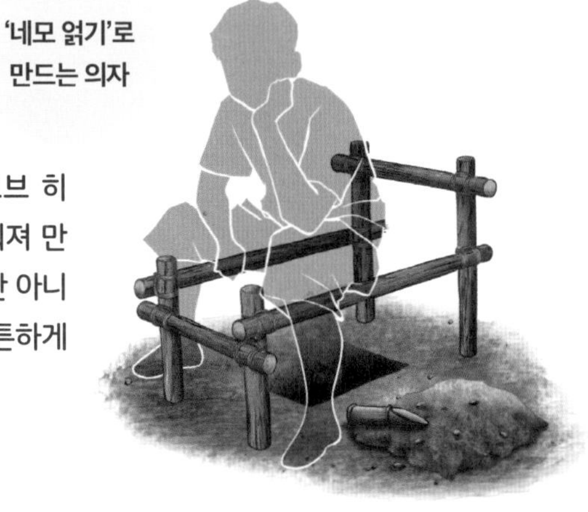

의자 달린 테이블

A형 프레임(p.17) 2개를 마주 세워서 '맞모금 얽기'로 보강하면 의자 달린 테이블도 만들 수 있다. 테이블의 끝단과 의자 사이는 30cm 정도 벌리면 앉을 때 편하다.

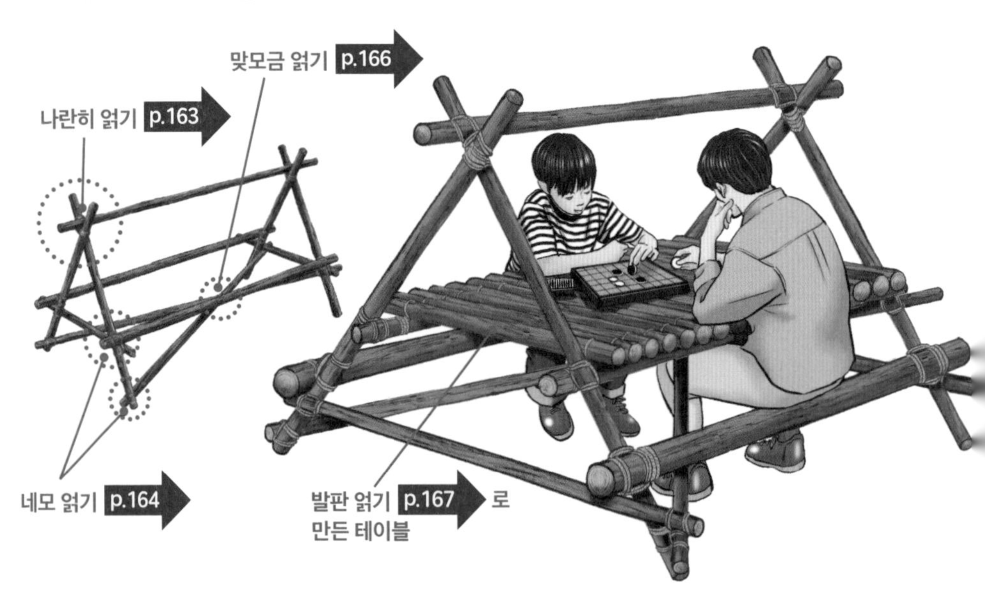

화덕 만들기

요리할 때 필요한 화덕을 로프로 지을 수도 있다. 이동도 가능해서 재해 등 만일의 사태가 일어났을 때 편리하니 배워 두자.

나란히 얽기 p.163

A형 프레임 화덕

앞 페이지의 '의자 달린 테이블'을 이용하면 이동이 가능한 화덕을 만들 수 있다. 비가 와도 이동할 수 있어 재해 시 편리하다.

삼각 화덕

다음 페이지 '삼각 벤치 해먹 만들기' ❶의 삼각 지지대를 이용한 간단한 화덕이다. 삼각 지지대 아래의 지면에 돌을 둥글게 깔고 그 위로 조리 기구를 매단다. 랜턴을 걸 때도 유용하다.

67

삼각 벤치 해먹 만들기

삼각 벤치 해먹은 '맞매듭'(p.152), '클로브 히치'(p.159), '나란히 얽기'(p.163), '네모 얽기'(p.164) 등 4종류의 매듭법으로 만든다. 이등변 삼각형으로 접은 방수포를 매다는 위치나 삼각형의 모양에 변화를 주면 몸이 편안한 안락의자와 같은 효과를 낼 수 있다.

재료 및 도구

- 장대(지름 5cm × 길이 180cm) : 4개

※ 장대 대신에 둥근 봉을 사용해도 좋다.

- 방수포(180cm × 180cm) : 1장
- 로프(지름 4mm 정도) : 4m 3개, 2m 3개
- 면 테이프
- 작은 돌멩이 3개

❶
'나란히 얽기'(p.163)로 4m 로프와 장대 3개를 이용해 삼각 지지대를 만든다.

❷
삼각 지지대의 다리에서 위로 40~50cm 정도의 위치에 4m 로프를 이용하여 '네모 얽기'(p.164)로 장대를 고정한다. 장대와 장대 사이는 90cm 정도 벌린다.

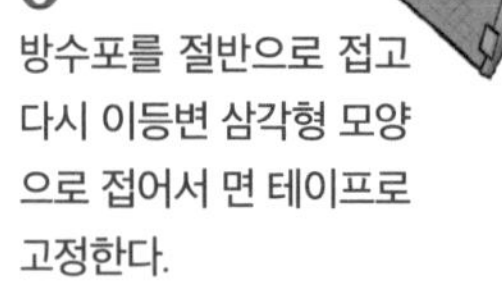

❸
방수포를 절반으로 접고 다시 이등변 삼각형 모양으로 접어서 면 테이프로 고정한다.

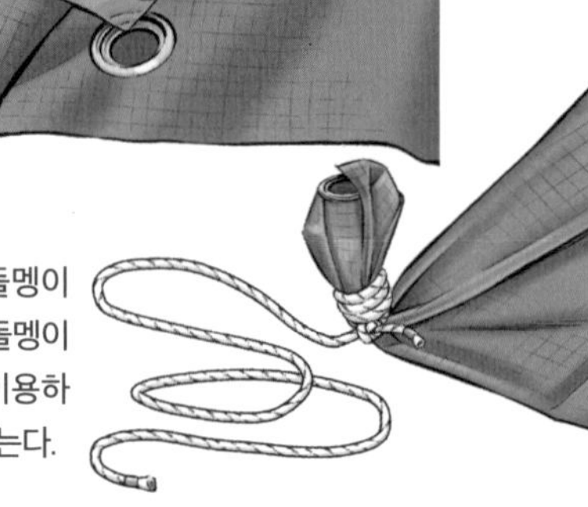

❹
삼각형 모서리에 작은 돌멩이를 둔다. 방수포로 작은 돌멩이를 감싸서 2m 로프를 이용하여 '맞매듭'(p.152)으로 묶는다.

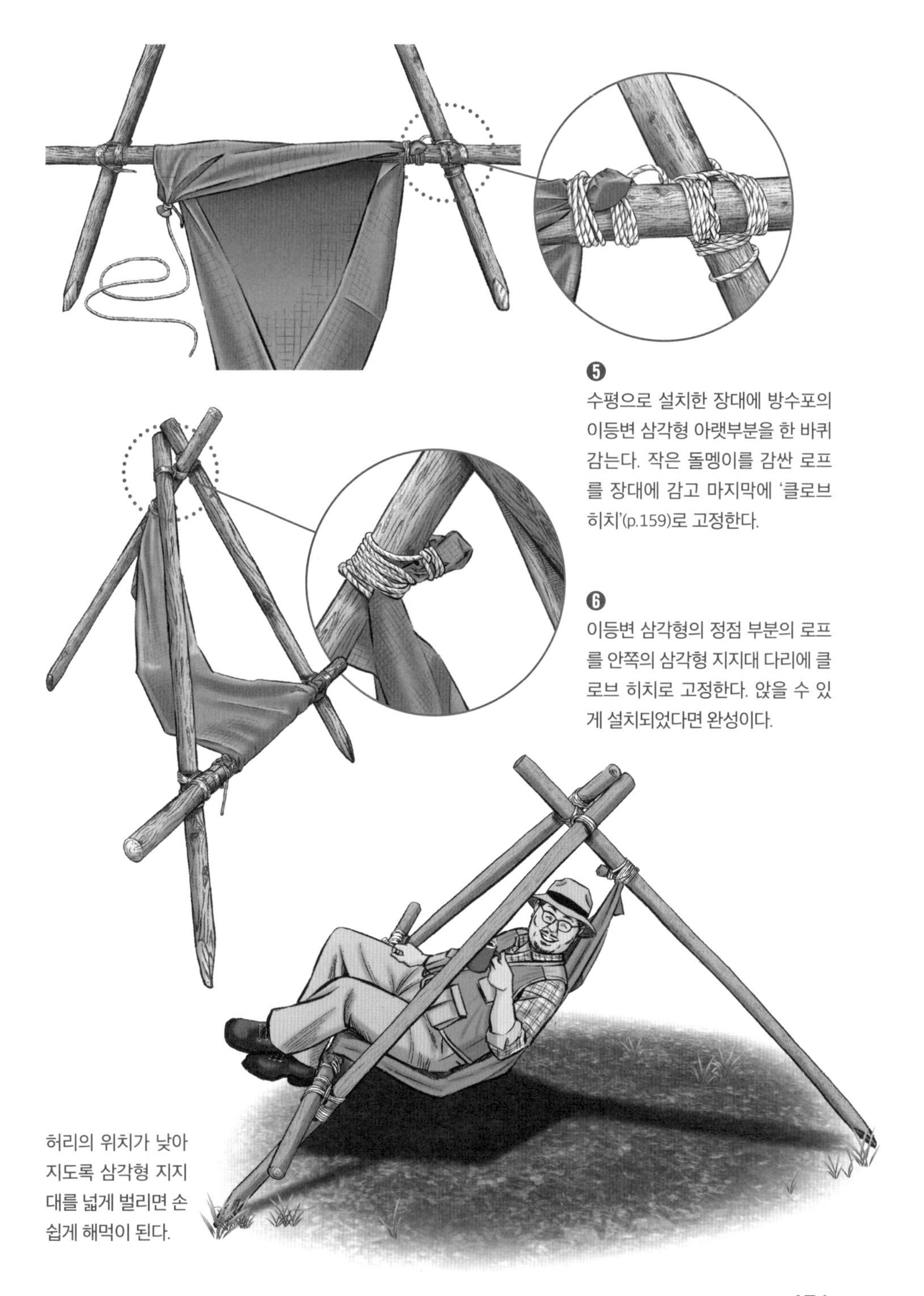

❺
수평으로 설치한 장대에 방수포의 이등변 삼각형 아랫부분을 한 바퀴 감는다. 작은 돌멩이를 감싼 로프를 장대에 감고 마지막에 '클로브 히치'(p.159)로 고정한다.

❻
이등변 삼각형의 정점 부분의 로프를 안쪽의 삼각형 지지대 다리에 클로브 히치로 고정한다. 앉을 수 있게 설치되었다면 완성이다.

허리의 위치가 낮아지도록 삼각형 지지대를 넓게 벌리면 손쉽게 해먹이 된다.

다양한 장소에 해먹 설치하기

해먹은 지면이 돌밭이거나 물웅덩이가 있어도 설치해 누울 수 있는 우수한 아웃도어 도구이다. 해먹은 나무와 나무 사이에 매달아 사용하지만 여기서는 나무가 없어도 설치할 수 있는 신기한 해먹을 만들어 보자.

1. 자립 스탠드 만들기

해먹을 매달 '자립 스탠드'는 로프로 당겨 세운다. 당길 때 수월하도록 각목에 아이 볼트, 아이너트, 와셔를 장착한다.

재료 및 도구

- 각목(36mm × 45mm × 길이 약 985mm) : 2개
- 아이너트(M10 사이즈 / 사용하중 140kgf) : 2개
- 아이볼트(10 × 80 사이즈 / 사용하중 50kgf) : 2개
- 스테인리스 와셔(내경 10mm × 외경 22mm × 두께 1.5mm) : 4장
- 전동 드릴(10mm 목공용 드릴 비트)

❶
그림과 같이 각목의 45mm 면에 전동 드릴로 지름 10mm의 구멍을 뚫는다.

처음에 송곳 등으로 작은 구멍을 내면 원하는 위치에 수월하게 구멍을 뚫을 수 있다. 철물점 등에 뚫어 달라고 해도 좋다.

❷
너트를 제거하고 와셔 1장을 통과시킨 아이볼트를 각목에 뚫어 둔 구멍에 넣는다.

❸
반대편으로 나온 볼트에 와셔 1장을 통과시킨다.

❹
❷에서 빼 둔 너트를 장착하고 아이너트를 끼워서 고정한다.

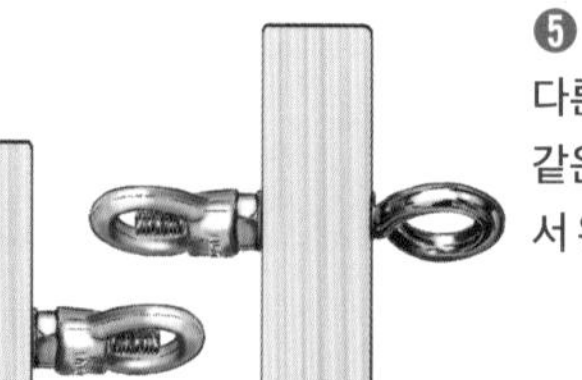

❺
다른 하나의 각목도 같은 부품을 장착해서 완성한다.

2. 해먹 만들기

시중에서 구하기 쉬운 방수포로 만드는 해먹이다. 윗면과 아랫면을 각각 묶어도 되지만 누웠을 때 머리나 다리 부분이 좁아지므로 여기서는 모서리를 묶는 좁지 않은 해먹을 만들어 보자.

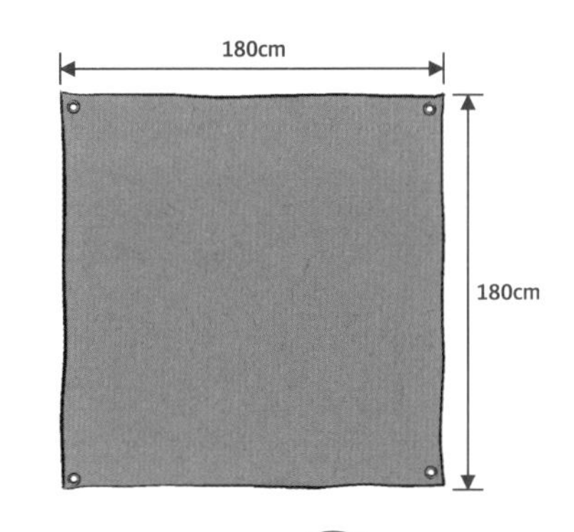

재료

- 방수포(180cm × 180cm) : 1장
- 로프(지름 4mm 정도 × 길이 1m 정도) : 4개

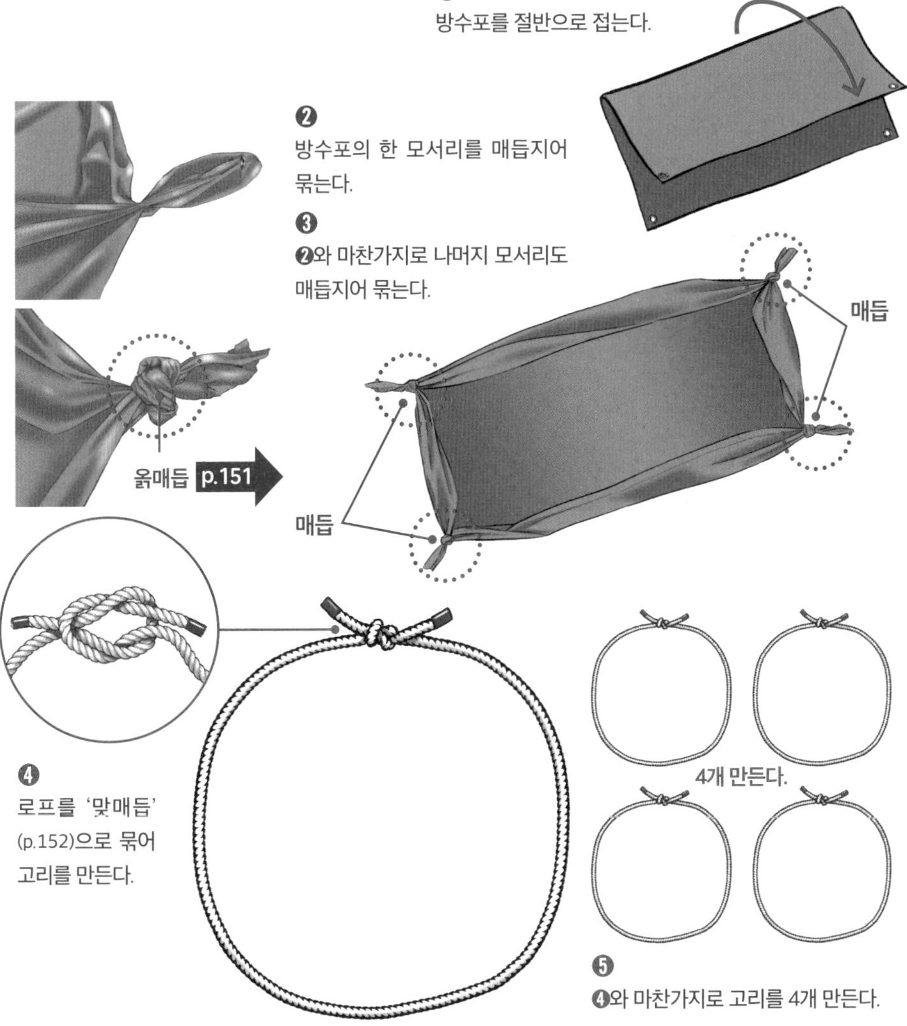

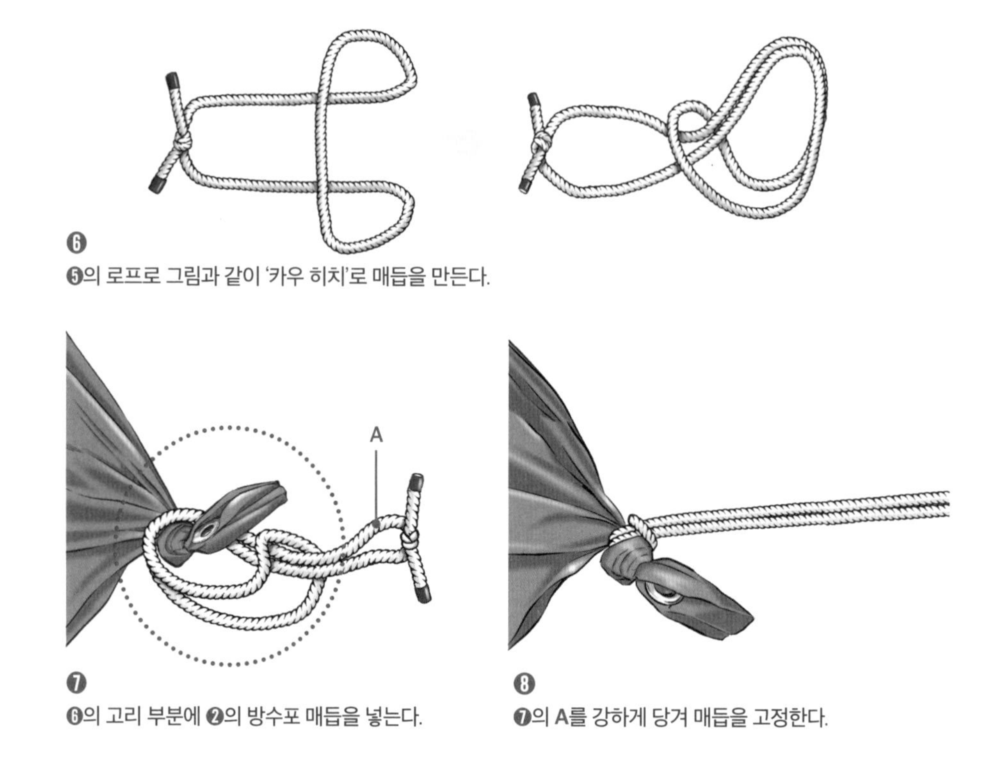

❻
❺의 로프로 그림과 같이 '카우 히치'로 매듭을 만든다.

❼
❻의 고리 부분에 ❷의 방수포 매듭을 넣는다.

❽
❼의 **A**를 강하게 당겨 매듭을 고정한다.

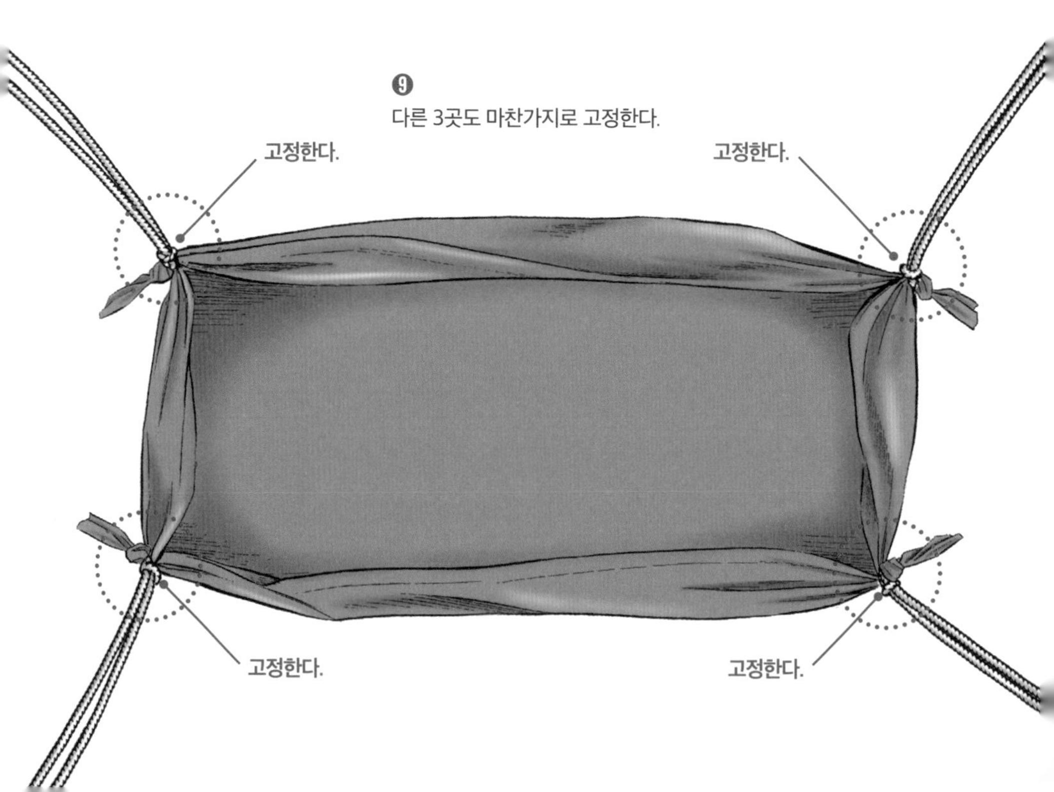

❾
다른 3곳도 마찬가지로 고정한다.

3. 해먹 걸기

자립 스탠드에 방사 모양으로 설치한 로프를 팽팽하게 당기면, 흔들리지 않고 사람이 올라타도 끄떡없는 튼튼한 해먹이 완성된다.

재료 및 도구

- 팩 : 8개
- 로프(5m) : 4개
- 고무 망치(팩 설치용)

가닥으로 만든 로프를 자립 스탠드 위의 고리에 '카우 히치'(p.174)로 묶는다.

해먹의 로프를 자립 스탠드 위에 걸고 자립 스탠드를 설치할 위치를 정한다.

180cm 정도의 거리

지면에 5~10cm 정도의 구멍을 파고 자립 스탠드를 세운다.

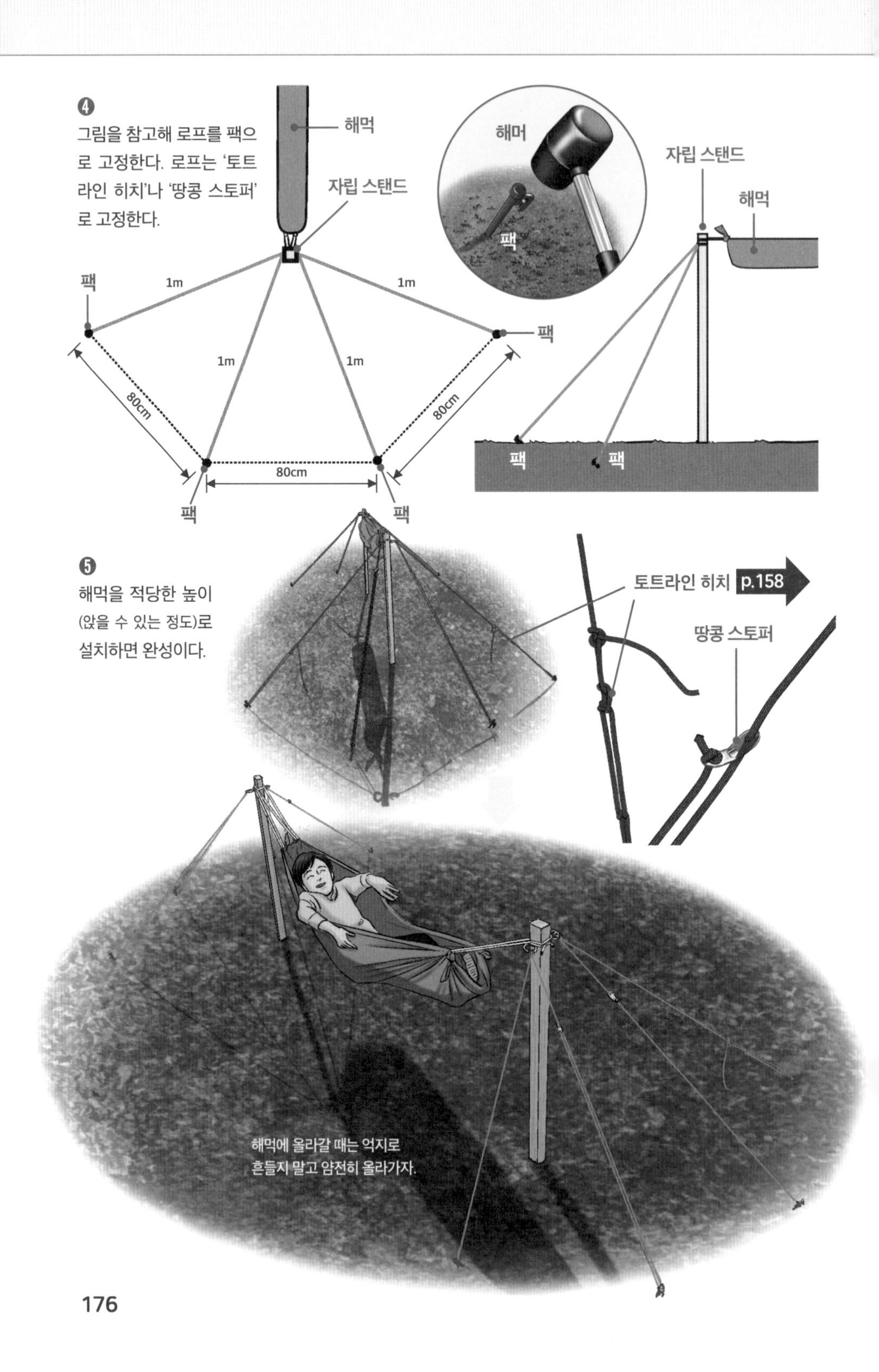
❹
그림을 참고해 로프를 팩으로 고정한다. 로프는 '토트라인 히치'나 '땅콩 스토퍼'로 고정한다.
해먹
자립 스탠드
팩
1m
1m
1m
1m
팩
80cm
80cm
80cm
팩
팩
해머
팩
자립 스탠드
해먹
팩
팩
❺
해먹을 적당한 높이 (앉을 수 있는 정도)로 설치하면 완성이다.
토트라인 히치
p.158
땅콩 스토퍼
해먹에 올라갈 때는 억지로 흔들지 말고 얌전히 올라가자.

침상 만들기

'네모 얽기'(p.164)를 사용하지 않는 A형 프레임(p.17)으로 침상을 만들 수 있다. 단상이 높은 침상은 벌레나 동물의 접근을 피할 수 있어서 정글이나 숲에서 매우 유용하다.

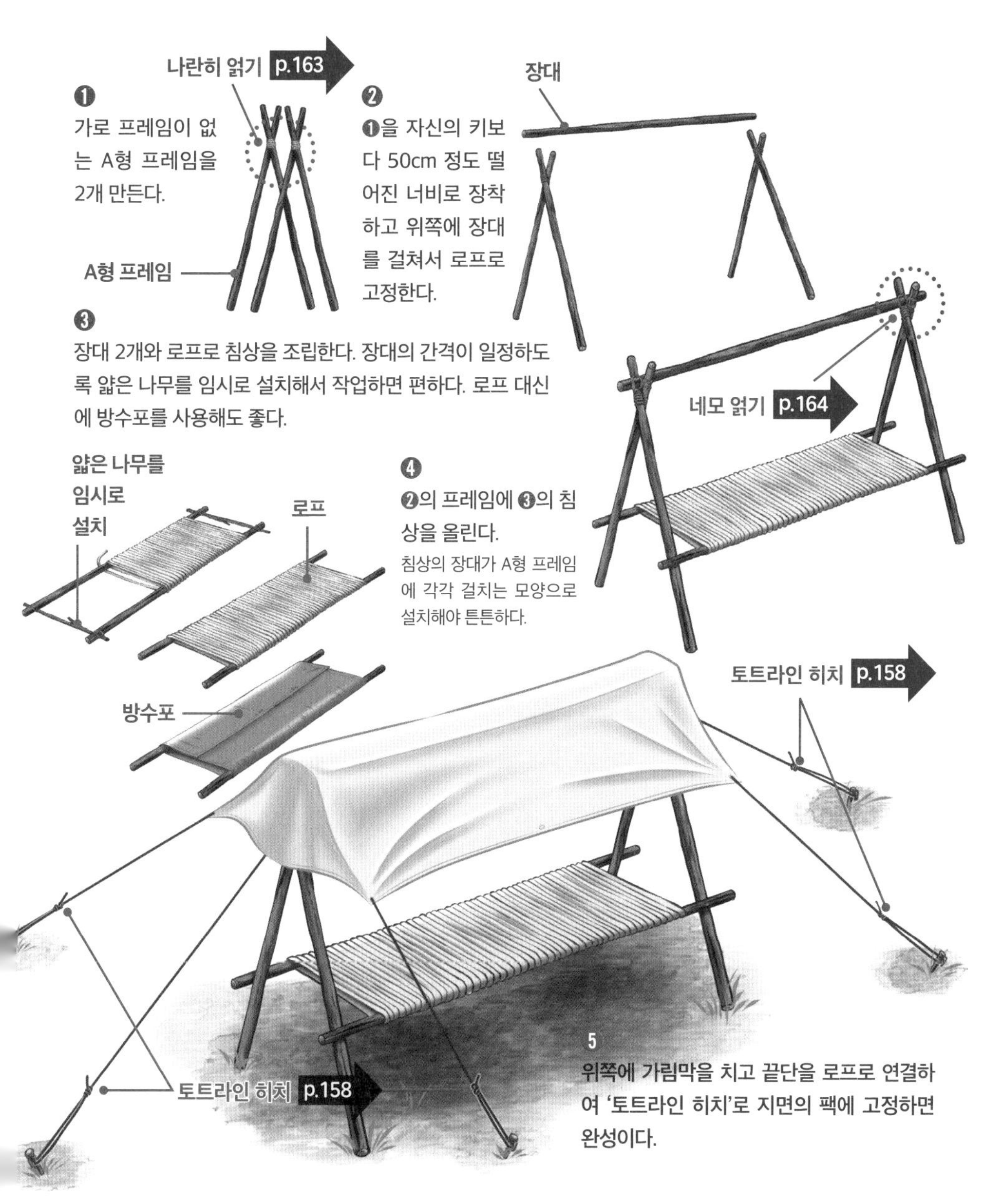

로프를 설치하여 이동하기

사람이 매달려도 문제없는 나무와 나무 사이 로프 설치법을 소개하겠다. 사용하는 로프는 지름 15mm 이상의 등산용이 좋다. 나일론 테이프는 늘어나므로 주의해서 사용하자.

❶
나무A에 고정하는 로프는 '클로브 히치'로 묶은 후 '하프 히치'로 고정하며 도중에 '맨 하네스 매듭'으로 고리를 만든다.

❷
나무B에 로프를 감고 ❶에서 만든 '맨 하네스 매듭'의 고리에 통과시켜 여러 명이 함께 로프를 힘껏 당긴다.

❸
몇 차례 힘을 줘서 로프를 당기고 나무C에 '하프 히치'로 묶는다. 남은 로프는 나무에 '클로브 히치'로 고정해 완성한다.

로프만으로 이루어진 다리도 만들 수 있다.

로프를 이용하여 나무 오르기

나무 오르기가 서툴러도 로프를 사용하면 쉽게 오를 수 있다. 단, 나무를 오를 때는 헬멧을 반드시 착용하고 가죽장갑이나 목장갑을 끼자.

발을 디딜 수 있는 로프로 나무 오르기

나무에 발을 디딜 수 있는 로프를 설치해 오르는 방법이다.

❶
'맞매듭'으로 로프에 고리를 만들고 그림과 같이 '카우 히치'(p.174)로 나무에 설치한다. 고리의 크기는 나무에 설치한 후 신발이 들어갈 정도의 크기가 좋다. 나무의 높이에 따라 고리로 만든 로프를 몇 개 더 만들어 벨트에 끼워 두면 좋다.

❷
첫 번째로 설치할 로프는 무릎 정도의 높이가 좋고 두 번째는 가슴 정도가 좋다.

❸
오를 때는 첫 번째 로프에 한쪽 발을 걸고 양손으로 단단히 나무를 잡는다. 그리고 두 번째 로프에 다리를 걸고 자세를 바르게 잡은 후 체중을 다음 로프로 이동시켜 오른다.

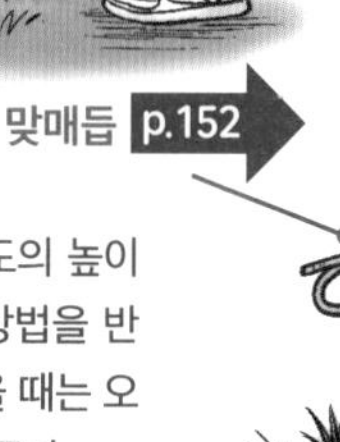

맞매듭 p.152

❹
자세가 안정되면 다시 무릎 정도의 높이에 로프를 감아 설치한다. 이 방법을 반복하면서 나무를 오른다. 내려올 때는 오를 때 감아 둔 로프를 이용하면 좋다.

푸르직 매듭으로 오르기

1개의 로프를 나무의 높은 가지에 걸어 오르는 방법이다.

❶
'맞매듭'으로 로프 고리를 3개 만든다. 나뭇가지에 걸린 로프에 '푸르직 매듭'으로 3개의 고리를 만들어 가장 위는 '겨드랑이 아래'에, 나머지 2개는 '좌우 다리'에 건다.

❷
먼저 좌우 다리 중 하나에 체중을 싣는다. 이때 균형은 체중을 실은 다리와 겨드랑이 아래의 로프로 잡는다.

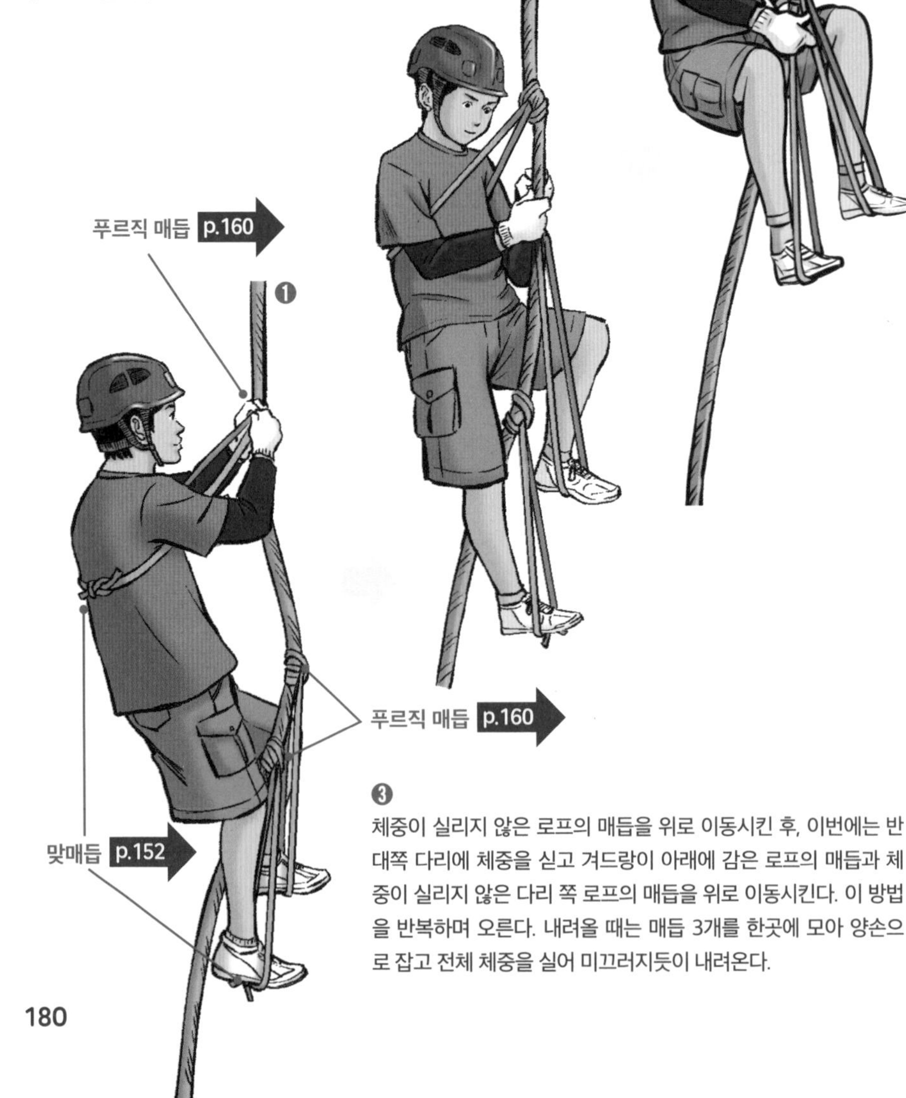

❸
체중이 실리지 않은 로프의 매듭을 위로 이동시킨 후, 이번에는 반대쪽 다리에 체중을 싣고 겨드랑이 아래에 감은 로프의 매듭과 체중이 실리지 않은 다리 쪽 로프의 매듭을 위로 이동시킨다. 이 방법을 반복하며 오른다. 내려올 때는 매듭 3개를 한곳에 모아 양손으로 잡고 전체 체중을 실어 미끄러지듯이 내려온다.

트리하우스 짓기

A형 프레임(p.17)을 응용하면 트리하우스를 만들 수 있다. 지붕과 토대 아래에 A형 프레임을 설치해 전체를 지탱하는 구조이다. '지붕의 A형 프레임 → 토대 프레임 → 토대 아래의 A형 프레임 → 토대'와 같은 순서로 만들고 가로로 목재를 보강하면 완성이다. 단, 살아 있는 나무를 훼손하지 않는 수준에서 만들어야 한다.

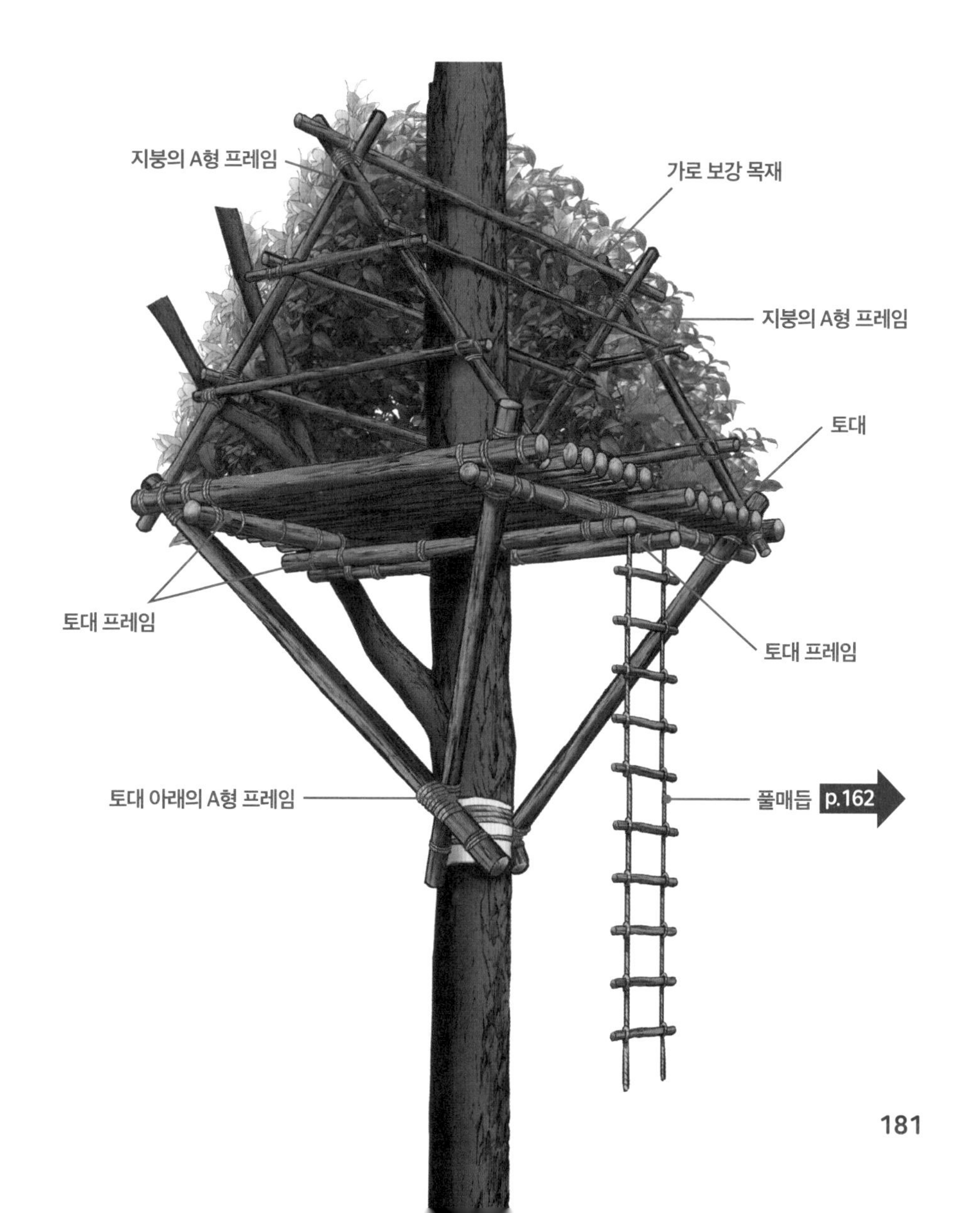

칼에 익숙해지자

'생존 기술' 중에서 칼의 올바른 사용은 무엇보다 중요한 기술 중 하나이다. 칼은 아웃도어 환경에서 목숨을 지키며 살아가는 데 필요한 도구이기도 하다. 나무를 자르거나 깎고 가공해 불을 피울 수도 있고, 수확을 하거나 조리하는 도구로도 사용할 수 있다.

단, 칼은 '사용법'과 사용하는 사람의 '마음가짐'에 따라 생명을 구하는 도구가 되기도 하고 상처를 주는 흉기가 되기도 한다. 즉 칼은 선량한 마음씨가 필요한 도구인 것이다. 이 점을 충분히 이해하고 칼의 올바른 사용법에 대해 알아보자.

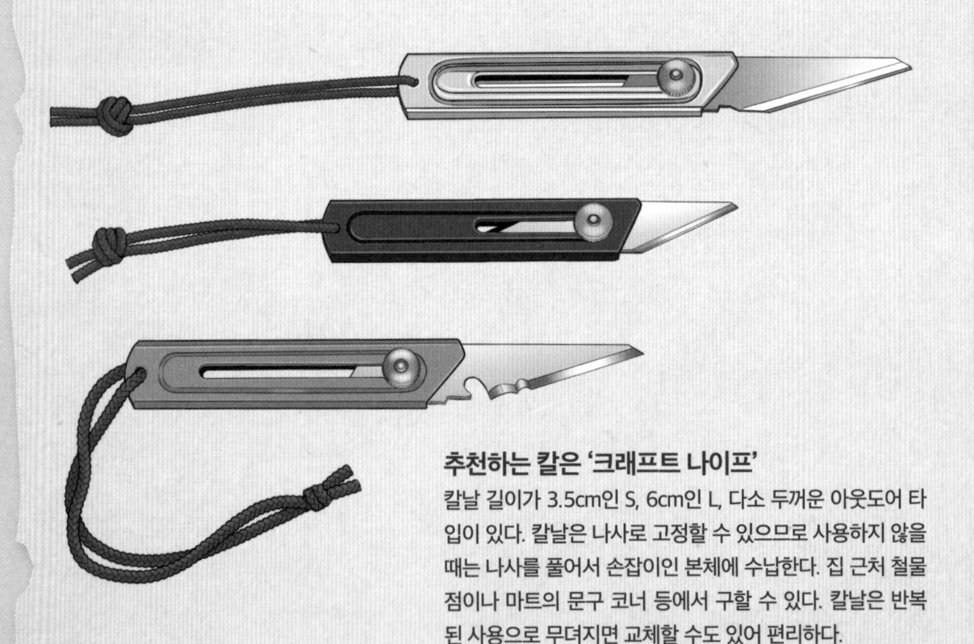

추천하는 칼은 '크래프트 나이프'

칼날 길이가 3.5cm인 S, 6cm인 L, 다소 두꺼운 아웃도어 타입이 있다. 칼날은 나사로 고정할 수 있으므로 사용하지 않을 때는 나사를 풀어서 손잡이인 본체에 수납한다. 집 근처 철물점이나 마트의 문구 코너 등에서 구할 수 있다. 칼날은 반복된 사용으로 무뎌지면 교체할 수도 있어 편리하다.

법률상 칼은 정당한 이유가 없다면 휴대할 수 없다. 하지만 캠핑하러 간다면 문제없다. 구입하거나 사용할 때는 어른과 동행하도록 하자. 다른 사람에게 칼을 건네줄 때는 손잡이를 잡고 손잡이 방향이 상대를 향하도록 한다. 칼집이 있거나 접이식 칼이라면 칼집에 넣거나 접어서 건네준다.

손잡이에 달린 줄은 어떻게 사용할까?

칼의 손잡이 뒤에 뚫린 구멍에 가죽이나 나일론 소재의 줄을 달면 여기저기 매달 수도 있어 편리하다. 그뿐만 아니라 줄을 손가락에 걸어 손잡이를 쥐면 보다 더 단단하고 안정적으로 쥘 수 있다.

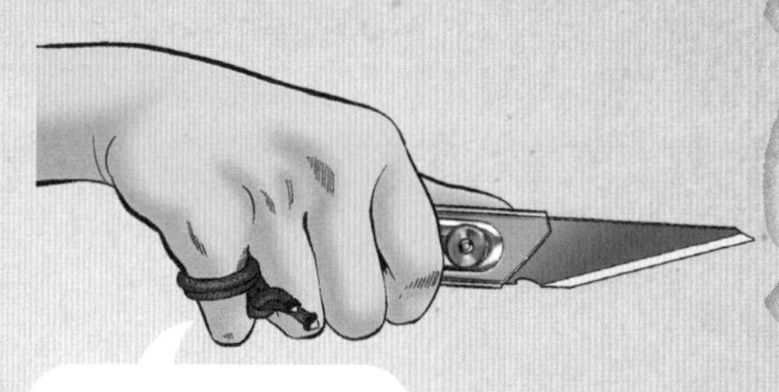

주의해야 할 사용법

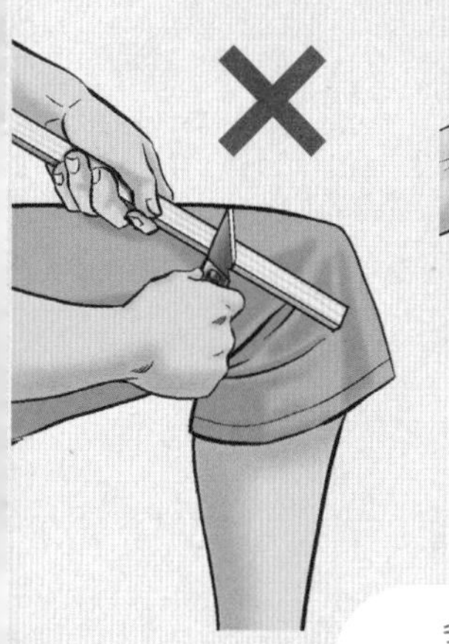

칼날이 움직이는 방향에 손이나 다리 등 신체의 일부를 위치시키고 작업해서는 절대로 안 된다. 또한 칼날 방향에 사람이 있거나 사람이 지나갈 가능성이 높은 곳에서 작업해서도 안 된다.

73

섬세하게 깎기

나무나 나뭇가지 등을 섬세하게 깎는 방법이다. 막대기를 깎아서 젓가락을 만들 때나 연필을 깎을 때 사용한다.

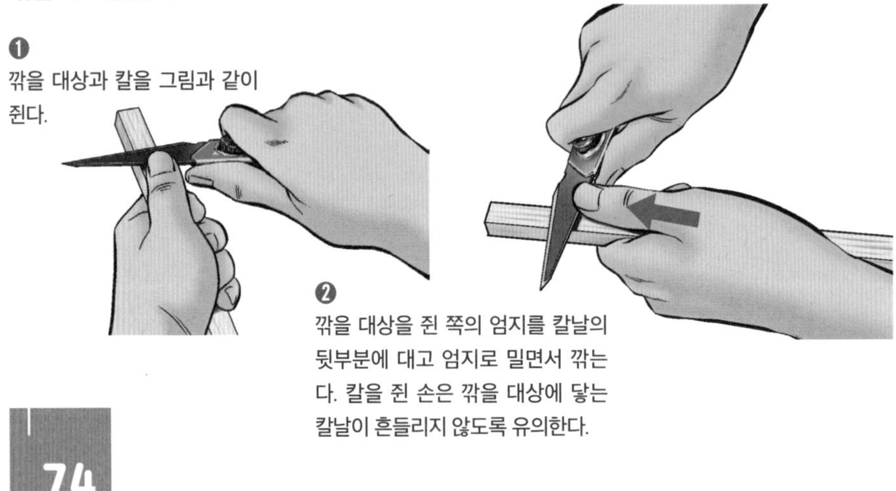

❶
깎을 대상과 칼을 그림과 같이 쥔다.

❷
깎을 대상을 쥔 쪽의 엄지를 칼날의 뒷부분에 대고 엄지로 밀면서 깎는다. 칼을 쥔 손은 깎을 대상에 닿는 칼날이 흔들리지 않도록 유의한다.

74

크게 깎거나 자르기

합판이나 나무 등을 크게 깎거나 자를 때 사용하는 방법이다.

❶
깎을 대상을 단단히 쥐고 팔꿈치를 몸에 붙인다. 손은 허리나 배에 두고 단단히 고정한다.

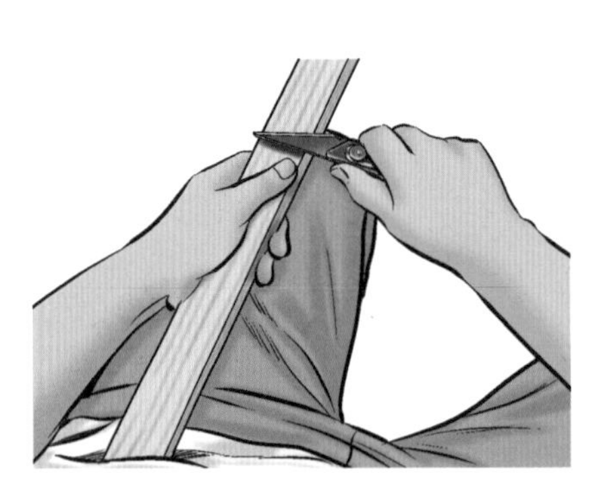

❷
칼의 손잡이를 단단히 쥐고 손을 앞으로 밀듯이 깎는다.

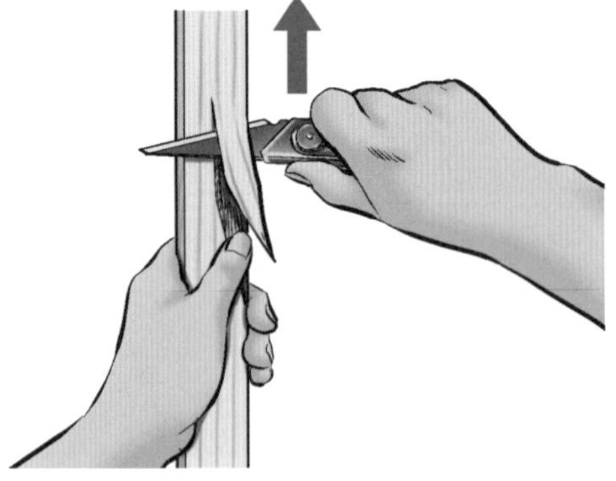

구멍 내기

합판이나 나무 등으로 도구를 만들 때 사용하는 방법이다.

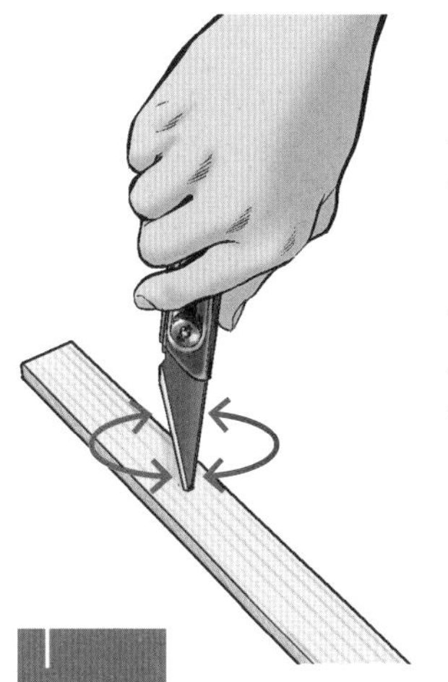

[합판인 경우]

먼저 칼끝으로 얕은 홈을 내고 그 홈을 가이드로 삼아 칼끝을 회전시켜 구멍을 낸다.

얕은 홈이 칼끝이 흔들리는 것을 막아 준다.

[대나무 등 둥근 봉인 경우]

구멍을 낼 곳에 먼저 V자로 칼집을 넣고 회전시켜 구멍을 낸다.

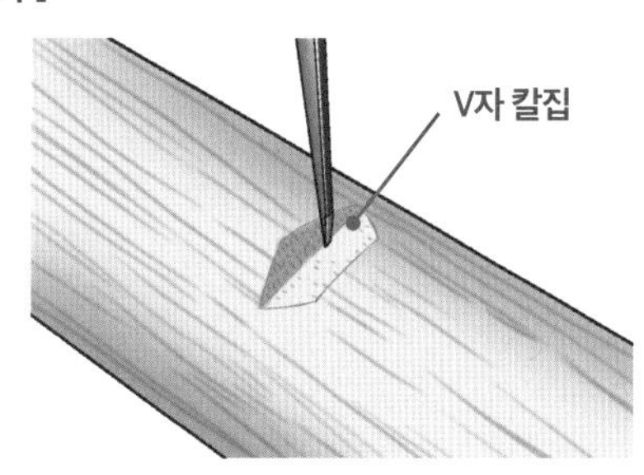

76

나무나 대나무 쪼개기

칼을 사용해서 나무나 대나무 등을 쪼개는 방법이다. 모닥불을 피울 때 장작을 적당한 크기로 쪼갤 때 유용하다.

❶
칼을 쪼개고 싶은 나무나 대나무의 위치에 올린다.

❷
통나무나 두꺼운 장작, 돌 등으로 칼의 뒷면을 두드려 나무나 대나무에 칼이 파고들도록 하여 쪼갠다. 크래프트 나이프로는 두꺼운 나무를 쪼개기 힘들 수 있지만 '바토닝'이라고 불리는 이 기술은 기억해 두자.

직선이나 곡선을 정확하게 자르기

직선이나 곡선을 정확하게 자르고 싶을 때나 원하는 부분을 자르고 싶을 때는 물론이고 채소를 잘라 요리할 때도 추천하는 파지법이다. 손잡이를 가볍게 쥐는 것이 요령이다.

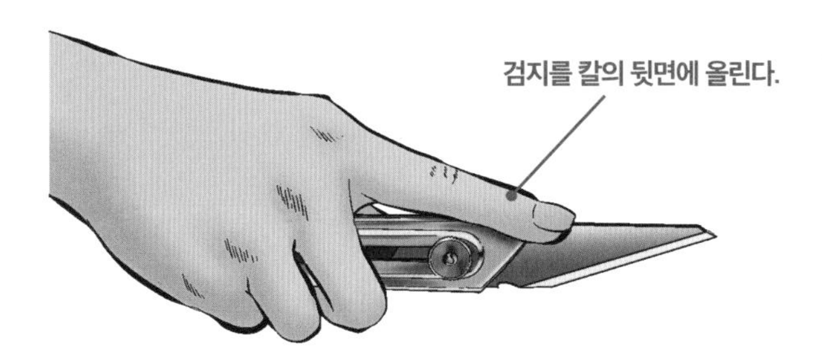

원하는 부분을 정확하게 자를 수 있다.

칼로 실전 연습!

막대기로 나무젓가락 만들기

칼을 다루는 연습에는 깎기의 기본을 익힐 수 있는 '나무젓가락' 만들기가 좋다. 나무젓가락은 둥근 형태와 각이 진 형태가 있는데 여기서는 각이 진 형태의 막대기를 사용해 둥근 형태의 나무젓가락을 만들어 보자. 캠핑 시 나뭇가지나 대나무를 이용해 젓가락을 만들 때도 도움이 된다.

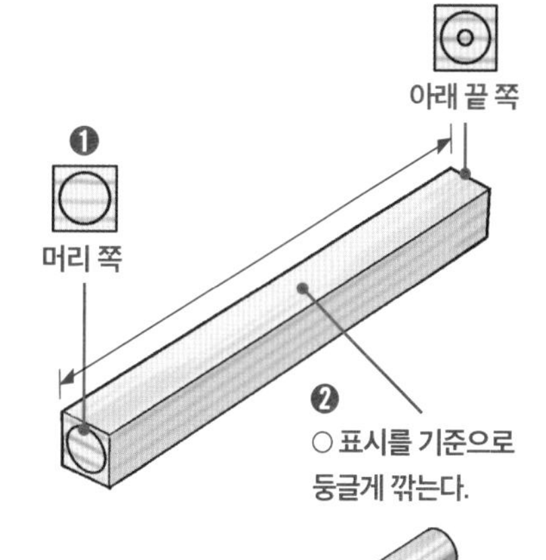

재료

- 각이 진 막대기 : 길이 약 20cm × 한 변 1~1.5cm

❶

각이 진 막대기의 한쪽 끝에 나무젓가락 손잡이 굵기로 ○ 표시를 그리고 다른 쪽엔 나무젓가락의 아래 끝 위치(◎)를 표시한다.

❷

젓가락 전체가 젓가락의 굵기인 ○가 되도록 '크게 깎기'(p.184)로 깎는다.

❸

전체가 둥근 모양이 되면 젓가락의 아래쪽이 얇아지도록 깎는다.

❹

젓가락의 아래 끝부분을 '섬세하게 깎기'(p.184)로 깔끔하게 깎고, 젓가락의 아랫부분은 칼을 직각으로 세워 가로로 움직이며 매끈해지도록 다듬는다. 튀어나온 부분 없이 깔끔해지면 완성이다.

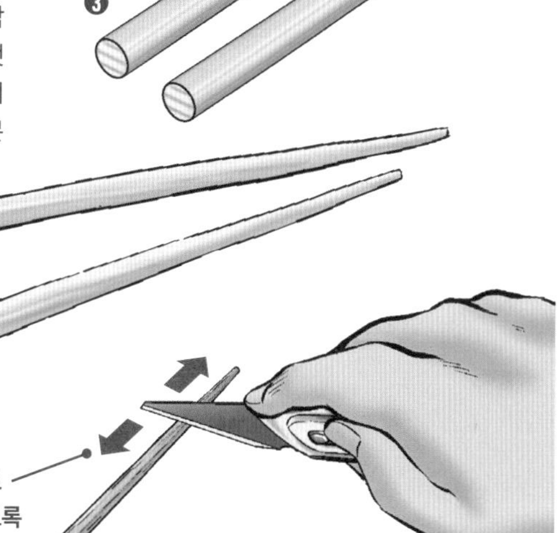

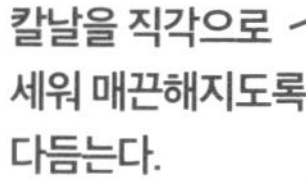

칼로 실전 연습!

부메랑 만들기

재료인 발사나무는 매우 부드러운 목재이다. 이 재료로 부메랑을 만들 수 있다. 요령은 한 번에 깎지 말고 천천히 조금씩 얇게 깎는 것이다. 날릴 때는 주위에 사람이 있는지 반드시 확인한 후 날리자.

재료

- 발사나무 판재 : 길이 30cm × 폭 4cm × 두께 3 ~ 4mm

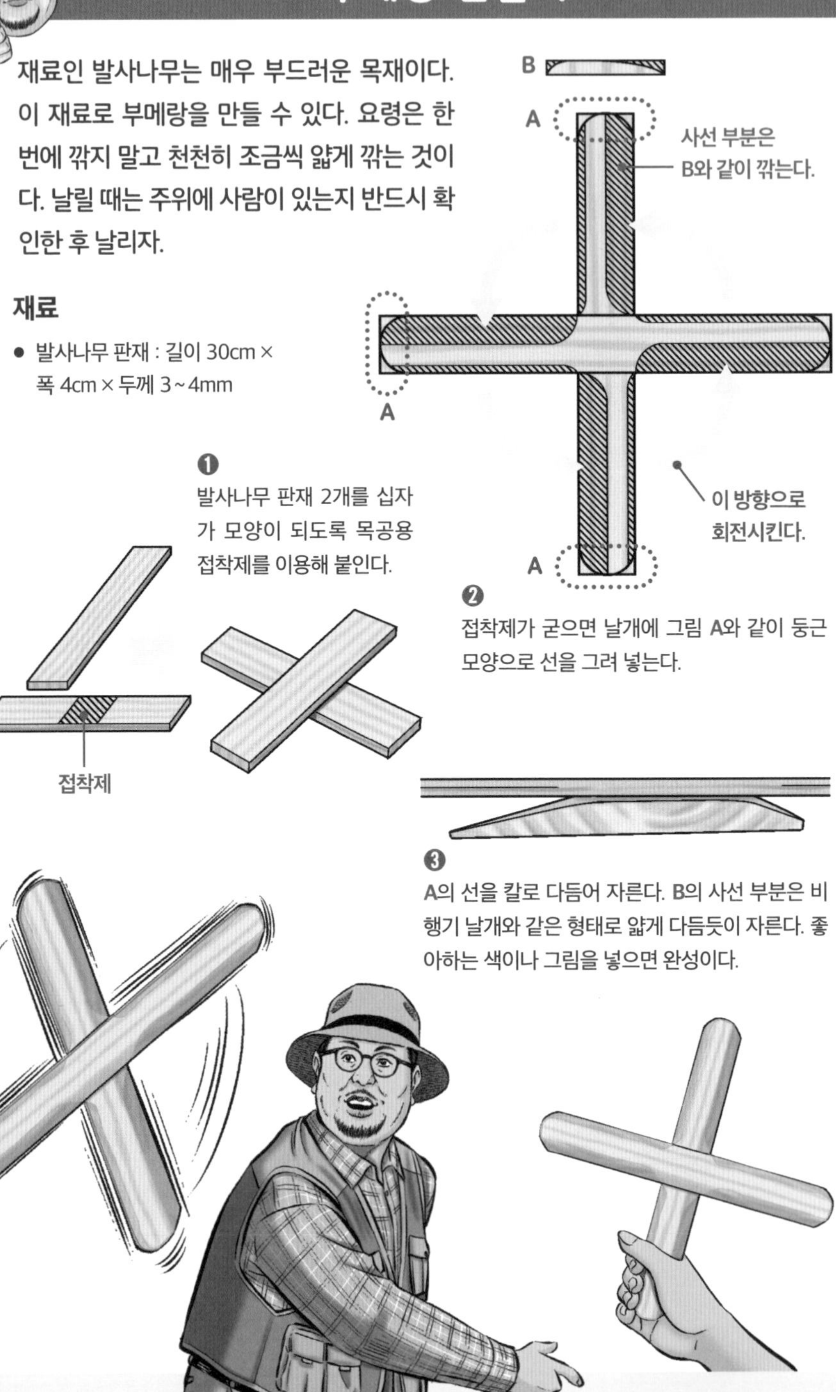

❶
발사나무 판재 2개를 십자가 모양이 되도록 목공용 접착제를 이용해 붙인다.

❷
접착제가 굳으면 날개에 그림 A와 같이 둥근 모양으로 선을 그려 넣는다.

❸
A의 선을 칼로 다듬어 자른다. B의 사선 부분은 비행기 날개와 같은 형태로 얇게 다듬듯이 자른다. 좋아하는 색이나 그림을 넣으면 완성이다.

평소의 준비

식수나 식료품 등 각종 재난 용품과
지진이 일어났을 때
몸을 지키는 방법을 소개하겠다.
가족과 이야기를 나누고 지금부터라도 준비하자.

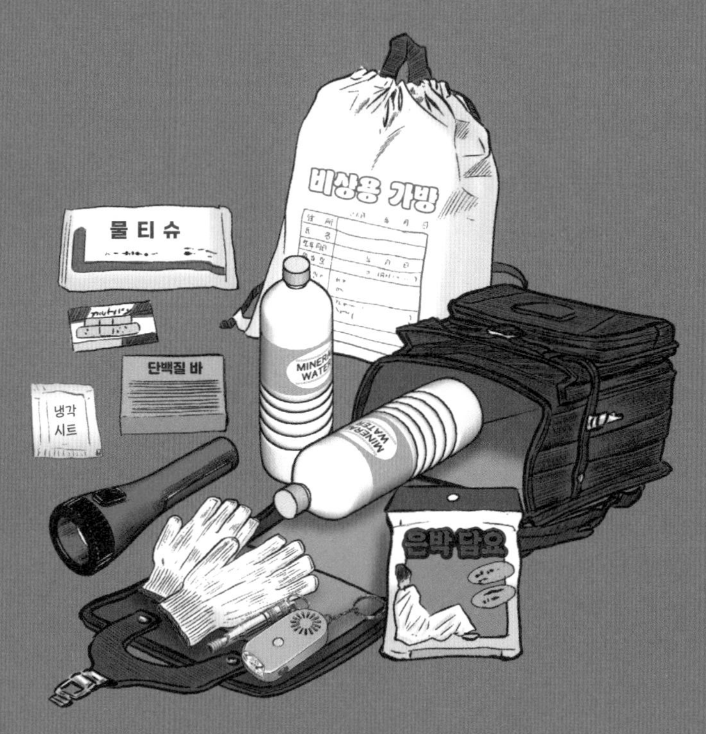

다이소에서 생존 및 재난 용품을 준비하자

다음 두 가지 타입을 준비하자. 첫 번째는 만일의 사태나 피난 시에 바로 가지고 나갈 수 있는 '비상용 휴대품 가방'이다. 아래 1~7번 중에 ★ 표시를 한 용품을 중심으로 넣자. 수량은 가족의 인원수에 따라 준비한다. 재해 후에 장시간 걸어서 피난해야 할 경우를 가정해 무게는 5kg 정도가 적당하다.

두 번째는 장기간 생존을 위한 식수, 식료품 등 '비축품'이다. 기존에는 3일에서 일주일분이 필요하다고 여겨 왔으나, 감염병 등의 유행도 고려해 1개월은 생활할 수 있는 분량을 확보하는 것이 좋다. 식료품은 대량으로 비축할 수 있는 '쌀'이 좋다.

기본적인 생존 및 재난 용품

다이소 등 주변에서 쉽게 구할 수 있는 용품을 생존과 관련된 7가지 분야로 나눠서 살펴보자.
★ 표시를 한 용품은 매일 휴대하기를 추천한다. (촬영 / 아오야기 사토시)

★ 표시 이외에 매일 휴대하면 좋은 용품

파이어 스타터 등 불을 일으키는 도구, 라디오, 휴대용 충전기, 비닐봉지

기타 준비하면 좋은 용품

인감, 현금, 신분증, 비상식(쌀, 통조림, 인스턴트라면 등 1개월분), 칫솔 및 치약, 생리용품, 종이 기저귀, 소독용 알코올, 종이 접시, 종이컵, 의류, 걷기 편한 신발, 예비 안경, 예비 속옷, 통조림 따개, 주방 가위, 식품용 랩, 사인펜, 노트, 휴대용 가스버너와 부탄가스

대지진이 일어났을 때 몸을 지키는 333 서바이벌 매뉴얼

일본에 '쓰나미 덴덴코'라는 말이 있다. 이는 산리쿠 지방에서 옛날부터 내려오던 말로 '덴덴코'는 '제각기'라는 의미다. 즉 '쓰나미 덴덴코'는 '쓰나미가 발생하면 자신의 목숨은 자신이 지키자. 남들은 생각하지 말고, 아무것도 휴대하지 말고 높은 곳으로 도망치자'라는 표어다. 이 말은 다른 재난 시에도 통하는 기본 행동 지침이다.

여기서는 대지진이 일어났을 때 3초 후, 30초 후, 3분 후, 30분 후, 3시간 후, 3일 동안 각각 어떻게 행동하면 좋을지에 대한 '333 서바이벌 매뉴얼'을 소개하겠다.

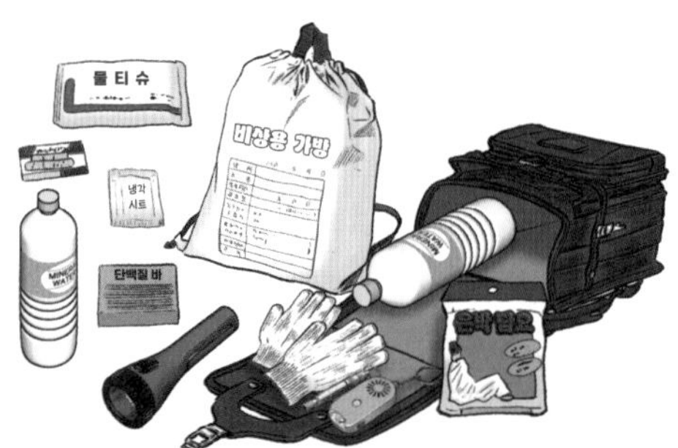

지진 발생 전 대비

재난 용품을 준비하자

p.190~191에서 소개한 '비상용 휴대품 가방'을 준비한다. 더위와 추위 대책도 생각해 두면 좋다. 매일 휴대하면 좋은 용품도 잊지 말자.

긴급 대피 경로도를 준비하자

정부나 지자체 등이 제작한 긴급 대피 경로도를 입수해 피난 경로나 주변의 위험 지역 등을 조사해 두자. 또 대지진이 일어났을 때 어떻게 행동할지 가족과 이야기를 나누자.

333 서바이벌 매뉴얼

대지진 발생 3초 후

갑자기 지진이 일어나면 낙하물이나 쓰러지는 건물 등을 피할 시간이 없다. 주위에 피난처가 없다면 두 손으로 머리를 감싸고 거북이처럼 웅크리는 '기본 자세'를 취하자.

목숨을 지키기 위한 순간적인 판단을 한다

갑작스러운 대지진이 발생하면 '자세를 낮추고, 머리와 몸을 보호하고, 가만히 있으면서' 지진으로부터 몸을 보호하는 '기본 자세'를 취하여 목숨을 지키자.

책상이나 테이블이 있다면 아래로 들어가 '기본 자세'를 취한다.

가방 등이 있다면 머리나 후두부를 가방으로 보호하면서 '기본 자세'를 취한다.

대지진 발생 30초 후

자신의 목숨은 스스로 지킨다

30초는 무조건 견디는 시간이다. 지진은 처음 1분을 견디면 목숨을 건질 가능성이 높다. 어렵겠지만 흔들림 속에서도 '여기를 벗어나려면 어떻게 하면 좋을까?' 등 다음 행동을 계획하자.

대지진이 일어났을 때를 대비해 시간대에 따라 '자신이 있을 만한 장소'와 최상의 행동을 생각해 두자.

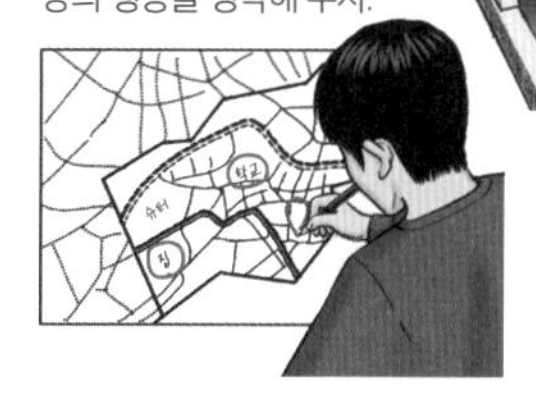

문이 망가져서 열리지 않거나 지금의 장소가 붕괴해 갇힐 가능성도 있으므로 '다음은 어떻게 하면 좋을까?'를 생각해 두자.

대지진 발생 3분 후

침착하게 평소의 자기 모습으로 돌아간다

피난을 떠날지, 집이나 지금 장소에서 대기할지를 판단하자. 단 쓰나미 피해가 예상되는 지역의 주민은 곧바로 피난해야 한다. 평소에 어떻게 행동할지 생각해 두자.

주변의 모습이나 라디오, 텔레비전 등으로 정보를 입수하자. 현재 상황이 파악되면 안정을 찾을 수 있다. 단, 전기제품의 스위치를 넣기 전에 집 안에 가스 누출이 없는지 충분히 확인하자.

여러분이 행동하는 지역이 해발 몇 m인지 확인해 두자. 지역에 따라서는 전봇대 등에 표시되어 있기도 하다. 또한 침수 지역인지도 미리 확인해 두자.

대지진 발생 30분 후

냉정을 되찾고 정보를 모아 일어난 일을 이해한다

마음을 안정시키는 30분이다. 여진이나 화재 등 2차 재해에 대비하면서 앞으로의 행동을 냉정하게 결정하자. 또한 텔레비전이나 라디오에서 '정확한 정보'를 얻는 것도 잊지 말자. 가족과 함께라면 상의하고, 학교 등 외부라면 그곳의 규칙에 따라 행동하자.

인터넷 등의 '부정확한 정보'에는 주의하자. 대피할 때는 어떤 길로 대피소까지 갈지 지도로 확인하면 좋다.

자택에 머물 수 있는지 전기나 가스, 수도 등을 살펴보자.

대지진 발생 3시간 후

소방이나 구조 등 주변 사람과 서로 돕는다

앞으로 살아가기 위한 행동이 필요한 3시간이다. 대규모 재해가 일어난 후에는 가족만 챙겨서 대피해서는 안 된다. 생활하는 장소에서 다 함께 협력하여 인명구조를 하고 화재 시 불을 끄자. 만약 집 이외의 장소에 있다면 그곳의 규칙에 따라 행동하자.

(위) 자신이 할 수 있는 일을 적극적으로 찾자. (왼쪽) 집 이외의 장소에 있다면 바로 집으로 돌아가지 못할 수도 있다. 그럴 때 어떻게 행동할지도 생각해 두자.

대지진 발생 3일간

가족과 함께 극복한다

대규모 재해 후에는 지역의 주민 모두가 재해민이며 물이나 식량 등 구호품의 지원이 원활하지 않을 수도 있다. 구호품은 지역 대피소에서 나눠 주므로 가족과 함께 피난 생활 중이라면 구호품은 대피소에서 받자. 가족이 없다면 혼자서 어떻게 행동할지 생각해 두자.

식수나 식량 등 비축품, 손전등 등의 조명, 휴대용 가스버너 등은 평소에 챙겨 두자.

집의 화장실을 사용할 수 없다면 어떻게 할지, 4일째 이후에는 어떻게 행동할지도 생각해 두자.